動画の文法

神井 護
Kamii Mamoru

トップ・プロが教える
「伝わる動画」の作り方

技術評論社

はじめに

動画編集にはルールがある

　この本を手に取ってくださってありがとうございます。もしかしてあなたは、あるシーンの最初のカットはどれにするか？　次のカットはどれにしたらいいのか？　どうやって決めればいいのか？　その理由は？　それを知りたくてこの本を手に取ってくださったのではないでしょうか？　なのにもし「ルールなんてないから、なんでも好きにすればいいよ!」と書かれてあったらどうでしょう。あなたの疑問はさっぱり解決しないのではないでしょうか。たとえば最初のカットは、最低限それがいつなのか、どこなのか、どんな状況なのかがわかるカットにしてください。1カットで入らないのならばもっと長くなってもかまいませんが、必ず冒頭で「いつなのか、どこなのか、どんな状況なのか」を説明しなければいけません。**動画編集にはそういうルールがちゃんとあるのです。**

　ほら、昔ばなしだって「むかしむかし（いつ）、あるところに（どこで）」で始まるじゃありませんか。

　言葉だって、ただ単語だけ覚えてそれをデタラメに並べても伝わらないし、なにが言いたいのかわからないですね。そしてわからないコミュニケーションは面白くありません。言葉は文法があって初めて正しく伝えることができます。そして文法とは、おもに単語の順番を決める法則のことですよね。動画は言葉と同じ**コミュニケーションツール**の1つです。ですから当然、言葉と同じように文法（ルール）があります。

ルールという言葉にアレルギーがある方は、法則、原則、お約束、決まり事、などなどお好きな言葉に置き換えてください。これらのルールは、映像制作者と視聴者との間に交わされた「お約束＝暗黙のルール」です。たとえば、最初にアップで写された登場人物を主人公だと思うのは、世界の視聴者に共通の「お約束」です。だれもそんなことを教わってもいないのに、自然にそう思うのです。

　「編集」という言葉は広辞苑（第7版）によると、「資料をある方針・目的のもとに集め、書物・雑誌・新聞などの形に整えること」だそうですから、これを動画に当てはめると「素材をある方針・目的のもとに並べ、番組（厳密には「シーン」）という形に整えること」となります。ほら、そもそも「ある方針・目的」という大前提となる"ルール"がなければ、編集のしようがないじゃないですか。

　そして動画の世界で「編集しろ」と言われたら、その言葉の意味は「素材（カット）を、台本に書いてあるストーリーを映像で表すように並べ、番組という形に整えろ」という意味以外にはありません。それはまさに、台本に書いてある文章を動画に翻訳するという作業です。当然、カットの順番をまちがえれば台本と違うストーリーになってしまうわけですから、こちらにはこちらで「この順番で並べなければこのストーリーにならない」というルールがあるわけです。こちらのルールは直接に「カットの順番を支配しているルール」だからこそ、これを文法と呼ぶことにしました。

　もちろん、これらのルールは破ったって逮捕されたり、編集機が爆発したりするわけではありません。だから一見、罰則はないように見えますが、でも本当はあります。その動画は正しく伝わらないものになってしまっているのですから、視聴者に「興味を持ってもらえない」「わけがわからな

い・面白くないといわれてしまう」「見てもらえない」という恐ろしい罰則です。見てくれる人がいなくなってしまうのです。ましてプロには、OKとNGがはっきりとあります。このOKとNGを分けるものこそルールにほかなりません。

えっ？　でも、あっちの動画も、こっちの映画も、あのTVコマーシャルもルールがあるようには見えないよ!?

はい。ルールというものは「破ってもいい条件」が整った時にだけ、破ることができます。つまり「ルールを破るためのルール」があるのです。また、現在はルールをわかっている人が激減してしまったので、テレビでも本来はNGなものが平気で流されています。だから見よう見まねは絶対にやってはいけません。

大丈夫。ルールにしたって文法にしたって、まったく難しいものではありません。なにせ映像というものは、ほぼ全世界の人が、子どもでも、だれにも教わったわけでもないのにちゃんと読解できるのです。アマゾンの奥地で現代文明と隔絶された人々でさえ、初めて動画を見てもちゃんと読解できるはず…たぶん…できるんじゃないかな。このルールというものは、だれもが潜在意識の中にすでに持っているものであり、たぶん「本能」といってもいいものなのでしょう。

しかし「難しくない」とはいえルールというものは、映像を作る側の立場の人にとっては意識の表面でしっかり理解していないと使うことはできません。アマゾンの奥地の人が初めて動画を見るとしてもちゃんと理解できるように、本能的ルールに則って作られていなければいけないわけです。

「絵画の良い悪いがわかる」のと「良い絵を描ける」のが違うのと同じです。あるいは、英語を読むことはできても、英語で文章を書くのは難しいですよね。読むのは、文法を知らなくても単語だけ訳せばなんとなく意味の見当が付いたりしますが、書くのは文法を知らないと書けませんよね？

　だれだってデタラメ動画を見ればわけがわからないでしょう。そんなとき、なぜわけがわからないのか？　どこをどう直せばいいのか？　それがわかるようにならないと編集ができるとはいえません。

　本書は「通じる動画」にするためのルールをできる限り事細かく説明しています。そして、その理由もくどいくらいに説明します。きちんと理解さえすれば、だれでもちゃんとした動画編集ができるようになるはずです。暗記しなければならないことなんて1つもありません。覚えたほうがいいことはいくつかありますけどね。テレビ制作の現場では専門用語なんてびっくりするくらい出てきません。ただし、業界用語はいくらか出てきます。どちらもこの本で出すときには、できるだけ説明していますので安心してください。この本は中学生程度以上の人が、この本さえ読めば「通じる動画」を編集できるようになることを目指して書かれています。

「ルールを示す」とは、基本形を設定することだと思っています。基本形ですから、もちろん常に例外はあります。本書は動画の基本形を示し、どうしてそれが基本形になるのかを解説しています。基本形を知って初めて、それをアレンジした「まちがっていないバリエーション」を作り出すことができるのです。基本形＝ルールを無視してカットをただ並べただけでは、映像のデタラメな羅列でしかなく、編集したことにはなりません。

　それはまちがいなく世界のトップ・クラスの放送局で25年以上にわたり放送され、日本中の視聴者をBSに動員した実績（ちゃんと伝わっているという証拠）のある方法です。15秒、30秒、1分（ストーリーが必ず必要となる最短の

尺）という究極の短さの中で、最低限どのカットが必要なのか、どうつなげば成立するのか。それはたとえば、このカットはあと何フレ切れるか？3フレ切ったら成立しないから、2フレだけ切ってほかのカットを1フレ切ろう、といった顕微鏡レベルの世界です。すべては成立するかしないか、そして視聴者からのクレームという点においてもギリギリの最前線で、少なく見積もっても1万番組以上を制作・編集してきた経験から導き出したものです。

　ほかにもいろいろな考え方や教え方もあるでしょう。でも、みなさんはだれが正しいか、まちがっているかで悩む必要はなく「自分が一番わかりやすいもの」「これなら自分も編集ができるようになれそうだ」と思えるものに従えばいいだけです。できるだけだれにでもわかりやすく書いたつもりですが、著者の書き方は理解できないという人もいるでしょう。そういう方は、この本を保管しておくことをお勧めします。レベルが上がると突然理解できるようになったり、納得がいくことがたくさんあるものです。なにせ、著者が35年以上かけてやっと論理的に理解できたことも書いてあるわけですから。

　動画編集というスキルを身に着けるための本であって、編集機の使い方は書いてありません。それはお使いの編集機のマニュアルを読めば済むことです。ましてやエフェクト（特殊効果）のやり方などはお門違いです。あくまでもソフトの部分である「カットの順番とその長さの決め方」の話であって、ハード的・電気技術的な話は割愛してあります。

　また、動画とは「動く映像」のことです。文字が動いたってそれは動画ではありません。映像を作れないアマチュアが、しかたなく映像のかわりに文字や静止画を動かして動画ファイルにしたものを「テキスト動画」といいますが、この本はあくまでも本格的な動画編集を解説する本なので、テ

キスト動画は扱いません。

　インターネットで流行っている「歌ってみた」などの楽曲に付けられているようなイメージ映像は、映画から連なるいわゆる本来の「動画」ではなく（宣伝効果が高いとか訴求力が強いといった「動画としての利点」を持たないということ）、動くグラフィック・アートをつなぎ合わせた、いわば「グラフィック・ムービー」とでもいうべきものです。これらは"装飾"なので、編集のルールといったものはありませんので、本書では扱いません。そういったものを志す方はグラフィック・アートを勉強することをお勧めします。

　本書の内容は、映画やTV番組のみならず、ネットの動画でも大いに役に立つでしょう。たとえばユーチューバーなら、せっかく面白いことを思いついても、編集がヘタではうまく伝わらず、リスナーはうんざりして見るのをやめてしまうでしょう。大したことのない企画・内容でも、うまく編集すればかなり面白くできたりします。実際、テレビの番組なんk……、おっとだれか来たようだ。

　また、プロの方にとっては、最低限これだけは知っていないとプロとして通用しないと思われることが書いてあります。この本を読んで、すべて知っているなら大丈夫。自分のスキルをチェックするのにお役立てください。「わかってはいるけどうまく言葉にできないために、今まで他人に教えられなかったこと」を「言葉にするとこうなるのか」と感じ入ってもらえると思います。

動画の文法
トップ・プロが教える「伝わる動画」の作り方

目次

CONTENTS

4 カメラの都合

5 編集の禁止事項（やってはいけない編集とその回避の仕方）

6 基本を超えた編集技法

Chapter 1

編集と文法

編集の基本を知ろう

編集とはなにか

「編集したから見てくれ」といわれて、エフェクターのデモ・ムービーのようなものを見せられて閉口したことがあります。内容はまったくなく、ただ次々といろいろなエフェクトが並んでいるだけ……。

「編集機はなにを使っているの?」と聞いたら、「アフター・エフェクト」といわれたこともあります。アフター・エフェクトは編集機ではなく、エフェクターです。OL（オーバーラップ）だとかワイプだとか、そういうのをエフェクトもしくはトランジションといいますが、そんなことはボタンを押せば機械が勝手にやってくれることです。それ自体は「特殊効果」といい、昔は「特殊撮影（特撮）」と呼ばれた撮影の一環であり、映像を作る作業の1つであって、**編集作業ではありません**。いくらすごいエフェクトを使うことができても、すごいエフェクトを作ることができても、編集ができることにはなりません。エフェクトはあくまでも「装飾」でしかなく、編集とは飾り付けることではありません。

また、イメージ映像のようなストーリーのないものだけを編集できても「編集ができる」とはいえません。それは「編集機の使い方を知っている」というだけです。では、動画の編集とは一体なにをすることなのでしょうか? 元々フィルム時代にはエフェクトなどないのですから、すべての編集はただ切ってつなぐだけでことが足りるはずです。では、ただ切ってつなぐだけで一体なにができるのでしょう?

▶ 肉体労働編

　物理的には、編集とは一体なにをするのかといえば、単に最初の1画^{カット}を決めたら、そのカットに次のカットをつなぐだけです。元々映像はフィルムでしたから、フィルムで考えればわかりやすいでしょう。ハサミで第1カットのお尻となるところを切ります。これで第1カットの長さが決まりました。そして、次のカットの頭となるところを切って、透明のテープで貼り合わせるだけです。これだけです。**これだけしかできません。**例え1,000カットあったとしても、単純にこの作業を頭から順番に1,000回繰り返すだけです。編集とは肉体労働的には、「今あるカットのお尻に次のカットをくっつけるだけ」です。

▶ 頭脳労働編

　編集というものは、ほぼ100%オツムの問題であることがわかってもらえたと思います。では、そのオツムではなにを考えればいいのでしょうか？

　ただ切ってつなぐだけでできることといえば、「どの画^えを使うか」と「その画の順番を決める」ことだけです。言葉にすれば簡単なことですが、まさにこれが正しくできることこそが「編集ができる」ということなのです。「編集」という言葉の意味も「目的^{コンセプト}というルールに沿って、並び順を決める」ということでしたよね。雑誌だって、写真集だって、音楽だってなんだって、編集とはこういうことであり、伝えたいことを「音声（言葉）で伝えるか、記号（文字）で伝えるか、静止画（写真や絵など）で伝えるか、動画（動く映像）で伝えるか」という、どの道具^{ツール}で伝えるかの違いでしかないわけです。

　では、その順番はどうやって決めましょうか？　気に入った順？　雰囲気？　好き勝手にデタラメに並べたってもちろんダメですよね。動画には台本があり、台本にはストーリーがあります。そのストーリーに沿って、そのストーリーを「画でつづる」ようにカットの順番を決めなければいけません。ここで注意していただきたいのは、**台本にさし絵を付けるのではないとい**

うことです。さっきも書いたように、言葉で伝えてしまっては動画になりません。言葉ではなく、映像でストーリーをつづるということです。それってつまり、少なくともそのシーン全体の流れが決まっていなければ、最初の1つ目も2つ目も決まらない、ということです。最初の状態があって、あーなって、こーなって、最後にこーなって次のシーンへ……、という計画を練る、ストーリーを把握するということから始めなければなりません。台本は日本語で書いてありますから、そのストーリーを言葉ではなく画でつづるように並べてあげる。つまり、動画の編集とは「日本語（言語）というコミュニケーション・ツール」から「映像というコミュニケーション・ツール」に**翻訳する**作業に他なりません。日本語を英語に翻訳するには、英語の文法を知らなければ話にならないように、そこには動画の文法（順番を決めるルール）があり、間違った順番にすれば、なにを伝えたいのかわからないか、最悪、違う話になってしまうのです。

　またニュースのように、台本が「言葉ですべてを伝えてしまっている」場合には（それは本来動画とはいえませんが）、その言葉にさし絵を付けていくという作業になります。画でストーリーをつづるにしろ、さし絵を付けるにしろ、そこには明確な「コンセプト（意図・目的）」がなければいけません。「ストーリーを画でつづるようにつなごう。そのためには文法に従って画を並べよう」とか、台本が山の話をしているのならば、「日本のいろいろな山を見せてあげよう。順番は低いほうから順にして、最後は富士山で終わろう」といったものが「コンセプト」です。「文法に沿ってつなごう」というのもたくさんあるコンセプトの内の1つです。必ず、そのコンセプトによって使う画とその順番が決められるのです。**雰囲気や気分などではありません**。

　もう一つ、考えなければならないことがあります。でもそれは「順番」に比べればやや小さなことです。それは、それぞれのカットがカットのどこからどこまでを使うかを決めるということです。イン点・アウト点を決める、それは同時にカットの長さを決めるということでもあります。

使う画の順番と長さを決める。たったのこれだけ。これが「編集する」ということです。そして、順番を決めるのは絵コンテの段階、長さを決めるのは編集作業の段階です。だから「絵コンテを書く」ということは、ほぼ編集をすることそのものなのです。だから編集機を持っていなくても編集できるようにはなれますが、イン・アウト点を決めるのは、実際の編集機を使って訓練を重ねなければうまくはなれません。実際、昔から映画監督というものは絵コンテは書くけれども、フィルムを切ったり貼ったりは専門の編集技術者がするものです。

　雑誌など本の編集では、文章の順番を決めることも記事の順番を決めることも編集といいますよね。だけどテレビでは、カットの順番を決めることだけが「編集」で、編集するとシーンやコーナーができます。シーンやコーナーの順番を考えることを「構成を組む」といい、実際にシーンやコーナーをつなぎ合わせる作業のことは「一本化」といいます。一本化すると「番組」ができます。そして、番組の順番を決めることは「編成」といい、編成すると一日の放送ができます。大きくいえばどれも「編集」ですから、編成責任者のことを「編集長」と呼んだりもするのですが、でも狭い意味での「編集」といえばあくまでもカットを切ったり貼ったりして「シーンやコーナーを作ること」だけを指すのです。テレビではシーンやコーナーごとに「コーナーD（そのコーナーだけを担当するディレクター）」が置かれ、複数のシーンやコーナーが同時に別々に編集されることもよくあります。放送するにはそれを（当然編集機で）一本のファイルにするわけですが、その作業は「一本化」と呼ばれ、編集とはいいません。あるいは、テレビ局の編集室では編集マンが編集している後ろで、ディレクターやプロデューサーがポストイットをコルクボードに貼り並べて構成を考えているという光景が常に見られます。このように、「編集」と「構成」は担当者さえ違う別の作業です。編集マンが構成を考えるということは、基本的にはありません。そして構成にはコンセプトはあるものの文法はなく、だからなんの映像知識も編集知識もないプロデューサーでもできるわけです。

編集の目的

では一体、なんのために編集するのでしょうか？　目的というものはその歴史をたどるとよくわかるものですので、ここで映画（動画）の歴史を簡単に振り返ってみましょう。動画は「映画」として生まれ、誕生してからかなり短い時間で急速に発展しましたが、その発展に伴い編集する必要性が生まれ、2つのことが編集に求められるようになりました。

映画は1895年に誕生したとされていますが、その頃は「動画」という言葉は使われず、すべて「映画」と呼ばれました。最初期の映画は、ただくしゃみをしている人を写しただけの4秒くらいのものだったり、工場から出てきた大勢の人がただ歩いているだけといった1カットだけの動画であり、現代ならば「映画」とは呼ばれないものでした。このような、目の前にある事象をただ記録しただけの映像を「記録映像」といいます。ストーリーもない1カットだけなので、編集の余地はありません。しかしながら、カメラを回した途端にくしゃみをしたのでしょうか？　たぶん違いますね。カメラを回しておいてしばらくしてからやっとくしゃみをしたのでしょう。そして、くしゃみをし終わった後もしばらくはカメラを回していたに違いありません。ということは公開するにあたって、くしゃみをする前とした後の部分は見せる意味がないので切り落としたのでしょう。これが編集の「最初の一歩」です。まずは「①**退屈な**（見せる意味がない）**部分を切り落とす**」、これが1番目の編集の目的です。これはカットを「整理整頓する」ということでもあります。整理整頓して、「見たいときに見たいところだけが出てくるようにする」のです。これが最も原初的な編集であり、ニュースやイメージ映像など、あるいはほとんどのアマチュアの動画でも行われている編集です。

ところが、ただ「くしゃみをしているだけ」「歩いているだけ」では、動画である意味がありません。動画は写真とは一体なにが違うのでしょう？

そう、動画には時間が流れているのです。時間が流れているということは、変化していく様を写すことができるということです。くしゃみや歩いているのも動作ですから一応変化はあるのですが、起承転結という劇的な変化があったほうがおもしろいに違いありません。そこで映画はストーリーを持つようになりました。最初の内は1カットの中に起承転結を詰め込んだのでしょう。これが「1シーン1カット」とか「長回し」と呼ばれるものです。ということは、シーンとは大きなストーリーの中の一番小さな起承転結の1セットであることがわかりますね。その起承転結のあるカットをいくつも並べれば、長い小説のようなストーリーも動画にできるはずです。これが現在でいう映画です。この頃の長いストーリーのある映画の例として1902年の「月世界旅行」を挙げておきましょう。著作権は切れているので、ネットで丸々全部見ることができますよ。まだ「1シーン1カット」で、セットでお芝居をしているのを撮影しただけですが、キチンとストーリーがあります。このように、現実世界にはない映像を創り上げることを「映像制作」といい、その創られた映像を「制作映像」といいます。「記録映像」の対義語です。「月世界旅行」は事前にお芝居があってそれを記録したのではなく、映像のために状況（お芝居）をまず創ってそれを撮影したのですから、立派に「制作映像」です。30ほどのシーンがありますが、その当時1本のフィルムでは1シーン程度を撮るのが精一杯でしょうから、各シーンを時間軸に沿ってつないで1本の映画に、つまり1つのストーリーにしたわけです。厳密にいうならば編集ではなく一本化しただけですが、小さなストーリーをつないで長いストーリーを伝えることができるようになったわけです。編集に「②**ストーリーを伝える**」という目的が加わりました。

次に、1つのシーンを1カットではなく、複数のカットをつなぎ合わせることで1つのシーンを創り上げることが考え出されました。この「複数のカットをつなぎ合わせて1つのシーンにする」ことは**モンタージュ**と呼ばれ、これによって記録することしかできなかった映像が、**表現をすること、現実世界にはないストーリーを映像のうえだけで描き出すことができるよ**

うになりました。たとえば、猫がなにかを見ている画を撮り、まったく別のところで魚の画を撮り、猫の画の後につないでやれば「猫が魚を見ている」という創作したストーリーを描くことができます。そして「この猫は、お腹が減っているんだ」という表現ができるのです。先の「月世界旅行」では、現実にはないストーリーをまずはお芝居として現実のものとして、これを撮影して映画にしました。しかしモンタージュすれば、空を飛ぶとか高いビルから飛び降りるといった、現実にはなく、お芝居でもできないお話も映像のうえだけででっち上げることができるようになったのです。これにより、「ストーリーを伝える」という目的が「②**ストーリーをつづる**（生み出して伝える・表現する）」に進化しました。

「1つのシーンの中でのカットのつなぎ方」は、いろいろな監督が自分だけのやり方をたくさん編み出しました。それがこんにち「モンタージュ法」とか「モンタージュ理論」、あるいは監督の名前を冠して「誰々・モンタージュ」などと呼ばれるものです。芸術である映画では、表現の仕方はあくまでもその人の勝手なので、こうしちゃいけないとかこうしなきゃいけないといった決まりごとはありません。しかしそこには、「その人だけのやり方」だけではなく、絶対的な共通の法則も存在します。たとえば、最初にアップになった人物がそのシーンでの主人公（テーマ）になるといったことです。その最初にくるべき主人公のアップを後ろに持ってくることもできますが、好き勝手に持ってくればいいのではなく、それなりの手続きが必要になります。それこそがルール・文法であり、これを無視すればだれにも通じないものになるのです。だれにも通じない映画ってありますよね。それでも映画ならば「チミはゲージツがわからんのかっ!?」とか言い張ればいいかもしれませんが、一般の動画、特に商用の動画は芸術ではなく日常的なコミュニケーションですから、通じなければお話になりません。

もう一つ重要なことが発見されました。演技していない無表情の人の画でも、つなぎ方しだいで演技をしていたように思い込ませる効果があることが発見・確認されたのです。この効果のことを「クレショフ効果」とい

いますが、名前を覚える必要はありません。なぜ重要なのかといえば、それまで心情の表現は演技する役者の特権であり、映像は記録することしかできないのだと思われていたのですが、演技がまったくない状態でも編集だけで心情を表現できなくはないことがわかったからです。先ほどの「猫」もそうですね。猫は演技などするわけがありませんが、編集によって「お腹が減っている」ということにしてしまったうえ、多くの観客は「あの猫はお腹が減っているという演技をしていた」と思い込んでしまうのです。モンタージュはストーリーだけではなく、心情もでっち上げることができるということです。編集に**「心情を表現する」**という目的が追加されましたが、ストーリーをつづるうえで心情も編集で表現できる場合があるよというだけのことで、編集のメインの目的ではありません。「②**ストーリー**（心情を含む）**をつづる**」としましょう。

　こうして、誕生してからわずか20〜30年ほどで、動画編集術の基礎が完成されたのです。

動画の種類の変遷

　このように、当初は映画として発展してきた動画ですが、内情はおおよそ3つのジャンルに分かれていたといえるでしょう。「くしゃみ」のような記録映像で、事実を客観的に伝えるだけの「報道」、記録映像を証拠として並べて自分の主張をする「映像論文」とでもいうべき「ドキュメンタリー」、そして記録映像ではなく、現実世界に存在しない創作の世界を映像化したもの、今でいうところの「映画」の3つです。その他、今でいう環境ビデオやイメージ映像のようなものは「実験映画」と呼ばれ、その他大勢といった扱いで、ジャンルとして確立はしていませんでした。

　記録映像である「報道」や「ドキュメンタリー」もすべてフィルムを映写する形で視聴され、形のうえでは映画と同じだったので、すべてが「ニュース映画」のように映画の一種みたいな呼び方をされていました。この

頃の「映画」という言葉は、今でいう「動画」という意味で使われていたのです。しかし、その後テレビというメディアが登場し、動画の世界は映画界とテレビ界に分かれました。テレビ界では「一般番組」（通常「番組」と呼ばれるが、ジャンルの1つであってプログラムという意味ではない）という、明らかに映画とは呼べない創作系動画が出現し、さらにはVTRという便利な映像機材が登場すると、報道は映画界からテレビ界へ完全に引っ越し、ドキュメンタリーはテレビ界では「ドキュメンタリー番組（制作映像で補完したドキュメンタリー）」として作られるようになりました。これが、動画のジャンルを複雑で難解なものにしたのです。「ドキュメンタリー番組」は厳密にはドキュメンタリーとはジャンルが違い、ドキュメンタリーと一般番組との中間に位置する物です。この結果、映画界では創作系動画の「映画」と記録映像系動画の「ドキュメンタリー」が作られるようになり、テレビ界では創作系動画としては、「一般番組」と映画に代わる「ドラマ」が、記録映像系動画としては「報道」とドキュメンタリーを番組化した「ドキュメンタリー番組」が作られるようになりました。ここからは、記録映像系動画を「報道系動画」、創作系動画のことを「番組系動画」と呼ぶことにします。

表 1-1　**動画のジャンル**

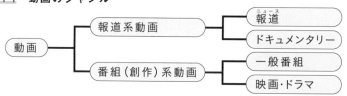

　その後、ホームビデオやインターネットができたおかげで、映画でも番組でもない動画である「イメージビデオ」や「環境ビデオ」や「グラフィックムービー（動くグラフィックアートをつなぎ合わせたもの）」とでもいうべきものが台頭するようになりました。これらは総じて「アマチュア動画」といってもいいでしょう。特にルールもないうえ、映像がなくても作れたりするので、映像制作ができないアマチュアが作って楽しむために爆発的に広まっています。しかし当然プロの世界では、タイトルや埋め合わせとい

った一部で使われはするものの、それだけで番組や広告として通用するものではありません。自分で作ることを楽しむものであって、他人に見せるものでも、見てもらえるものでもありません。そんなものを他人に無理矢理見せようとするのは、もはやテロですよ。（笑）　もちろんアマチュアには作って楽しむという楽しみ方もあっていいわけですが、理論もなにもなければこの本で扱う意味もないので、これらはまだ「その他大勢」としておきます。現在、動画は報道系動画と番組系動画の２つに大きく分けることができます。そしてそれぞれ、報道系動画は「報道」と「ドキュメンタリー」に、番組系動画は「映画・ドラマ」と「一般番組」に分けられます。映画とドラマは動画の種類としてはまったく同じものです。ユーチューバーによるペットの動画はもちろんドキュメンタリーですし、「やってみた」系は一般番組に分類されるべきものでしょう。また、「報道番組」と「ドキュメンタリー番組」はそれぞれの亜種として、この本ではジャンルとして独立したものとはしません。動画の種類についての詳細は、Chapter 7の「動画の種類」をご覧ください。

　こうして昔は動画すべてを指した「映画」という呼称は、今では動画の中の１つのジャンルとしての「映画」だけを指すようになりました。だから映画学校に行っても、番組（CMや宣伝用動画も番組です）やニュース映像を作れるようにはなれないのです。

▶ 芸術ならなんでもありでも……

「動画は芸術なんだからルールなんかないんだ。なにをやってもいいんだ」と言い張る人もいるかもしれません。しかし、映像や動画はすべてが芸術というわけではありません。上記の中で、芸術といってもいいものは映画・ドラマだけです。イメージ・ビデオやグラフィック・ムービーといった「その他」のものにも、芸術としてもいいものもあるでしょう。映像（カット）そのものが芸術なのは「グラフィック・アート」です。芸術ではない映像をつなぎ合わせて芸術を作ることはあります。たとえば映画がそうですね。１カット１カットは芸術ではありません。動画を文章に例えるなら、映画は「小説」であり、イメージ・ビデオやグラフィック・ムービーは「詩」に相

当するのでしょう。ニュース映像もドキュメンタリーも一般番組もユーチューバーの動画も、つまり動画と呼ばれるもののほとんどは芸術ではありませんし、編集マンは芸術家ではありません。映画は芸術ですが、編集作業は芸術活動ではありません。映像や動画、特に商用動画はシステマチックなもの、機能的で論理的なものです。通じなければ存在価値がありません。だから、動画の編集は雰囲気や感覚でつなぐものではありません。

　動画がなんでもありなのではなく、芸術はなんでもありなのです。でも文法やルールがないのではなく、破ってもだれにもNGにされないというだけです。なんでもありの芸術とそうではないものをキチンと分けて考えないと、訳がわからなくなってしまいますよ。芸術は、必ずしも他人に通じる必要はありません。もちろん通じないものは世間から評価はされませんが、通じなくてもいいのであれば、つまり自己満足だけでいいのであれば、文法はいりません。日本語の文法を知らない外国人がデタラメに単語を並べても、詩にはなるかもしれませんが、文章が話せなければ日本語ができるとはいえないのと同じです。単語を文法に従って並べて初めて文章になります。動画編集ができるとは「映像で『文章』を作ることができる」ということです。この「映像で作った文章（もしくは段落）」が「シーン」です。だから文法が必要なのです。

まとめ

- **編集とは：切ってつなぐだけ（肉体）**
  カットの順番と長さを決める（頭脳）
- **編集の目的：1. 時間を詰める（整理整頓する）**
  2. ストーリー（心情を含む）をつづる
- **「編集ができる」とは：映像でストーリーをつづることが**
  できるということ

究極の目的は
視聴者を退屈させないこと

　ありがちな話として、「子供のビデオ」があります。あなたは子供が生まれたばかりの若い夫婦の家にお呼ばれしたことがありませんか？　ひとしきりおしゃべりして、ご馳走になったあと、

「子供のビデオ撮ったんだ。ちょっと見ていってくれよ」

　こう言われたら地獄の時間の始まりです。ご馳走になった手前、むげに帰るとも言い出せず……。たとえ15分ほどでも死にたくなるほどの退屈な時間。若夫婦は「かわいいねー、かわいいねー」を連発しながら、永遠に見続けています……。

　この退屈こそ、編集されていないから、なのです。不要な時間を切り落とす、ストーリーをつづるということをしていないからなのです。他人に見せたいのならば、視聴者の視点で考え、精一杯退屈させない工夫をするのが、見てくれる人に対する礼儀というものです。近年は多くの企業で動画の自製化が進んでいるようですが、あなたの動画は消費者が見たいもの、退屈しないものになっていますか？　この夫婦のように一方的な押し付けになってしまっては、見知らぬ消費者に見てもらえるわけがありませんよ。

文法のお時間1時限目
すべての基本は「主＋動作＋対象」

基本文法

　ここからは具体的にどうすればいいのかの講義になりますので、学校みたいにしてみました。いやいや、引くなって。

　では、いきなり例題です。いや、だから引くなって。

例題1　映像は写っているものがすべて

　これはどのように見えますか?

　1　Aさんが叫んだ
　2　叫び声がAさんに聞こえた

　2の「叫び声がAさんに聞こえた」と解釈する人が多いかもしれません。1のように解釈する人もいるかもしれませんが、そう多くはないのではないでしょうか。

　まず最初に叫び声があるので、視聴者は「叫び声がどうしたの?」と思う

のが普通です。ところが最初に叫び声を見て「だれが叫んだんだろう?」と思ってしまった人は、次にAさんを見て「Aさんが叫んだ」と思うかもしれません。でも、**Aさんが叫んだことを示すものはなにもありません**。「映像は写っているものがすべて」です。つまりこの映像では「Aさんが叫んだところが描写されていないので、**Aさんが叫んだことにはならない**」のです。だから「叫び声がAさんに聞こえた」と解釈せざるを得ません。正解がどちらであるかは知りません。監督がどういうつもりでこうつないだのかは、監督しか知り得ないことですから。いずれにしろ、この編集は、非常に不親切でヘタ、だれにも通じない編集だということです。

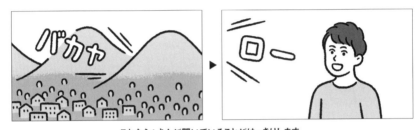

これならAさんが聞いていることがはっきりします。

　これならば、Aさんが聞いていることがはっきりと描写されているので、だれでも間違えようがないですね。この例題のように、写っていないことを「わかるはずだ」と言い張っても通じません。必ず写っていることだけしか視聴者には見えません。文章でいうところの「行間を読む」ようなことは、映像にはないと思ってください。先へ進むと写っていないものを表現する方法も出てきますが、今の段階では、写っていないことは視聴者にはわからない、と覚えておいてください。**「映像は写っているものがすべて」**です。

~

※「～」はカットが変わっていないことを示します。

これならだれがどう見ても、叫んだのはAさんです。

　もし、どうしてもこの順番でAさんが叫んだことにしたいときには、Aさんが叫んでいるところを見せてあげればいいのです。**「叫んでいるのはこの人です」というところを見せてあげなければ、Aさんが叫んだことがだれにもわからないのです。**

例題2 **文法とは順番を決めるルール**

例題2。逆につないでみると……。

　では、カットの順番を逆にしてみましょう。今度は「Aさんが叫んだ」にしかなりません。視聴者は最初にAさんのカットを見て「Aさんがどうしたの?」と思います。次に叫び声がすれば、当然「Aさんが叫んだ」としか解釈できません。他に叫ぶ人が登場していませんから。これも例題1と同

じように不親切な編集ですが、ドラマやアニメなどのラストカットとして時折使われますね。その場合は、もうすでにAさんの声を視聴者がわかっているので、叫び声がAさんのものであるということはだれの耳にも疑いなくわかるのです。だから「Aさんが叫んでいるところ」を見せなくても、不親切にはなりません。一種の省略法です。

「Aさんが叫び声を聞いた」にしたいときには、叫び声のカットに、それを聞いているAさんも一緒に写し込んであげます。「Aさんが叫んだのではない」ことをはっきりと見せてあげればいいわけです。

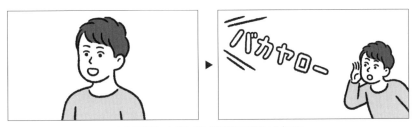

これなら間違いなく「Aさんが叫び声を聞いた」です。

　例題1と2を見比べてみてください。順番を入れ替えたら、伝えていることが全然変わってしまうということがわかりますね。コミュニケーションというものの正体は、情報とその順番でしかありません。情報は、言葉では単語になり、動画では映像（カット。この本では「画」とも表記しています）になります。単語か映像かだけの違いです。そして、情報の順番を決めているのが文法です。文法というルールに従って情報を並べないと意味が違ってくるのは当たり前ですよね。当然、動画にも順番を決めるルールがあります。それが動画の文法です。

　例題1では、視聴者は最初のカットを見て「叫び声がどうしたの?」と思います。例題2では「Aさんがどうしたの?」と思います。地球上のほとんどの言語で主語が最初に来るように、コミュニケーションでは原則として最初に提示されたものがテーマになります。動画でも同じで、**先に提示さ**

れた（しっかり写された）**ものがテーマになる**のです。ものすごく大雑把な言い方ですが、厳密な話をするとものすごく複雑になるので、とりあえず今はこう理解しておいてください。テーマとは、そのシーンの「主人公（テーマが物である場合には擬人化した言い方だと思ってください）」のことです。これが一番最初の動画のルールです。

　とりあえずここまでが「最初の一歩」です。言っていることはすごく簡単な事なのですが、文字にするとすごく難しそうに見えますね。でも、字面にごまかされてはいけません。よく読んで理解してしまえば、バカバカしいくらい簡単なことです。では、これを踏まえたうえで、次の例題にいってみましょう。

例題3　**太郎君と花子さん**
　次のA・B・Cの3つのカットを、「**太郎君は花子さんを愛している**」ということを表すようにつなぎなさい。

A 太郎君

B 花子さん

C ハート

「愛している」は今回のところはハートにします。本当は動画というものは、全体にもそれぞれのカットにも時間が流れているものですが、今回は順番の効果だけを調べるためにわざと時間の流れがない例題にしています。

　この手の本では「次のいくつかのカットを使って、ストーリーを作りなさい」という例題がお決まりですね。あれは「カットを並べることでストーリーを作れるんだよ。それが編集するということだよ」ということを伝えたいのでしょう。それはそれで大事なことです。でも実際の現場では、プロアマ問わず、そのような状況はあり得ません。必ず台本が先にできていて、それに合わせて編集することになります。編集する時点でストーリーが決まっておらず「好き勝手なストーリーにしていいよ」なんてことはあり得ません。

　というわけで、実践的な例題は上のように、ストーリーは決まっていてそれを表すようにつなぎなさい、となります。

　さて、例題3はできたでしょうか？　簡単すぎますか？　まだ始まったばかりですからね。では、答え合わせをする前に、もう一問。

例題4　**日本語とは違うのだよ、日本語とは!**
　A・B・Cの3つのカットを「**太郎君と花子さんは愛し合っている**」ことを表すようにつなぎなさい。

　さて、どうでしょう。もちろん伝えたいことが違っていますので、例題3と同じ答えではいけません。

　自分では編集ができるつもりでいた人でさえ、詰まってしまった人は多いのではないでしょうか？　大丈夫ですか？　まだ始まったばかりですよ？

　それでは、解答です。

例題3の解答。

例題4の解答。

です。

　解説しますね。まずは「太郎君は花子さんを愛している」という日本語を英語と比較してみましょう。

　太郎君は花子さんを愛している。（日本語）
　Taro loves Hanako.（英語）

　日本語には「てにをは」というものがあります。この「てにをは」の発明によって、日本語は語順から解放されました。

　太郎君は、愛している、花子さんを。
　愛している、太郎君は、花子さんを。
　花子さんを、愛している、太郎君は。
　花子さんを、太郎君は、愛している。

　日本語では順番を変えても、文の意味は通じます。これは「は」と「を」のおかげですね。俗に「てにをは」と呼ばれるもので、専門用語では「格標識」といいます。覚えなくていいです。（笑）　この「は」が「『太郎君』が主語（主格）だよ」とか、「を」が「『花子さん』が対象、英語でいうところの目的語（目的格）だよ」と教えてくれるから、順番を変えても通じるのです。

　しかし英語の「Taro loves Hanako.」には「てにをは」がありません。ですから、どれが動作の主（主語）か、どれが動作の対象（目的語）かを判別するのは語順に頼っているわけです。語順を入れ替えてしまったら意味が変わってしまいますね。

　そして、動画はどうでしょうか？　映像に「てにをは」はありません。だからどれが動作の主か、どれが動作の対象かの判別は、カットの内容で判別できないときには順番に頼らざるを得ません。だから順番を好き勝手にしてはいけません。

格標識がない場合の自然な順番、それはたぶん人間の本能的なものだと思っていますが、その「順番」とは、ズバリ！

> 基本文法：動作の主、動作、対象という順番になる。（主動対、「SVO型」）

　太郎君→ハート→花子さんの順番ですね。これを言葉で書くならば、「太郎君は、愛している、花子さんを」になります。これが動画の最も基本となる順番です。そして例題1・2でも書いたように、もし順番をどうしても変えたいときには「てにをは（格標識）」の役目をしてくれるものを写し込めばいいわけです。

　例題4の「愛し合っている」のほうを考えてみましょう。

カットの長さはみな同一とします。

　どれも「太郎君と花子さんは愛し合っている」になってしまうことがおわかりでしょう。もしくは「太郎君と花子さんがなにかを愛している」とも解釈できますが、その「なにか」がここでは写されていませんから、そのように解釈するのはちょっと無理があるのです。

　例題1・2では「先にしっかり写されたものがテーマになる」と書きました。今回の場合、動作を表している（言葉なら動詞に当たる）カットは「ハート」だけですね。ハートの前に太郎君と花子さんが写っているから両方が主語になってしまうのです。つまり「先に」というのは「動作の前に」という意味です。

ですから、最もシンプルに、一番短く順番だけで表現するなら「動作の主→動作→動作の対象」という順番で並ばせることになります。

　言葉でいうなら「主語・動詞・目的語」の順番です。これが今の所たった1つの動画の基本文法です。簡単でしょう？　著者はこれだけしか設定しませんが、基本文法なんてだれかが必要に応じて増やしてもいいものです。ここで一番大事なことは、日本語の語順とは違うので、**日本語の順番で考えてはいけません**、ということです。「日本語と違い、**対象が動作の後に来る**」ということは、なにがあっても忘れてはいけません。これが本当に大事なことで、動画の本当の意味での最初の一歩です。（注：目的語が場所である場合は、状況説明の一部として前に出ることがあります。これについては構文のところで説明します）

言葉に置き換えろ?

　あれっ？　よく、「編集は言葉に置き換えて考えろ」っていうじゃない？　違うの？

　そうですね。それはストーリーの流れを考えるときの話ですね。1つのカットを、1つの単語ではなく、1つの文で表せるとき、つまりそれは主＋動作が一緒に写っているときのことですが、そんなときには有効です。

1つのカットに「動作の主」と「動作」が一緒に表されている。
言葉に置き換えて流れを考える場合は1カットを1つの文にする。

　たとえば、「ピッチャー投げました。→バッター打ちました。→ショートゴロ、ショート取って送球。→ファースト取った、間に合ったアウト」。矢印はカット目を表しています。ここで、1つのカットが1つの単語ではなく、1つの文（主語と述語）になっていることに注意してください。短文がつながって、全体で1つのストーリー（物語）になっていることがわかりますね。

　そして、目的語が省かれていることにも注意してください。目的語はどこにいったのでしょう？

　試しに、目的語を付けてみましょう。イラストと合わせながら読んでみてくださいね。「ピッチャー**バッター**へ投げました。→バッター、**ショートへ**打ちました。→ショートゴロ、ショート取って**ファーストへ**送球。→ファースト取った、間に合ったアウト」

　どうですか？　**太字で書いたものは写っていない**ことに注目してください。ピッチャーが投げている画には「バッター」は写っていませんね。バッタ

一が打つところにも「ショート」は写っていません。そして、それらの画
はどこにありますか？　そう、次のカットに写っていますね。これが「目的
語が後に来る」ということです。

その他の答え

　このように答えた人はいるでしょうか？　かなりひねくれていますね。で
も、そういう発想も動画制作者には必要な要素ですよ。ただ、順番を考え
るという問題ですから、同時に出しちゃうのはここではなしにしましょう。
これは意味は違ってはいません。言葉にするなら「花子さんは太郎君に愛
されている」もしくは「太郎君に愛されている花子さん」になります。で
すから、意味は違ってはいないのですが、主人公が違ってしまっています。
視聴者は先にしっかり写された人をそのシーンの主人公だと思います。花
子さんが最初に来れば「花子さんがどうしたの?」という気持ちでその続き
を見るわけです。次に太郎君の顔を見て「太郎君???　太郎君とどんな関係
が?」　ハートを見て「ああ、太郎君が愛しているのね、……つまり花子さん
は太郎君に愛されているってことね」　このように解釈していくのです。太
郎君とハートは同じ枠の中に描かれていますから、ハートは太郎君に掛か
り、花子さんには掛からないことが視覚的に明らかです。このことから、**動
作はその前**（同時を含む）**にある人物がその動作の主になる**、ということが
わかります。でも、設問では太郎君の気持ちを表すシーンにしろ、といわ
れたのに、花子さんの状況を表すシーンにしてしまいました。ですから、意
味は違っていないけど、編集としては間違いです。監督に怒られます。

　こう答えた人はいますか？　これはさすがにいないと思いますが、これは当然「花子さんは太郎君を愛している」になります。

> いーや、そうとは限らない。オレは「太郎君は花子さんを愛している」という
> つもりでつないだんだ。映像に文法なんてない、なにをやってもいいんだから、
> つないだオレがこれはそうなんだといえばそうなんだ！

　はいはい。いくらあなたが1人で力んでみても、だれもそう読み取ってはくれません。あるいは、わかっていない人ばかりを集めて多数決してもダメです。世間の人にはそのようには伝わりません。お約束（ルール）を無視するとだれにも理解されないだけでなく、視聴者はわけがわからないものはつまらないので見るのをやめてしまいます。

　……無視しなければいいのです。ルールを破りたいときは破ることができます。破ってもいいけど無視してはいけないのです。つまり、ルールを破るための手続きをすればいいのです。ルールの破り方については後で話しましょう。

　はい。これはもはやなにがなんだかわけがわかりませんね。動詞が最初
に来たからといって命令形にはなりませんよ。だいたい、動画に命令形は
ありません。愛しているのはだれなのか？　愛されているのは？　動作の主
は動作の前にいてくれないとだれの動作なのかわからないでしょう？　まぁ、
普通は動作はその主と一緒に写っているものですので、この問題はめった

に起きませんが、このように「愛している」とか「見ている」といった、エヅラ（画像の見た目）だけでは主と対象を判別できない場合には、順番を間違えると話が伝わらなくなってしまうのです。

　回答のパターンとしてはこれで全部でしょうか？　まだありますか？　他に回答として考えられるものとしては、同じカットを何度も繰り返し使ったものですね。でも、それらは残念ながらすべてNGです。この例題が求めているものは正解のイラストですべて表現できています。あれが必要最小限です。もう一度カットを使えば、それは単に不必要なカットになります。映像では、必要がないものは存在してはいけません。**存在するものにはすべて意味が出てしまうから**です。

　たとえば、Aさんの自宅と思われる（視聴者がAさんの自宅だと思ってしまう）部屋でAさんのインタビューを撮ったとします。背景に成金趣味の花瓶が写っていたとします。すると視聴者は「Aさんは成金趣味の人なんだ」と思ってしまうわけです。たまたまそこにあっただけで、Aさんはそんな人じゃなくても、監督はそこに花瓶があることに気が付いてさえいなかったとしても「Aさんは成金趣味の人です」という映像になってしまうのです。そこがAさんの自宅ではなく、自宅に見立てたスタジオのセットだったとしても、そんなことは視聴者にはわかりません。だから、表したいことを表すのに絶対に必要なもの以外は入れてはいけません。違う意味が出てしまうのです。映像というものは「絶対に必要、これがなければ伝えたいことと違ってきちゃう」というもの以外は一切あってはいけないのです。

まとめ

- 動画の大基本：主→動作→対象
- 動作はその前にある人物がその主になる

映像は写っているものがすべて。
逆にいえば、写っているものには
すべて意味が出てしまう

正しい感性の育て方

「動画の編集にはルールなんかない！　感性でするものだ」という人もいます。でも、これから始めようとする人＝編集を知らない人に感性なんぞあるわけがありません。たとえば囲碁も感性が必要だとよくいわれるようですが、ルールも知らない初心者には次の一手をどの方面に打ったらいいのかなど、わかるわけも、ひらめきようもありませんよね。経験がまったくない人には感性なぞあるわけがないのです。では、天才しか編集できないのか？　そんなバカなわけはありません。感性なんぞカケラも持ち合わせていない人でも編集できるようになれるはずだと著者は信じています。

　そもそも感性とは一体どういうものなのでしょうか?

　画商が自分の息子を立派な画商に育てようとするとき、どのような教育をするか知っていますか？　絵画の良し悪しなんて言葉で教えようがないじゃないですか。なので、幼いころから良い絵だけを見せ、絶対に悪い絵は見せないのだそうです。小さなころから良い絵だけを見て育つと、悪い絵を見たときに「あっ、これは違う」と感じるようになるのだそうです。いわゆる「目が肥えている」という状態ですね。これは「味」もそうですね。小さなころからおいしいものばかり食べて育った子供は舌が肥えていて、まずいものには自然に手を伸ばさないようになります。感性とは持って生まれた天賦の才などではなく、**良いものだけが持つ一種の特徴やパターンのようなものを、良い経験を長年積み重ねることによって体が覚えたもの**だと考えています。良い悪いを分けているルールを心が覚えることといってもいいでしょう。

そして編集も同じです。ちゃんとした編集の動画を見て育った人は、おかしな編集を見ると「おかしい」と違和感を持つのです。徒弟制度だったころ（今でも?）は、弟子は師匠が編集した「ちゃんとした映像」を見て勉強するわけです。あるいは「これは正しい」とか「これはダメだ」と教えてもらいます。すると変な編集を見たときに、「おかしい」と感じるようになれるのです。しかし、この徒弟制度を代表とする日本独特の秘密主義が、2つの困った状況の原因となっています。

　1つは「わかってはいるけど言葉にできない」ということです。言葉で教わっていないから、論理的に理解しているわけではないのです。だから、他人に教えることができません。「俺のやっていることを見て盗め」になるわけです。言葉で教えられる人がいないので、動画の編集にはいい教科書が見当たらないようです。

　もう一つは、なにもわかっていない人が「どうせだれもわかっちゃいないから、でたらめやってもバレやしないさ」と高をくくり、お粗末な動画を作ったり作らせたり、プロの仕事に口を出したりするために、それが世間に氾濫し「クソミソ一緒」の状態になっていることです。この問題はテレビCMが15秒になったことが遠因となって発生し、インターネットができてから急激にひどくなりました。CMでは尺（時間的長さ）が非常に短いので、どうしても強引な省略法や視聴者の気を引くための倒置法が頻繁に使われます。これらのイレギュラーな編集法があまりに頻繁に、当たり前のように使われていて、それを見て育った今の人たちは、わざと違和感を持たせるためにやっている省略法や倒置法に、もはやまったく違和感を持たなくなってしまっているのです。逆にそれが正しい編集法だと思い込み、同じようにでたらめな編集をしてしまうのです。そしてその映像がまたインターネットでも氾濫し……。

最初はだれだって良い編集と悪い編集の区別はつきません。感性とは生まれつき持っているものではないからです。といって「良い編集」だけを見て育つという環境も現代ではあり得なくなってしまいました。そんな今時の人たちは、わかっている誰かに「これは良い編集」とか「これはここが悪い」などと教えてもらうしかないのです。たくさん教えてもらう内に、だんだんとそのパターンがわかってきて、区別できるようになります。でも、「わかっているだれか」ってどこにいるのでしょう?

　これから編集を勉強しようとしているあなたはまだ真っ白な状態です。本書では、良い編集の基本パターンをルールと名付け、文字とイラストで書き表してあります。よく読んで理解するだけで、正しい感性を育てる基盤を作れるはずです。そうすれば、変則的な編集を見ても、それがどう変なのか、本来はどうあるべきなのか、なんのためにそうなっているのか、がわかるようになります。それがわかって初めて、変則編集や悪い編集を見ることさえ、積み重ねるべき良い経験になるのです。

文法のお時間2時限目
「主と動作」は1カットで　〜動画の原理〜

現実的な基本形

　太郎君と花子さんの例題は、顔以外なんの情報もない、時間の流れもない画です。動画という設定にしていますが、時間の流れがないということは静止画でも同じだということです。わざと時間の流れのないカットを使うことで、順番だけでどう表すか、順番の法則を考える例題でした。

　しかしながら、動画というものは必ず時間が流れているものです。時間が流れているということこそが動画の動画たるところです。**動画とは被写体を写すものではなく、被写体の動作を写すもの**だということです。なので、動作だけを1カットで表すことは滅多にないので、現実的な基本形は**「主+動作→対象」**という形で覚えたほうがいいでしょう。動作の主と動作が同じカットに写っているということです。

　「動画」と「言葉」の大きな違いの1つは、動画はたくさんの情報や変化を極めて短い時間で伝えられるということです。「太郎君」という1単語を言っている間、もしくは文章なら「太郎君」という1単語を読んでいる間は、それ以外のことは伝えられません。ところが動画では、たとえば「まず太郎君の顔があり、その目がハートになる」というやり方で1カットで動作とその主を表してしまえます。ただし、表すほうは「同時」ですが、見るほうは「同時」ではありません。視聴者はまず太郎君を認識し、それからその目がハートになることを認識します。同時ではなくひとつひとつ順番に認識していくのですが、それに要する時間はほんのほんの一瞬です。動

画ならば、その特性を生かさない手はありません。

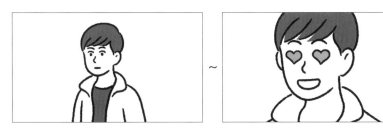

動作の主と動作を1カットで表した例。

　このほうがまだ少しは動画的です。本来は動画的表現というのは、寸劇というかドラマというか、「ストーリー」によって表現することなのですが、今回は説明のためにあえてストーリーのない例題にしています。これなら動作の主がわからないということは絶対にありませんよね。

　それでは、次の例題です。この男の動作はなんでしょう？

　第1カットは「無表情な（なんの演技もしていない）男のアップ」です。これが写真ならば「この男はこんな顔をしています」という意味しかありま

せん。でも、ここでは動画です。動画ということは時間が流れているということですね。時間が流れているということは、なにかをしているという「現在進行形」だということです。さっきからいっているように、**動画は動作を写すもの**です。この男はなにをしていますか?

> 息!

あ、うっ……。そ……、そうですね。確かに息もしているでしょう。でも息は見えないし……。マジレスすると、映像は写っているものだけがすべてです。息は写っていないので、これは「息をしている画」にはなりません。えーと、この男、目を開いていますよね。だからここでは「なにかを見ている」というのが正解です。「なにかを見ている」という言葉が思い浮かばなかった人でも、意識の底ではちゃんとわかっていたはずで、だからこそ次にビーフシチューの画が来ると「男がビーフシチューを見ている」のだと読み解けるのです。あなたは「今、この男はなにかを見ている」と(心の底で)思うからこそ「なにを見ているんだろう」と対象物を期待するのです。次のカットで当然対象物が写るのだろうと思うのです。だから、次のカットには対象物が来なければいけない、というか、次に来た物が自動的に対象物になってしまいます。しかもその対象物は必ず主観になります。これが「アップの次は主観になる」という、俗ルールです。

どうしても第1カットを動作だとは思えないという人にはこう説明しましょう。第1カットは動画なんだから、時間が流れている「現在進行形」であることはわかりますね。「なにをしているのかわからない」と思っている人でも2カット目のビーフシチューを見た瞬間に「ああ、あの男はこのビーフシチューを見ていたのだな」と理解します。人は新しいカットを見た瞬間に、前のカットとどう関わりがあるのだろうと考えながら見ているのです。そしてその「関わり」がわかる場合に、この2つのカットは「**つながっている**(モンタージュされている)」といわれるわけです。第1カットは「このビーフシチューを見ている」という「進行中の動作」であることが、

後からわかるわけです。第2カットを見た瞬間に「さっきの男はこれを見ていたんだな。そしてこの画はこの男の主観だな」とわかるわけです。そして、主観でビーフシチューがこのように見えているのだから、このビーフシチューはこの男の目の前にあるのだということもわかりますね。つまり、この男とビーフシチューは同じ場所・時間にあるということです。それって、この2カットは同じシーンであるということですよね。2つのカットで1つのシーンを作ったのだから、これはモンタージュであり、それを「つながっている」というのです（モンタージュについてはまた後程詳しく解説しますので、今はよくわからなくても大丈夫です）。

　編集をする人は、男のカットとビーフシチューのカットの2カットがすでに用意されている状態で編集を始めるわけで、どちらを先にしようかと考えるわけですね。この時、「主→動作→対象」という意識を持っていなければいけません。まず「だれがなにをしているのか」という画を見せるんだということを、次に「対象よりも動作を先に持ってくるんだ」ということを意識していなければいけないのです。

　これをわかっていない人は、平気で逆さまにつないでしまうのです。先にビーフシチューがあって、次に男が写っても「男がビーフシチューを見ている」ということにはなりません。第1カットであるビーフシチューの画は男の主観になっていないので、視聴者が次の男の画を見たときに前のカットとの関連性がわかりません。だから、この2つのカットは同じシーンにはなりません。これを「つながっていない」といいます。どうしてこういう間違いをするのかというと、「この男はビーフシチューを見ているんだ」ということを編集をする前から自分だけはわかっちゃっている、そう決めつけているからです。「まず、ビーフシチューを見せて、次にそれを見ている男を見せよう」と思って編集しているわけですね。でも、「それを見ている」はどこにも写っていませんから、見る人には「それを見ている」かどうかはわからないわけです。「見る人にどのように見えるのか」を考えられない、わからない人はモンタージュがわからないということですね。だ

から、「オレはこうなんだ」などと自分の感覚、自分のやり方でつないでいては、いつまでも編集ができるようにはなれませんよ。

このイラストを文字で表すと「男が見ている」→「ビーフシチューを」になります。英語だと「The man is watching」→「beef stew」ですね。「**主＋動作→対象**」です。

今回の例は演技という、順番を考えるのには余計な要素をなくすためにわざと無表情のカットを使いましたが、実際の動画には無表情のカットなんてまずありはしません。動画に慣れている人なら現状でも理解してくれるかもしれませんが、視聴者の多くは写真と同じように、男のカットを見ても「なにを見ているんだろう?」とは思わず「この男がなんだろう?」と思ってしまいます。世の中にはそういう人のほうが圧倒的に多いのですから、監督は第1カットをもっと「なにかを見ている」ということがよくわかる画、だれが見ても「ああ、なにかを見ているのだな」とわかる画にするものです。それが演技です。子供向けの番組であるなら、さらにもっとはっきりと「見ている」ということがわかるように大げさな演技をさせるでしょう。だれに見せるのかによっても演出は変わります。この辺が監督の「腕」ということになるのです。

何カットで表すか

「太郎君は花子さんを愛している」を、例題3では3カットで表しました。「太郎君」「花子さん」「愛している」という3つの要素をそれぞれ1カットで表したので3カットになりました。単語を並べることでコミュニケーションを図る「言語」になぞらえて解説するためにわざとそうしたわけで、本文でも述べたように動画的ではなく、とても言語的な表し方ですね。このように、要素を1つずつ1カットにして並べていくと、なんとなくぎこちない、まだるっこしく言語的な動画になります。狙いがあってわざとこうする場合もありますが、通常は「細かく割り過ぎ」ということになります。

　太郎君の目がハートになってから花子さんのカットになる例では「この
ほうがまだ動画的」といっているように、動画は動作を写すものですから
「動作の主」と「動作」が一緒に写っているほうが動画的で自然な形といえ
ます。この例題の場合は2カットで表すこのやり方が最もオーソドックス
で自然な表し方、基本的な表し方ということになります。

　ヒキ画にして、太郎君も花子さんも、太郎君の目がハートになるところ
も全部1カット長回しで撮ることもできます。頭の中で想像してみてくだ
さいね。それって、監視カメラの映像みたいですよね。だれが主人公なの
かもわかりません。このように、多くの要素を写し込んでカット数を少な
くするほど、記録映像っぽくなっていきます。ただそこにあるものを写し
ただけの「つまらない映像」になるということです。あとで「モンタージ
ュ」というものを詳しく解説しますが、動画はこのモンタージュがあって
初めて面白いものになるといっても過言ではありません。モンタージュこ
そが動画の、映像表現の醍醐味であり、モンタージュを用いなければタダ
の記録映像の羅列にしかなりません。ニュースの映像みたいなことです。カ
ット数を少なくするということは、このモンタージュの出番が少なくなる
ということですから、つまらないものになりがちになるのです。

　どの程度カット割りをするかということは、その時々で監督がどう見せ
たいのかによって変わります。意味のない長回しは、つまらないヘタな映
像にしかなりませんし、かといって割ればいいというものでもありません。
「どう見せたいのか」と「なぜそう見せたいのか」という理由がキチンとあ
るということが大事なのです。例題3の場合、本来は「細かく割りすぎ」
であるはずの3カットにしたのは「言語になぞらえて説明するため」とい
うはっきりした理由があるわけです。そして、特に理由がないのならば基
本形にしておけばいいのです。基本形にするのに理由はいりません。最初
から最後まで全部基本形でもいいのですが、それだととてもわかりやすい
ものの単調でメリハリのない動画になるでしょう。でも叙事詩的に、あえ

て淡々と見せたいのであればそうすればいいのです。

　このように、映像ではなにをするにも必ず「意味」があり、意味のないことはやってはいけません。「これを伝えたいんだ」とか「こう見せたいんだ」といった「意思」がない映像は、ただ写っているものを見せているだけの、つまらないものにしかなりません。その「意思」は、ほとんどがモンタージュという形で表されることになります。

なぜ「この画の次にはこの画が来なければいけない」のか？ ～動画の原理～

　動作の画の次に来る画を「動作の対象」といっていますが、もっと厳密にいうならば「視聴者の興味の対象」です。たとえば「ピッチャー投げました」の対象（目的語）はなんでしょう？ 「ボールを」？ 「キャッチャーへ」？ 「バッターに対し」？ 「ホーム・ベースの方へ」？ どれもみんな対象です。が、視聴者の興味の対象はなんですか？ なにを投げたのか？ 違いますね。普通は、「投げたボールがどうなったのか？」ですよね。バッターが打ったのか、三振したのか、場合によってはキャッチャーがパスボールしたのかもしれません。いずれにしろ「投げたボールがどうなったのか？」ですね。だから「投げました」の次にはバッターだとかキャッチャーだとかの「ホームベースのあたり」が写るのです。

　ここでボールのアップが写ったら「なにを投げたのか？」という疑問への回答になってしまいます。「この監督は視聴者の興味の対象がボールだと思っている」ということになります。野球では投げるものはボールに決まっていますから、筋違いな編集となり、これは**間違い**です。でも、投げたのが特殊な回転をしている球で、その回転を見せるためにボールのアップを入れたのなら間違いではありません。その場合は「ボールのアップ」ではなく、ちょっと変な言い方ですが「ボールの回転のアップ」と考えてください。この場合の興味の対象は「なにを投げたのか？」ではなく「どんな球

を投げたのか?」です。たとえば「ピッチャーが消える魔球を投げました」と伝えたいのならば、投げた後にボールが消えるところ、あるいは砂埃を巻き上げるだろうものすごい回転をしているボールのアップが来るわけです。この手法は野球アニメで頻繁に使われましたよね。このようにすべてのカットには意味があります。意味のない、あるいは筋違いなボールのアップは**間違い**です。尺稼ぎのためとか、意味なくただなんとなく入れたのならば、それは視聴者の興味の対象を理解していない、見せるべき画をわかっていないという証拠になってしまいます。それが「編集がヘタだ」ということです。

そして、バッターが打ったとします。今度はバッターが「動作の主」になったということです。次の視聴者の興味の対象はなんですか? 「打球がどうなったのか?」ですよね。ショートに取られたとします。今度はショートが「動作の主」です。「ショート取ってファーストへ送球」 興味の対象は「ファーストがちゃんと取ったのか、間に合ったのか?」です。だから次はファーストのあたりが写るわけです。……以下続く。

ほら、どうですか? 動作の主+動作→興味の対象+次の動作の主+動作→興味の対象+次の動作の主+動作→興味の対象+次の動作の主+動作→興味の対象……続く。こうしてストーリーがつづられるのです。これが**動画の原理**です。

動画の特徴として「2つ以上の情報を1つのカットで同時に表示してしまえる（注：同時に表示しているだけ。同時に伝わってはいないことに注意!）」ことがあります。このことが動画の文法をわかりにくくしています。上の例でいえば「＋」が入っているところです。試しにこの「＋」をなくし、1単語1カットに分解してみましょう。

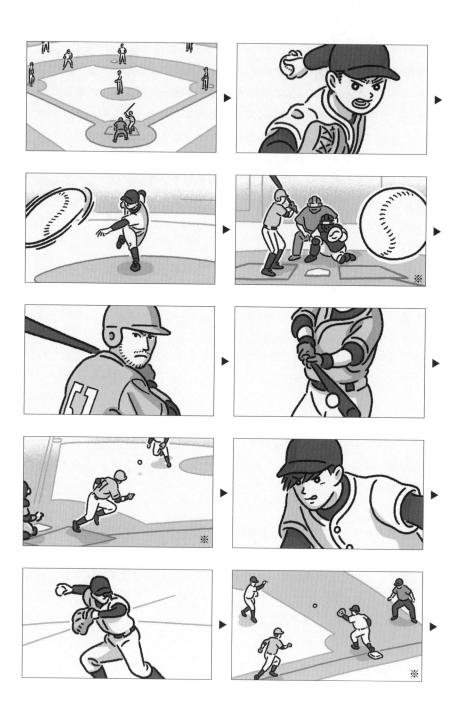

　③　文法のお時間2時限目　「主と動作」は1カットで　～動画の原理～

 ▶  ▶

※印のカットは状況説明のために入れているだけで、なくても成立します。

　アニメだとこんなカット割り、本当にありそうですね。ちなみに状況説明のカット（※のカット）を全部隠して見てみてください。こういうアニメ、ありがちですよね。テンポがよくなり、迫力が出ます。代わりに非常にわかりにくくなることがわかると思います。状況説明のヒキ画がどんな時に必要なのかがよくわかる例だと思います。入れるか抜くか、どの辺でバランスを取るかは監督の裁量です（編集マンではなく、監督・ディレクターが決めることです。編集できないディレクターなんてあり得ませんからね）。

　ストーリーをつづる動画では、あるカットの次にどんな画が来てもいいわけではありません。編集者の気分や感覚しだいなどではありません。「この画の次にはこの画が来なければいけない」と決まっているのです。そうじゃなきゃストーリーにならないじゃないですか。でもそれは1つではないというだけです。※印の画は、入れてもいいし入れなくてもいい画です。でも順番は絶対にここです。そして印のない画は、絶対に無ければいけないし、順番もそこでなければいけません。

　実際のアニメでは、投手のアップのあとに待ち構えている打者のアップを挟んだり、打った直後に打たれた投手がハッとするようなリアクション

のカットを入れたりしていますよね。それらはストーリーを語るうえでは必要ではなく装飾的なカットですが、意味がないわけではありません。それだって入れていい画といけない画があるわけで、そういうのをいろんなところにたくさん差し込んでいるから、基本文型や文法が見えにくいのです。

　動画の原理は大事な大事な大基本なので、間違いなく頭に叩きこんでください。今度は対象が2つある場合を考えます。「AさんがトマトをBさんに投げつける」を例とします。Bさんもトマトも、どちらもちゃんと写さなければ視聴者にわかりませんね。Aさんが主人公であり動作の主なので、まずはAさんがなにかを投げます。次のカットでBさんが写り、そのBさんの頭にトマトが当たってグチャッと潰れます。

これではなにが当たったのか、よくわかりませんね。

　……あれ？　これでは投げられたものがトマトであることがわかりにくいですね。カラー映像ならば赤い色からトマトだということがわかるかもしれませんが、白黒映像だったらなにを投げつけられたのかまったくわかりません。だからAさんが投げる前に、投げるものがトマトであるということを見せなければいけません。投げた後では、もう潰れちゃってますから、トマトだかなんだか、よくわからないかもしれませんからね。さて、ここが課題です。では「トマトの画」は一体どこにどう入れたらいいのでしょうか？　トマトのアップをAさんが投げるカットの前に入れたって「トマトを投げた」ことにはなりません。ここで思い出してほしいのは、「動画は動作を写すものだ」ということです。投げるものがトマトであることも、A

さんの動作で表すのです。それが動画で表現するということです。Aさんがトマトを投げるためには、まずトマトをつかむ必要がありますよね。だからまずAさんのアップ（「Aさんがなにかを見る」という画）があり、次にトマトが写り（「Aさんが見たものはトマトだ」という画）、そこに手が伸びて来てトマトをつかむわけです。「Aさんがトマトをつかんだ」ところを見せることで、「AさんがトマトをBさんに投げつける」の内の「Aさんがトマトを」の部分を表現できました。あとは投げ、Bさんの頭に当たってグチャッとなるわけです。

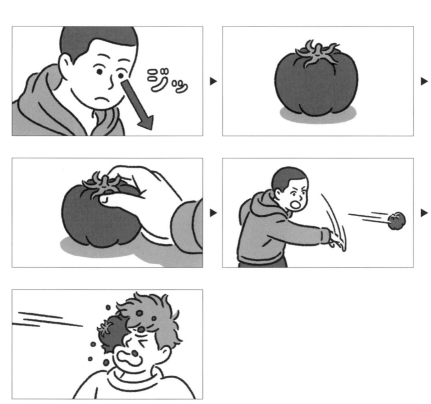

投げつけたものがトマトであることを「トマトをつかむ」という動作で表しています。

「投げつけたものがトマトであること」を「トマトをつかむ」という動作で表しました。トマトを見せるのにただトマトのアップを写したのでは、そ

れでは写真です。動画になっていません。動作の中にトマトを取り込んで、動作と一緒に見せるということが「動画で見せる」ということです。このように、動作でなにかを表すと必然的にストーリーになります。「主＋動作→対象」の繰り返し*。これがストーリーなのです。だから動画とは「ストーリーで表すもの」なのです。動画を作るにはストーリーが作れなければ話が始まりませんし、動画の編集をするとは「その台本を動作で表すとどうなるの?」ということに他ならないのです。先に「映像に翻訳する」と書きましたが、「動作に翻訳する」といってもいいでしょう。これが動画の原理です。

　もちろん例外はいくらでもあるでしょう。無理矢理作ればいくらだって例外は作れます。基本文法の現実的な意味は**「動作の主と対象がわかるようになっているかどうかには常に気をつけなさい」**ということです。実際、動作の主や対象がわからない、あるいは動作さえわからない（だれがだれになにをしたのかわからない）ダメな編集にはしばしばお目にかかります。映像において、**カットの順番がどういう意味と機能を持っているのか**、それはちゃんと知っておかなければなりません。「順番」が持つ意味と機能、それが「文法」です。

ルールを破るためのルール

　ここからは、ルールの破り方を解説しましょう。

▶ 主→動作→対象　の順番を変える
順番を変えたいときには、ちょっとした手続きをする必要があります。

わかりやすいように例をちょっと変えますね。

---

*「つかむ」という動作の主はAさんですがここでは写っていません。これは一時的に受け身、「トマトがつかまれる」という形になり、トマトが「臨時の主人公」になっているからです。受け身と臨時の主人公については後述します。

　殴ったという動作を拳骨のドアップで表した例です。このままで順番を入れ替えたら、どちらがどちらを殴ったのかわからなくなってしまいます。だから**わかるようにすればいい**のです。Aさんのカットをこの無表情のなにもしていない顔ではなく、殴り終わったようなポーズにしてみましょう。そしてBさんは鼻血でも流しましょうか。

それぞれのカットにではなく、全体に時間の流れが加わったことにも注意してください。

ほら。これなら「AさんがBさんを殴った」とはっきりわかりますね。A
さんとBさんのカットを入れ替えると……。

「BさんがAさんに殴られた」になります。動作の主はどちらもAさんです
が、主人公はBさんに変わっていることに注意してください。Bさんがどう
したのかを表すシーンということです。対象が主人公になってしまってい
るので、受け身であるということです。受け身については後程お話ししま
す。

　ちょっとここでまた英語の話。えーって言うな。

Hanako whom Taro loves.（太郎が愛する花子）

　このように順番を入れ替えて話すことはありますし、禁止されているわ
けでもありません。ただし、どれが「愛している」の対象なのか語順から
はわからなくなっているので、ちょっとした手続きをしているのがわかり
ますよね？　whomがついていますね。このwhomがあることによって

Hanakoが「愛している」の対象だということがわかります。映像だって同じです。順番を入れ替えたら順番からはどれが動作の主か対象かわからなくなるから、**わかるようななにかをしなければならない**のです。順番を変えたら「てにをは」をつける、ということです。

　パンチの例では、時間の流れを使って主はだれなのか、対象はだれなのかがわかるようにしたわけです。動画では時間が流れているのが普通なので、無意識に時間の流れを使って順番を入れ替えてしまっている場合が多く、そのために根底にある基本形に気付かない人が多いのです。そして、そのために主人公がぐちゃぐちゃに入れ替わってしまっておかしな動画になっているのに、本人はそれに気が付かないといった例も少なくありません。「AさんがBさんを殴った」と「BさんがAさんに殴られた」では、事実関係は同じですが、表現としては違いますよね。表現というものがわからない人は「どっちでも間違いではない」などというのでしょうが、動画を編集するということは、映像で表現するということに他なりません。どっちでもいいわけがありません。

Apples you are eating.（君が食べているリンゴ）

　順番を変えても**わかるなら**なにもする必要はありません。リンゴがあなたを食べたりはしませんし、リンゴとあなたが一緒になにかを食べることもないでしょう。だから、登場人物がリンゴとあなたならば、あなたが食べるに決まっています。ただし、順番を入れ替えれば意味は変わっていることに注意してください。「君が食べているリンゴ」と「君はリンゴを食べている」では意味が、主人公（テーマ）が違いますね。

　どういうときに順番を入れ替えたいのでしょうか？　たとえばこのリンゴの例のように主人公を変えたいときや、パンチの例のように強調したいときです。イラストは、いきなりパンチ！　なんだなんだ？　と思うとBさんがAさんに殴られていた、ということです。パンチがアイキャッチ（視聴者

の目を引くこと）の役割をしているわけです。

　こういう編集はトリッキーな編集になるわけですから、多用するものではありません。ここぞというときだけに使うものです。全部のシーンでこのような編集をしていたら、パンチが全然アイキャッチになりません。パンチが効きません。今、うまいこと言ったよ。だから、普段は基本的な順番でつないでいないといけないわけで、だから、基本的な順番＝文法を知っていなくてはならないのです。

▶ **受け身**
　受け身とは、動作の対象が主人公であることをいいます。ですから、受け身の場合には動作の主と主人公（テーマ）が違うことに注意してください。

　例：「BさんがAさんに殴られた」では、Bさんが主人公ですが動作の主はAさんです。

　動画には命令形や疑問形はありません。受動態（受け身）であれ、能動態であれ**現在進行形しかありません**。過去進行形ではありません。制作者から見れば過去に思えるかもしれませんが、視聴者は常に時制を映像世界に合わせながら見ているので、必ず現在になります。過去の回想シーンでも、視聴者の心は過去に行っています。だから過去の画は色を変えたりして、過去であることがわかるようにしますよね。そうしないといつでも現在だと思ってしまうのです。映像はいつだって視聴者にとっては現在進行形です。

　では受け身の場合は、どう編集すればいいのでしょう？　上の例では、動作の主はAさんであり、Bさんは対象ですね。だからまず、そのようにつないでみましょう。

　事実関係に間違いはないですが、これではAさんが主人公になっています。だから、Bさんが「主人公なんだよ」という宣言をします。一番最初にBさんのアップをしっかりと見せます。加えて、Aさんが主人公ではないことを強調するためにAさんのカットは短くして、あまりしっかり見せないようにします。

対象を先に見せれば受け身になる。ただし、時間軸に合わせることに注意！

これで「BさんがAさんに殴られた」になります。受け身とは、動作の対象を主人公にすることですから、これで間違いないですね。最後の「鼻血のBさん」は、省略してもBさんが殴られたということはわかります。だから最後のカットはなくてもダメではありませんが、あくまでも動作の後には対象の画があるのが基本形です。この画が変化の結果であり、このシーンの結論ですから、あるのが基本なのです。

　さらに応用として、第1カットと第2カットを入れ替えても、Aさんのカットが十分に短ければBさんが主人公になります。ただしこの場合、Aさんのほうが先に来るため、Aさんのカットがあまり長かったり、Aさんがしっかりと写されていたりしたら、Aさんが主人公になるか、もしくはどちらが主人公だかわからないことになってしまいます。だれが主人公かわからない映像は、ただ「事件」だけを写しただけの記録映像になってしまいます。監視カメラの映像にはだれが主人公もないですよね。動画では受動態であれ能動態であれ「冒頭でだれが主人公なのかを宣言する」ことが大事なのです。なぜか？　その理由をきわめて大雑把にいうならば、人間を描くことこそがおもしろいことだからです。ただ事件だけを伝える映像は、ニュース映像がそうですが、おもしろくはないでしょう？　主人公の扱い方については「主人公」の項で詳しく説明します。

　このイラストで「Bさん（うわぁ、殴られるぅ）」の画は、殴られる前のBさんでなければなりません。そして「鼻血のBさん」の画は当然殴られた後のBさんでなければいけません。あまりにも当たり前の話ですが、これが「時間のほうを文法に合わせる」ということです。Bさんのアップが先に来るということは時間軸が決めるのではなく、あなたが決めるのでもなく、文法が決めます。Bさんのアップが動作より先に来なければ受け身になりませんよね。それに時間のほうを合わせた画を持ってこなければいけないと

補足：対象を必要とする動作（「話しかける」「投げつける」「ウィンクする」など）の場合は、必ず
　　　対象が写される（もしくは見ている人にわかる）必要があります。もちろん、「歌う」「独り
　　　言をつぶやく」「踊る」といった対象を必要としない動作は問題ありません。

いうことです。言葉にするとちょっと複雑そうですが、簡単なことです。第1カットの「Bさん（うわぁ、殴られるぅ）」は、文法の要求で一番最初に入れることが必要になったわけですよね。でも、そこはまだAさんに殴られる前ですから、鼻血を出している画ではいけないよということです。

▶ 「アップの次は主観」にしない方法

「ビーフシチューを見る男」のところで紹介した「アップの次は主観になる」という俗ルールを回避する方法もご紹介しておきましょう。次のカットを主観にしたくない場合は、主観ではないことがはっきりとわかる画を持ってくればいいのです。「主観ではないことがはっきりとわかる画」とはどんな画でしょうか？　この男が（客観的に）写っていればいいですよね。ビーフシチューとこの男の両方を写した、「この男がビーフシチューを見ている」という状況を表すカットにすれば、これは絶対に「この男の主観」ではないことがはっきりわかりますね。もちろんまったく別のシーンの画にしてしまう、つまり場面転換してしまっても主観ではなくなりますね。

まとめ

● **現実的な基本形：主＋動作→対象**
　順番を変える場合は、主・対象がはっきりとわかるような描写が必要

● **受け身：対象→主＋動作→対象**
　受け身にするときは対象が主人公であることを先に宣言する

アップの次のカットは主観になる
※動画における超有名なルールの1つ

なにかを見ているカットの次には必ず対象物が来るが、それが本人が写り込んでいない画ならば自動的に主観になる（主観にしたくない場合は本人が写っているといった絶対に主観になり得ない画にする）

教えるためにこそ文法がある

　大昔、たとえば縄文時代とか、日本語にも文法なんてなかったでしょう。もちろん言葉に法則はあったでしょうが、文法というものは、文法という単語さえまだなかったでしょう。

　3歳の子供でも、文法なんか知らなくとも言葉はしゃべれます。しゃべるためには文法なんか必要ないようです。周りの人が日本語をしゃべっているという環境の中にいれば自然にしゃべれるようになります。同じように、正しい映像の中で育てば文法など知らなくともほぼ正しい映像を作れるようになるのでしょう。でも残念ながら、現代日本ではそんな環境はありません。

　文法っていつ、なんのためにできたのでしょうか？　それはきっと、学校が作られて、みんなに通じる日本語を教えなければいけなくなったときに、教えるためには法則を体系化する必要があったのでしょう。つまり、文法とは言葉の法則を体系化したものであり、教えるためにだれかが作った（まとめた）ものだと言えるでしょう。

　体系化とは、法則を抜き出し取りまとめ明文化することです。そしてその法則に則った最もシンプルな形が基本形です。この基本形がないと論理的に理解することができません。人はたいてい、基準（基本形）との差をつかむことで理解しているからです。理解できないということは説明できないということです。だから基本形を設定しなければ教えることは至難の業になってしまうのです。

　あなたは日本語は達者ですよね？　当然「てにをは」を正しく使え

ますよね？　では、外国人に日本語を教えられますか？

日本語学校の教師に教わったこんな話があります。

質問：「ぼくはウナギだ」　これは正しい日本語でしょうか？

この質問に答えるためには「てにをは」の「は」にはどういう働きがあるのかを簡潔に言葉で説明する必要があります。言葉で説明できない人は決まって、ただ事例をずらずらと並べます。「ぼくは、男だ」とか「これは、ペンだ」とか「明日は、晴れだ」とか、ただ事例を並べただけで、最後には「こんな風に使うんだよ」とか言い出します。こんな風ってどんな風だ？　これではさっぱりわかりませんよね。で、結局「ぼくはウナギだ」は正しいのでしょうか？　正しくないのでしょうか？

答え：「てにをは」の「は」は、**単語の後ろに付け、その単語がテーマであることを表します**。みんなでレストランへ行き、なにを食べようか迷っているとき、こう発言すれば正しく通じます。

このように説明できなければ、教えることはできないのです。太字のところが文法（法則を体系化したもの）です。「どう使うのか、どういう働きがあるのか」が簡潔な言葉にまとめられていますね。「文法は教えるためにあるもの」ということがわかっていただけたでしょうか？[*]

---

* この話にはもう一つ要点があります。「ぼくはウナギだ」に対し「なにを言っているんだ?　お前は人間じゃないのか?」とか「通じていないから正しい日本語ではない」と思った人もいるでしょう。それはなぜかといえば「みんなでレストランへ行き、なにを食べようか迷っているとき」という状況が説明されていないからですね。先に状況が説明されなければ、通じるものも通じません。だから本書では「最初に状況説明をしなければいけません」と書きました。これは言葉のルールではなく、**コミュニケーションのルール**です。動画もコミュニケーションです。

動画編集はクリエイティブな作業ではありますが、それ自体が芸術ではありません。ほとばしる感性の爆発などでもなければ、感覚などといった独り善がりな自己表現でもありません。少なくともプロが作る動画は、観客・視聴者という相手がいることであり、相手に通じなければ意味がありません。ですから、観客・視聴者との「お約束」を守らなければいけないのです。

　映画は芸術です。動画を日本語とするなら、映画は小説や詩や俳句といったものです。詩では文法は必ずしも必要ではないでしょう。「雁」という漢字を、飛んでいる雁の群れのようにV字型に並べただけの詩もあります。そんなものに、文法もへったくれもありませんね。ただし、正しく伝わるかどうかは知りません。芸術は「なんでもあり」です。だれかが言っていたように「芸術は爆発」なのであれば、一方的な表現の押し付け、表現する側の自己満足、あるいは「やりたいからやった」だけで、コミュニケーション＝「だれかになにかを伝えたいということ」でさえないのかもしれません。ですから、映画の編集理論の多くは「こんな表現方法もあるよね」とか「こんなやり方考えたぜ」とか「オレのやり方はこうだ!」といったものでしかなく、当然、他人がそうしなければいけないというものではありません。だからものすごく複雑だったり感覚的であったり、哲学的だったりしますが、動画を作るのに必要なことではありません。「その人だけのやり方」なのですから、監督の数だけあるわけで、いちいち他人が気に掛ける必要はないということです。知っていれば引き出しの1つにはなるけどね。

　日本語を教わりたい人には、日本語の文法を教えるべきであり、詩の書き方を教えてもしようがありません。逆に文法を知らず、詩の書き方しか知らない人は、日本語を教えることはできません。詩の書き方をいくら教わっても、日本語ができるようにはなりません。さっきの「雁」という字がV字型になったものを書けたって、日本語

ができるということにはならないですよね。作文を書きたかったら、まずは日本語をできるようにならなければならないのと同じように、動画の文法を知らない人がイメージ映像のようななんのルールもない映像をいくらたくさん作ったところで、大成できる望みはまったくありません。ましてや「映画ではない動画」をやりたいなにも知らない人が、いきなり映画を教わってもほとんどなんの役にも立ちません（もちろん、動画の基本をわかっている人が映画を教わる分にはものすごく役に立ちます）。だからテレビの現場では、映画の専門学校を出た人みんなが「学校で教わったことは、まったく役に立たない」と嘆くのです。

　あと、もう一つだけ覚えておいてほしいことは、他の人がやっているからといって、やっていいのではないということです。猿真似（意味を理解せずにただ見た目だけ真似ること）は非常に危険です。あなたの周りは特例や間違いだらけなのです。間違ったものを指して、あそこでやっているからいいんだと思うのは大間違いです。間違っているというのは、通じていないか、違うことが伝わっているか、効果がものすごく損なわれている、ということです。テレビではなにか事情があって、もしくは特殊な状況でしかたなく、本当はやってはいけないことをやっている場合もあります。そういった特殊なものを真似していれば、間違った感性が育ってしまいます。そうなったらもう一生治らないといわれています。頭を柔らかくして、間違った先入観を捨て、ゼロから正しいこと＝理に適ったことを学ぶことができるのならば、正しい世界へ戻ってくることはできると思っていますが、「そんなことをできるのは千人に一人くらいだ」ともいわれます。いずれにしても簡単なことではないようです。最初の一歩を正しい方向へ踏み出すこと、最初に基本を学ぶことが、本当に重要なのです。

文法のお時間3時限目
リアクション（演技）と組み合わせる

クレショフ実験で文法を考える

▶ クレショフ効果

例によって「クレショフ効果」なんて言葉を覚える必要はありません。

　10数年前のことですが、ハリウッドで制作された動画の編集を解説するテレビ番組がNHK（たぶん衛星放送）で放送されたことがあります。これを部分的に見たのですが、ちょうどクレショフ効果の説明をしていました。イラストは記憶をたどって再現したものです。番組では写真が使われていました。

　第1カットはどれも同じ「無表情の男のアップ」です。無表情でなんの演技もしていないのに、食事の前に置くと「空腹感」を、「棺にすがって泣く女」の前に置くと「哀れみ」を、「赤ちゃん」の前に置くと「慈しみ」を表す名演技をしていたと視聴者が思い込む、というものです。これは「**編集によってあたかも演技をしていたかのように見せることができる**」ことを証明したものです。これがクレショフ効果。クレショフ効果はたくさんある「モンタージュの効果」の内の1つで、心情や思考という画にはできないものを映像で「見せる」方法の1つです。

　ストーリーをつづることも含めて「編集による表現（モンタージュの効果）」がなければ、それはただの「記録映像」でしかありません。これは、動画作品の**「おもしろい」と「つまらない」を分ける最も決定的な要素**であり、これこそが編集の醍醐味です。「編集による表現を使っていないものは必ずつまらない」とまではいいませんが、使わないでおもしろい動画作品を作れるでしょうか？　ニュース映像、スポーツ中継やミュージシャンのライブ（生）などは、編集による表現を使っていない「記録映像」ですね。「記録映像」がおもしろいというのは、そこに写っているイベント自体がおもしろい場合だけですよね？　それはけっして、動画がおもしろいのではないですよね？

　課題として映画から「月世界旅行」を挙げておきます。1シーン1カットで、ただセットでお芝居しているのを写しただけ。ストーリーも心情もすべてがお芝居で表現されていて、編集技法といえるものは使われていません。これがおもしろいとしても、それはお芝居がおもしろいのであって、動

画としておもしろいといえるかどうか考えてみてください。

　クレショフ効果で間違えてはいけないのは「役者の演技が必要ない」ということではありません。あくまでもこれは実験のために演技をなくしただけであって、いつだって無表情でいいわけがありません。動画では、編集での表現も役者の演技も両方必要なのです。

▶ ×アップの次は主観　○「なにかを見ているという動作の次」は主観

　さて、この話を「文法」の章に入れたのには訳があります。当時、著者はこの番組を見ながら別のことを考えていました。「なぜ男のアップは先にあるのか。後ろじゃいけないのか?」　もちろん映像として当たり前のことなのですが、その理由を言葉で示せといわれたら「主人公だから?」くらいしか、当時の著者は答えられなかったのです。

　実際、今、ネットで検索してみると、アップを前後両方に持ってきているものや、後ろだけに持ってきているものも散見されます。

　アップ主の言い分はこうでしょう。「男のアップを見たときに、食事が先に出ていなければ、なにを見ているのかわからないじゃないか」　ね。これ、目的語が先に来るのが当たり前だと思っている日本語の語順の感覚なのです。だから、映像の世界を志す**日本人は最初に正しい順番**（つまり文法）**を教わらなければ危険**なのです。

　「男のアップ」のカットをよく見てみましょう。繰り返しになりますが、大事なことなのでもう一度お付き合いください。実はこれ、単に顔を大きく写したのではなく**「男が○○を見ている」という動作を表したカット**なのです。動画は動作を写すものであり、時間が流れているのです。静止画である写真とはそこが違います。「だれかのアップ」という動画は、まず目をつぶっているということはありません。「男がなにかを見ている」という

「動作の主」と「動作」を1カットで表している動画だからこそ、次に対象の画が来るわけです。そしてだからこそ、**次のカットが「主観」になるの**です。男が写り、男の主観として食事が写るからこそ、この2つのカットは「男の目の前に食事がある」＝「同じシーンである」＝「つながっている」ことになるのです。**「アップの次のカットは主観になる」**というルール（？ 習慣？ あるある？）もここから来ます。主観の前に置く画は目線がわかる＝なにを見ているのかが気になるような画でなければなりません。だからアップになるのです。もちろんアップでなくても、明らかになにかを見ているような画、たとえば双眼鏡をのぞき込んでいる画であれば、次のカットは主観になります。視聴者は男に対して「なにを見ているんだろう？」という思い入れが起きます。**視聴者が男の目線で物を見ているということは、男の気持ちになっているということですよね。だから男が主人公になるし「男の気持ちがどうなのか？」を感じてもらうことができる**のです。男の顔があとに出てきたのでは、思い入れが起きないから「男がなにかを見ている」という状況説明にしかなりません。

「アップの次は主観になる」という言葉も当たり前に使われていますが、「アップの次だから」ではなく**「なにかを見ているという動作」の次だから主観**になるのです。

 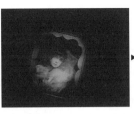 

男が手に持ったロケットをのぞき込む。アップではないが、ちゃんと次のカットの美しい女性の写真がこの男の主観になる。別撮りした画が見事に「つながって」いる。元来1カットのシーンに写真のカットがインサートされただけの最も原初的なモンタージュ編集（同じシーン内の編集）の例。この当時はまだモンタージュという言葉は使われていなかったでしょう。D・W・グリフィス監督「國民の創生」(1915)より。

▶ 人間が物事を認識する順番

「男が」→「食事を」→「見ている」のように、アップを前にも後ろにも

持ってきているものも、意識が日本語の語順を追っているのがよくわかりますね。英語では「The man is watching」→「dinner」と2カットで済むのですから、3カット目は必要ありません。必要ないどころか、**3カット目に無表情が来たらクレショフ効果がキャンセルされてしまいます。**

なんでも英語に倣えばいいといっているのではありませんよ。「てにをは（格標識）」のない文法の代表として、多くの地球人の物事を認識する順番の例にしているだけです（ちなみに英語にも格標識はあります。forとかtoとか）。

人間が物事を認識する順番を考えてみましょう。あなたの友人が「猫……、猫……」といっていたらあなたは「猫がどうしたの?」と聞くでしょう？「猫がなにを?」とは聞きませんよね。「猫が逃げた」とか「猫がしゃべった」だったら目的語はいりません。つまり、まだこの時点では目的語があるのかどうかわからないのだから「なにを?」と聞くわけがありません。

「猫がどうしたの?」の答えが「狙っている」だったら、ここで初めて「なにを?」になるわけです。人間が情報を受け取ろうとするとき、その順番は「動作の主（主語）→動作（動詞）→動作の対象（目的語）」つまり「なにが、どうした、なにを」の順になるのです。

ところが情報を発信するとき、情報を伝える側になったときはどうでしょう？　まずどうしたって頭の中では、ふだん一番使い慣れている「言葉」で考えてしまいます。日本人なら「猫が魚を狙っている」です。ここに第三者が現れてあなたに「どうしたの?」と聞いたら、あなたはこう答えるでしょう。「猫が魚を狙っているんだってさ」　ほら、日本人は無意識のうちにわざわざ動詞と目的語をひっくり返しているのです。そして映像を作る場合、それに従って映像を並べようとします。だから前項の例題3でも多くの人が「太郎君→花子さん→ハート」と並べてしまうのです。

日本人は、受け取るとき（視聴者のとき）にはちゃんと「動作の主（主語）

→動作（動詞）→動作の対象（目的語）」の順番で理解していくのに、いざ伝える側になると「動作の主（主語）→動作の対象（目的語）→動作（動詞）」という日本語の順で考えてしまいがちなのです。

猫が　→　魚を　→　見つけた。日本語の感覚。

猫が見つけたものは　→　魚だ！　映像を知っている人の感覚。

　第3カットが問題のところです。動詞があとに来る日本語の感覚では「見つけた」が第3カットにならないと出てこないと感じてしまうのです。それに対しあとのイラストでは、第3カットがあるはずのところではもう演技をしているはずの画は見えません。だから視聴者は「演技をしていた」と思い込むのです。このように後から認識することを「追認識」といいます。**第3カットに無表情のアップがないからこそ、クレショフ効果が成立**

するのです。クレショフ効果とは勘違いした追認識によるものです。

もし第3カットに動作の主をもう一度持ってくるのならば、そこには演技が必要になります。

男が見ているものは……　→赤ちゃんだ
→え?　無表情のまま行っちゃうんだ。冷たい男だな。

　もし「冷たい男」を演出するなら、このようにつなぎます。これはだれがどう見たって「冷たい男」です。「慈愛に満ちた男」を演出したかったのであれば、第3カットでは、「明らかに慈愛に満ちている」という演技（表情）をしてくれないと違う話になってしまいます。もし、この第3カットの「無表情」が「慈愛に満ちた表情」に見えるという人がいるとしたら、その人は普通に映画を見て楽しむことも難しい人ということになります。映像は写っているものがすべてです。今そこに無表情の顔が写っているのならば、それは無表情以外の何物でもありません。それを「慈愛に満ちた顔なんだ」と言い張るのならば、映像を否定していることにしかなりません。

　第3カットでは役者の演技力が試されることになります。ここでの演技

は「**視聴者が思っているようないかにも慈愛に満ちた顔**」以上でなければ、
演技がヘタだと思われてしまうのです。

「男が食事を見て、おいしそうだと思っている*」というシーンのはずなのに……、

監督：全然おいしそうな表情に見えないよ！
　　　こいつ演技ヘタだねぇ！
視聴者：この男はお腹が減っていないんだな。

　ほ〜ら、あなたは〜、この無表情が〜だんだんおいしそうな表情に見え
てくる〜、見えてくる〜……。な、わけねぇわ。動画で催眠術の類を使っ
てはいけません。催眠術の類は各放送局の規定により放送禁止とされてい
ます（サブリミナル効果の禁止）。この第3カットのあるところ、動作→対象の
次の位置は、まさに**リアクションが来るところ**なのです。

＊「おいしそう」ではなく「毒入りかもしれん」と思っているかもしれませんが、それはここまで
　の映画全体のストーリーによって変わってきます。

「男が食事を発見」　うまそ〜っ！　アニメによくあるオーバーなリアクション。

クレショフ効果の役割

クレショフ効果は実際なんの役に立つのでしょう？

伝承によるとクレショフが18歳の時に、役者と言い争いになったそうです。役者に「演技・表現は役者にしかできない。映画はしょせん記録するだけのことしかできない」といわれたのに腹を立て、それに対する反論として、役者が演技をしなくても編集で演技をしていたように見せられると主張したのだそうです。つまり、編集でも「演技・表現」をできなくはないということ、演技・表現は役者の特権ではないということを証明しただけのことであり、映画を作るための手法として提案したわけではありません。ですから、映像制作や編集のときにクレショフ効果を意識する必要はまったくありません。だから覚えなくていいです。

事実、だれにでもクレショフ効果が効くわけではありません。勘違いした追認識なのですから、勘違いしない人もいるのです。たとえば著者など、第1カットのときに「この男、無表情でなにを見ているんだろう？」と思っ

てしまうのです。職業病なのでしょう、ひとつひとつのカットもしっかりそのカットの意味や演技まで見て覚えているので、勘違いした追認識をしません。次の赤ちゃんのカットになったところで「へぇ、無表情で赤ちゃんを見ているというシーンなんだ」としか思いません。**クレショフ効果は、完全なものでも絶対なものでもありません**。だから第1カットでは、演技をさせるのが普通です。実際のクレショフ実験では、当時公開されていた映画から無表情のカットを持ってきて使おうとしたのですが、さんざん探しても無表情のカットなど見当たらず、しかたなく薄笑いを浮かべたアップを使ったと伝わっています。普通、映画に無表情のアップなんて、滅多にあるものじゃありませんよ。だって、アップとは表情を見せるためのサイズなのですから……。

🎬 **Memo**

モ ンタージュやクレショフ効果に関して、「前後のカットに影響を与える」という説明をする人がいるようですが、これは語弊がある言い方です。そう言いたくなる気持ちはわかりますが、映像は前のカットの意味や価値に影響を与えることはありません。そんなことをしたら前のカットを否定していることになってしまいます。人は動画を見るときには、最初のカットから順番に見ていくわけですが、その時、無意識に前のカットとの関連を考えながら見ています。そのために、前のカットは後ろのカットの意味や価値に影響を与えます。前のカットしだいで（まだ確定していない）後ろのカットの意味や価値が変わってくるということです。これがモンタージュの効果です。しかしクレショフ効果は、観客によっては前のカットの記憶をゆがめる場合があるというだけで、（すでに確定している）前のカットの意味や価値を変えてしまうわけではありません。前のカットの意味・価値をキチンとつかめていない人が幻惑されてしまうというだけです。だから本来は第1カットでも演技をさせなければいけません。演技をしていないと「この役者ヘタだなぁ」ということになるのです。

とはいえ、どんな時に関係してくるのか、ぐらいはちょっと考えてみましょうか。

まずは、リアクションのカットを入れるか入れないかを考えるとき。なにかの動作の後にいちいちリアクションのカットを毎回入れると長ったらしくテンポの悪い動画になります。余計なリアクションのカットを削除することで、軽やかでスピーディな展開にすることができ、大したことのない地味なキャラクターが生き生きしてくる場合があります。テンポがよくなると同時にそのキャラクターについて与える情報が少なくなるので、かえって視聴者が妄想してしまう部分が増えるからです。視聴者は必ず自分に都合のいい方へ妄想するので、キャラクターが生きてくることがあるわけです。ただし、普通は脇役にしか使いません。映画賞で助演男優／女優賞を取るのは、これの効果が大きく影響しているはずです。また、演技がヘタな役者の場合、ヘタであることがバレにくくなります。いやこれ、笑い事ではなく、影響は結構大きいのですよ。もちろん、リアクションこそを見せたいときには削除してはいけません。他には、余計なリアクションを割愛することで、残した見せたいリアクションの効果がより高くなるということも期待できます。また、「別撮り」をするときに演技をどうすればいいのか、どう撮ればいいのかの参考になります。

「プレゼントをもらって喜んでいたら、実はビックリ箱でめちゃくちゃ驚

いた」というストーリーです。まず第1カットは演技をさせなくてもいいかもしれません。第2カットでプレゼントが写った瞬間にクレショフ効果が発動し、第1カットが「プレゼントをもらってうれしそうにしていた」顔に勝手になります。だから第1カットでは無理にうれしそうな顔を撮る必要はないのです。もちろん、悲しそうな顔してちゃダメですよ。もし、出演者が演技がヘタで、どうにもうまくうれしそうな顔ができないときには、無表情で撮ってしまえばいいということです。クレショフ効果は必ず効くわけではないので、このようなどっちでもいいようなところでしか使えません。

「喜んでいた」はどこにも写っていなくとも、クレショフ効果が補完してくれるかもしれないということです。役者がうまくうれしそうな顔ができないときに、ちょっとだけ口角を上げ、笑っているような顔をしておけば、プレゼントのカットになったときにクレショフ効果で「すごくうれしそうな顔」だったと誤認してくれる人が大勢いることが期待できるということです。「怪しんでいた」のではなく「なんとも思っていない」のでもなく、「喜んでいた」ほうが驚きが大きくなるのはわかりますよね？「喜んでいた」ことを表現しているのは、驚きを大きくするためです。それを演技で表すか、クレショフ効果に期待するかの違いです。

　第4カットの「驚いた顔」を「別撮り」で撮影する場合も考えてみましょう。監督が役者に「驚いた顔をしてください」と言うと、ベテランの俳優などわかっている役者は黙って驚いた顔をしてくれます。「こんなのでいい？　それともこんな感じ?」と言っていろいろな「驚いた顔」をしてくれます。ところが舞台系の「演技をしたい役者」は「驚くと言ったって、高い請求書を見て驚くのとビックリ箱で驚くのでは演技が違うんだ!」などと怒り出してしまう人もいます。

　パントマイムを想像してみてください。舞台にビックリ箱はありません。「そこにビックリ箱がある」ということも役者が演技で表現するのです。ところが映画では必ず前のカットにビックリ箱が写っています。請求書で驚

くのかビックリ箱で驚くのかは**役者の演技ではなく、映像で見せる**のです。それが映画・動画です。だから**役者が請求書とビックリ箱を演技し分ける必要はない**のです。ただ驚けばいいのです。さらに「めちゃくちゃ」驚く必要もありません。どれほど驚きが大きかったかは「喜んでいただけに」で表されているからです。

　これがヒッチコック監督がいっていた「役者は演技をしなくていい」ということの本当の意味です。簡単にいえば「舞台の演技と映画の演技は違う」というだけのことなのですが、この「舞台の演技と映画の演技を違うものにした」のがモンタージュ編集（「つながっている編集」）でありクレショフ効果なのです。（クレショフ効果はモンタージュ編集でなければ発動しません）　これのおかげで、映画は「役者の演技を記録しただけの記録映像」から表現手段へと昇華したのでした。

　実際、ヒッチコック監督はクレショフ効果をはじめとする「モンタージュの効果」を信奉していた極右派で、「俳優に演技をさせなかった」とか「見た目がいいだけのヘタな役者を使った」などと言われています。実際、本当に第1カットでは演技をさせませんでした。そのため、うまい役者でも演技をさせてもらえないので、"ヘタな役者"と言われてしまうという側面もあったのです。が、ちゃんとリアクションのカット（第3カット）では役者に演技をさせています。でもそれがヘタであることが多いから「ヒッチコックはヘタな役者ばかり使う」と観客にバレていた、ということです。まったく演技させなかったのならヘタだということもバレていないはずですよね。そして「映画とは役者の演技を楽しむものではなく、ストーリーと映像マジック（モンタージュのことね）をこそ楽しむものだ」として、言い換えれば「映画のおもしろさを役者の演技力に持っていかれないように」できるだけ演技をさせなかったのです。

　対照的なのがチャップリンです。「モダン・タイムス」にしても「黄金狂時代」にしても、場面場面やチャップリンの演技、あの独特の動きや仕草

は強烈に印象に残っているのに、ストーリーはどうにも印象が薄いのです。チャップリンが役者側の人間だったからでしょう。演技そのものを見せたい映画だったのですね。

どちらがいいということではありません。ヒッチコックのほうがより「映画らしい」ということにはなるのでしょうが、とても叙事的でキャラクターが立ってこないという欠点もあります。大事なのはバランスです。どの程度演技に表現を求めるのか、編集で表現するのかは監督のスタイルそのものになるのです。

どうやって使うのさ?

手法ではないので、意識的に使う必要はありません。だから覚えなくてもいいのです。クレショフ効果は使わなければいけないものでもないし、別撮りすれば勝手に発動してくれたりもします。知っていれば上にも書いたように、余計なリアクションを削除する他、コンテを書くときに上の例でいう第1カットで「演技してもらおうか無表情で行こうか」を考えたり、あるいはコンテは適当に書いておいて撮影するときに「この出演者、演技ヘタだから無表情で撮ろう」などと考えることができるというくらいのものです。映画では出演者の演技力は事前にわかっているので撮影の時に考えることはないでしょうが、テレビでは事前に出演者の演技力がわからなかったり、ヘタな人・素人を使う場合もあるので、その時考えることはしょっちゅうです。

他に、ちょっと変わった使い方を紹介しましょう。クレショフ効果をちょっとだけ拡大解釈した特殊な方法です。

ト書き：場所は学校、イケメン男子のところへあまり好きではない女子が近づいて来る。

「状況説明」と「主人公の紹介」はト書きで済ませています。本当はちゃんと映像で見せるんですよ。たとえば最初のカットは学校のヒキ画。次のカットでは、教室にいるイケメンの男の子が周りの友達から「誕生日おめでとう!」などといわれています。さらにその次のカットで見た目にも不気味な女の子がセーターを手に彼に近づいてくる。そしてイラストの最初のカットに続くわけです。女の子にプレゼントを渡されたという「事件」です。次のカットはプレゼントをもらったことに対するリアクションでもあり、張り紙を読んだことに対するリアクションでもあります。普通なら喜ぶはずなのに、なんともいえない複雑なしかめっ面をしていて、好きじゃない子だとはいえ、そこまで嫌な顔するか?　と思うと……。第3カット。「自分の髪の毛で編んだ手編みのセーター」という、かなり引いてしまう、オカルティックなプレゼントだったというストーリーです。リアクションを先に持ってきた倒置法の一種（2つのリアクションを1つにまとめてあるというちょっとシャレた手法）で、クレショフ効果と同じ追認識を利用した演出（編集）法です。第3カットで視聴者は「ああ、さっきの変な顔は、この張り紙を読んでのリアクションだったのね」とわかるわけですが、そう思ったときにはもう「その顔」は見えていません。だから、記憶の中でもっとおか

しな顔にデフォルメされて、より一層「おもしろい顔」になるのです。このように、クレショフ効果とは「今はもう見えない表情をもっと効果的にする」効果のことだとも言えます。

　クレショフ効果は、映像表現の歴史を語るうえでは重要なことなのですが、編集ができる・できないとは直接関係がないことなので、とりあえずは横に置いておいていいです。正しい編集をすれば勝手に発動します。というより「演技をブーストしてくれるもの」と考えたほうがいいかもしれません。間違った編集だと発動しないことは、もうわかりますよね？　男の顔が後ろに来ちゃったら発動しませんよ？　またクレショフ効果は、原則としてそのシーンの主人公にしか発動しません。観客は主人公以外の登場人物の感情を推し測ったりしないからです。

> ### ま と め
>
> - **基本文法の発展型**
>   **動作の主（男）＋動作（発見）→動作の対象（食事）→リアクション（よだれ）**
>
> - **クレショフ効果とは**
>   編集されていることで、演技をしていない役者が演技をしていたと視聴者が思い込んでしまう効果のこと
>
>   もう見えていない表情を記憶の中でもっと効果的にする働きのこと
>
>   そのシーンの主人公にしか発動しない

「動画は見るもの、見せるもの」

　基本文法の発展型「動作の主（男）+動作（発見）→動作の対象（食事）→リアクション（よだれ）」のリアクションのところで、アメリカの映画やドラマでは、セリフがないことが多いんですよ。表情やしぐさなどだけで演技します。一方、日本のものはここで「うまそー!」などとセリフで演技してしまうことが多いのですね。セリフなどの言葉で表現してしまっては動画の意味がありません。森林の民である日本人には、ボディランゲージがほぼありません。すべての感情をほぼ言葉だけで伝えられるのが日本語の特徴の1つで、そのために言い回しや接尾語などがものすごく多いですね。言葉があまりに発達しているだけに、言葉への依存度があまりに大きいのです。一方、大陸でありいろんな民族が寄り集まっているアメリカでは、言い回しは極めて少なく、身振り手振りで補助します。だから彼らは電話するときも日本人よりはテレビ電話を使いたがるし、ネットでのコミュニケーションも動画にしたがるのです。やっぱり動画は見るものですから、極力セリフではなく「見せること」で表現したほうがいいんじゃないかなぁと思います。

　アメリカのあるドラマの1シーンです。お父さんが無断で出かけた娘のことを心配しているところなのですが、いろいろ勝手な妄想をしてうろたえています。でも、セリフは「No!」だけです。歩き回りながら、いろいろな表情でNo!を何度も連呼しているだけです。意味が違うのにセリフはすべて同じ「No!」だけだからおもしろいシーンなのに、吹き替えでは「まさか！　いやいや！　でも！　あり得ない！　あるかも！」みたいに全部違う言葉になっていました。英語版は演技で見せている、日本語版だと言葉で伝えてしまっているという違いがよくわかる例だと思います。

文法のお時間4時限目
シーンの構造

基本構文

▶ シーンとはなにか

　他人とコミュニケーションを取るときには、通じるために必要な4つないし5つの情報を全部伝えなければ通じません。必要な情報とは「いつ」「どこで（どんな状況で）」「だれが」「どうした」「（だれに）」の5つです。これ、小学校の作文の時間に習ったでしょう？　そう、動画を編集するとは映像で作文を書くということなのですよ。「どんな状況で」というのは「どこで」をもっと詳しくしたものです。「だれに」はいつもあるとは限らず「どうした」が対象を必要とする時にだけあります。なので、カッコ付きです。たとえば「Aさんが殴った」だけでは通じませんね。だからそういわれた人は「だれを?」とか「いつ?」とか「どこで?」と聞いてくるでしょう。「今しがた、そこの廊下でAさんがBさんを殴った」ならちゃんと通じますね。相手は「それでどうなった?」などと聞いて来るでしょうが、それはもう会話が次の段階へ進んでいるということです。

　さて、この「いつ、どこで、だれが、どうした」のひとくくりを「シーン」と呼びます。日本語では「場面」ですね。「その場所でなにが起きたのか」が語られるのが「シーン」であり、必ず小さな起承転結（ストーリー）になっているわけです。先に、「カットをつないでシーンを作ること」がモンタージュだと書きましたが、まさに起承転結を表すように映像の断片（カット）をつないで小さな物語にすることがモンタージュであり、そうしてできたものが「シーン」ですね。「シーン」とは必ず大きな全体の物語の中の「一番小さな起承転結

の１セット」になっているわけです。ストーリーを語るうえでは、あるいは動画の編集においては「シーンとはストーリーの最小単位」のことです。（撮影現場でいうシーンとは一致しない場合があります）　そのシーンという小さなストーリーがたくさんつながってエピソードとなり、エピソードがたくさんつながって全体のストーリーを形作るわけです。

「シーン」では、まず最初に舞台が「いつなのか」「どこなのか」が説明されます。次に、「だれがなにをしているところなのか」という「最初の状況」が示されます。ここまでの「最初の状況」が、起承転結の「起」になります。そしてなにか「事件（アクション）」が起こります。これが「承」です。その「事件（アクション）」は、主人公もしくは状況に「変化」をもたらします。アクションというルビを振ったように、**「事件」とは変化をもたらす動作のこと**です（動作の主は人間や動物ではない場合もあります）。この「変化」が「転」です。そして最後に変化の結果が示されます。これが「結」です。この一連の変化のことを「物語り（ストーリー）」と呼ぶわけですね。「変化」には「変化する前」と「変化した後」、つまりビフォー・アフターがあります。このビフォーとアフターだけを並べても「なにが、どうなったのか」だけは伝えられますが、その変化の経過（＝どんな風に）は伝えられません。変化の経過を伝えるためには、時間が必要です。時間の流れがあることが最大の特徴である動画は、ストーリー（なにがどんな風にどうなったか）を伝えることこそに秀でたメディアであり、むしろ**ストーリーを伝えてこその動画**であるわけです。これ、重要なキーワードなのでしっかりと頭に刻み込んでおいてください。また、起承転結の「結」のこと、決着が付くことを「オチ」ともいいます。エピソードとストーリーには必ず「オチ」があります。「オチ」がなければストーリーになりません。オチがない話はおもしろくないですよね。ストーリーがなければ、原則として上等な動画とは言えないのです。（シーンにも「結」はありますが、通常オチというほどはオチません）

▶ 「ヒキで始まりヒキで終わる」

では、その「シーン」を映像で表すとどのようになるでしょうか。「いつ、

どこで（どんな状況で）」は、ヒキ画ならば一発で伝えられます。だから、基本的に各シーンはヒキ画で始まるのです。動画の一番最初にいきなりアップを出されても、なにが始まったのだか全然わかりませんよね。だから映画や番組がいきなりアップから始まるということは、まぁ、まずありません。でも、物語の途中のシーンならアップで始まることもありますね。それはアップで入る理由があるとき**だけ**です。アップで入ったほうがいいからアップで入るのです。この本では基本のことをルールといっているわけですが、なんでも基本通りにやらなければいけないわけではありません。ですが、基本を外すときには、必ず理由が必要です。理由なく基本から外れると必ず崩壊します。崩壊しているものを「成立していない」といいます。昔から「鉄則」とされている言葉があります。

　鉄則：「ヒキで始まりヒキで終わる（ヒキで入ってヒキで抜けるともいう）」

　ということは、基本文法と合わせると、

　基本構文：（ヒキ）→（主+動作）→（対象）→（リアクションor／andヒキ）

　ということになりますね。シーンというものは、ヒキで始まって、なにか事件（アクション）が起きて、リアクションかヒキ、もしくは両方で終わる、ということです。

　これが著者がおすすめするたった1つの構文です。英語みたいに5大構文とか今のところないから安心してください。構文などの基本形というものは単なる「ひな形」ですから、なくたっていいし、あれば便利というだけのものです。必要ならいくつ作ってもいいのです。「編集ができる」ようになるためには絶対にあったほうがいいと著者思うのが、この構文1つだけです。というか、これを知らないとプロの現場では相手にもされません。

　著者でさえどこでだれに教わったのか覚えていません。プロになる前、学生の頃自主映画をやっていたときにはすでに知っていたと思います。それくらい当たり前に使われていた言葉なのですが、どうやら最近は映像業界の人間でさえ、これを知らない人が多いように…見えるんですよねぇ…。

　ですから、あなたもこの言葉は聞いたことがあるかもしれませんね。でも、その理由を知っていますか？　理由をちゃんと言葉で説明できる人はわりと少ないようです。「ヒキで始まり」のほうは、理由は知らないけどいつもそうしているからなんとなくわかっているという人も多いでしょう。でも、なぜヒキで終わらなければならないのかは、知らない人も多いのではないでしょうか。例題を基にシーン全体の構造を見ながら、なぜヒキで始まりヒキで終わるのかを考えてみましょう。

▶ **第1カット**

　冒頭で「**いつ、どこで、だれが（主人公）、登場人物の位置・向き・なにをしているところか**」**を説明しなければいけません。**これもルールです。動画のルールではなく、コミュニケーションのルールです。だからこういうルールを知らない人やシカトしている人は、なにも伝わらない、つまり、つまらない動画しか作れません。順番は画角の広い順にするのが自然ですから、1.いつ、2.どこで、3.どんな位置関係で、4.なにをしているのか、5.主人公の紹介となるのが基本形です。絶対この順番でなければいけないわけではないですが、これも動画の、ではなく、コミュニケーションのルールです。「おじいさんとおばあさんが、あるところに、むかしむかし、……」じゃ、気持ち悪いでしょ？　あえて順番を変えるときには、変えるだけの理由があるときだけです。「どうした」はどこだって？　それはシーンの中でストーリーで語るんでしょ。

　このカットには、校舎とグラウンド、植木、森、富士山、青空が写っていますね。

これは「いつ」ですか？

校舎の形やグラウンドから現代であることがわかります。植木や森の緑の色の濃さから暖かい季節であることがわかります。冬なら木が枯れていたり、雪が積もっていたりするでしょう。青空から天気のいい日だと、また、光の加減から日中であることもわかります。夕方なら空が赤いはずですね。

これは「どこ」ですか？

校舎の形とグラウンドから、日本の学校であることがわかります。校舎だけでも学校であることはだいたいわかるのですが、グラウンドがあるとより学校であることがはっきりとします。そのためにわざわざグラウンドが写されているのです。富士山からも日本であることがわかります。森から郊外の学校であることがわかります。都会の学校なら森ではなく街並みのはずですね。

第1カットは「現代日本の暖かい季節の晴れた日で、富士山の山麓の、街中ではないところにある学校が舞台である」と宣言しているのです。「いつ」「どこで」を説明するためにこれだけのものを1カットに入れたかったのです。結果、必要なものを全部入れたら必然的に「ドン引き」になってしまった、という順序を間違えないでください。ヒキで始めなきゃいけないのではなく、環境や状況を説明するために必要なものを全部入れたらヒキになっちゃうことが多いだけです（逆にいえば、「空と富士山と校舎のアップ」だともいえます）。状況を説明するために必要なものがサンマと七輪だけだというのならば、サンマと七輪のアップから始めることもできるわけです。「ヒキで始まり〜」にしろ「アップの次は〜」にしろ、なぜそうなるのかという理由を明確にしないで、ただそうなることが多いという感覚だけでものをいうから、法則ではなくただの「あるある」になってしまうのです。

ついでに、わざわざ富士山を入れているということは、この番組は海外の視聴者も狙っているのかもしれない、といったこともわかります。たった1カット3秒くらいでこれだけのことが伝えられるのだから、動画ってすごいでしょ。

　もちろん今回は富士山をわざと入れたのであって、ふつうは入れてはいけません。日本の動画で、視聴者の想定も日本人で、登場人物も日本人で日本語をしゃべっているのならば、そして節々に写る背景もどう見ても日本であるならば、日本が舞台であることはだれだって当たり前にわかります。わかるのならば「ここは日本です」というような描写は、今度は不要なもの、余計なものになりますので、必要ないのではなく、入れてはいけないものになるのです。でも、海外の視聴者も想定しているのならば、富士山を入れてここが日本であることを強調するのも悪くありません。あるいは、ストーリーが富士山の麓ならではの話であるのなら、やはり入れるべきです。

　この必要なのか、入れてはいけないのか、の判断は結構難しいものです。初心者はたいてい不必要なものばかり入れてしまい、必要なものが足りません。不必要なものを入れてしまうのは最初の内はしかたがないし、徐々にわかるようになればいいのですが、必要なものが足りないのは、伝えなければいけないものが伝わらないわけですから、早急にわかるようにならなければいけません。必要なものが足りない人の最大の原因は、自分ではわかっちゃっているので、他人はわからないということがわからないのです。「言わなくてもわかるだろう」はたいてい相手は「言われなきゃわからない」のです。これ、映像だけでなく、人生においても大事なことです（うわっ、ブーメランだぜ……）。といって、今度はあまりにも気にしすぎて、あれもこれもどれもそれも、になるのが人というものです。それでも「過ぎたるは足らざるよりはマシ」なんです、コミュニケーションでは。この本が同じことをくどいくらいに書いているのも（以下略）。

「動画は伝えられる情報量が多い」というのはこういう「百聞は一見に如かず」ということなのであって、たくさんテロップを出して「たくさん伝えた」などということではありませんよ。この本を読む人にはそこまでレベルの低い人はいないとは思いますが、お願いだから、テロップをバカみたいにいっぱい出して、「映像見えねぇよ」とか、そもそも「映像がねぇよ。文字放送かよ」みたいな、本末転倒したものを作ったりしないでくださいね。それはもう、動画ではありませんから。

▶ 第2カット

第1カットで「いつ」の説明は済みました。「どこ」は、舞台は学校というところまで説明しました。第2カットではさらに細かい場所を示しています。このシーンは学校の廊下のシーンですよといっているのです。男の子が1人で下手（シモテ：視聴者から向かって左）から上手（カミテ：視聴者から向かって右）へ歩いているという「状況」を示しています。このシーンの登場人物は、とりあえずこの1人の男の子であると宣言しています。その子は、ご覧の位置を右向きに歩いているところです。

第1カットと第2カットで「いつ、どこで、登場人物の位置と向きとなにをしているところか」を説明しました。こういう設定で話を始めますよと宣言したのです。ですから、この第1カットと第2カットを**「状況説明のカット」**といいます。第1カットと第2カットを言い分けたいのならば、第1カットを**「環境説明のカット」**といってもいいでしょう。カット数に制限も決まりもないので、もっといろいろな状況を設定したいとか、強調したいことがある場合は、状況説明のカットが何カットも続くこともあります。ただし、シーン全体（オープニングなら映画全体）に対しての割合は考えなければいけません。延々と状況説明しておいて、本題があっという間に終わってしまっては、カッコ悪いにもほどがあります。何カットになろうとも、基本ルールとして「広い画からだんだん狭い画へ寄っていく」ことになっています。そのほうが自然だからです。

また、説明する状況は「このシーンで必要となる最小限」にとどめます。この子はだれと親友だとか、どんな性格をしているのかとかは、このシーンでは関係がないので、説明しません。そういう全体のストーリーに絡む設定は、全体のストーリーの中の節々でわかるようにします。ストーリーに溶け込ませるとでもいうのでしょうか。それがシナリオ・ライティングの高等テクニックです。

　第2カットからこのシーンのストーリーが始まりました。男の子が廊下を歩いているのが「起承転結」の「起」にあたります。状況説明なので基本、「ヒキ」です。それぞれのサイズは役割がある程度決まっています。「周辺の状況を示す」という役割を持つサイズが「ヒキ」です。

▶ 第3カット
　男の子のアップになりました。この男の子がこのシーンの主人公ですね。今回の登場人物はまだ1人ですから当たり前ですが、もし歩いているのが3人であっても、ここでアップになった人が主人公だということになります。3人が1人ずつ順番にアップになることもありますが、普通は最初にアップになった人が主人公です。最後にアップになった人が主人公の場合もありますが、その場合は見せ方で差別化してあげないと（より大きく撮るとかカットを長くするとか）その人が主人公であることがわかりにくくなります。2番目が主人公ということはまずありません。いずれにしてもここで「だれが（主人公）」を説明しました。男の子が前方のなにかに気が付きました。「事件」の始まりです。起承転結の「承」です。

▶ 第4カット
「アップの次にはその人の主観が来る」というのも「お約束」です。ここでは「お約束」通りの主観です。女の子が走ってきました。「お母さんが倒れた」と報告してくれました。「起承転結」の「転」です。

▶ 第5カット

　この第5カットと第6カットが男の子のリアクションです。リアクションだから当然アップです。体全身でリアクションをしたのならばフル・ショットになりますが、フル・ショットと考えるより「体全体のアップ」「リアクションのアップ」と考えたほうがいいでしょう。たとえば持っていた教科書を落とすことにするなら、落とす教科書のアップからはじめます。教科書が手から落ちたら、ティルト・アップして顔のアップ。どちらが先になってもいいですが、やはりリアクションといえば表情が欲しいですね。文法通りの基本はあくまでも顔が先なんですが、この状況ではどちらが先でもわからない人はいません。そこで「**アクション先**」という手法もオーソドックスな手法として多用されます。「動きを先に見せる」というだけのことです。ちょっともったいぶったやり方で「助け船が入るとき」によく使われますね。

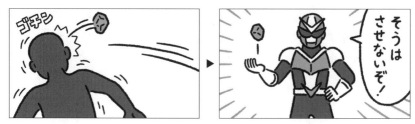

1カットではないが「アクション先」の例。
石をぶつけるというアクションを先に見せてから主役がもったいぶって登場!

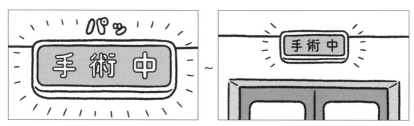

1カットでのアクション先。まず点灯して、点灯したからこそ手術中の字が読める。

「アクション」というのは、この本でいう「動作」のことです。基本形が「動作の主」→「動作」であるのに対し、動作の主より動作を先に見せる編集法を「アクション先」と言います。これも倒置法の一種です。これに対し「アクション後」という言葉はありません。なぜならアクション（動作）は主より後なのが当然だからです。基本形には名前は付きません。基本と違うことをすると名前が付くのです。

▶ 第6カット

　男の子のリアクションの後半です。お母さんの元へと猛ダッシュで走り去る主人公。あとには女の子だけが取り残されました。事件の結果、変わってしまった状況を見せているカットです。主人公がこのシーンから出て行ったのだから、このシーンは当然ここで終了です。次からは別のシーン（たぶんお母さんが倒れている場所）になるのでしょう。「リアクション」は「変化した後の状況」のうちの1つです。だから「シーン」のラスト・カット（結）になり得ます。「1つのシーンや1つのストーリーは、変化の結果で終

わる」わけですから、リアクションで終わることもできるということです。1つのシーンではなにか「事件（アクション）」が起き変化が起こるわけです。その変化の結果として、周囲の状況の変化ではなく、登場人物の状況の変化を見せたいことがあります。それがリアクションです。ストーリーはキャラクターを描くことが多いので、1つのシーンは「リアクションで終わる」ことが多いのです。「シーンはリアクションか（周囲の変化後の）状況説明で終わる」と覚えておくと便利です。

先に、第2カットはこのシーンの状況を示すカットだといいました。その状況がこのシーンでなにか事件（女の子が走ってきた）が起きて、こう変わりました、という結果を示すのが第6カットです。ビフォー・アフターってやつです。ビフォーが第2カット、アフターが第6カットね。

ですから、ここでの第6カットは起承転結の「結」にあたり、変化後の「周辺の状況を示す」という役割を持っているので、第2カットと同じくその役割を持つサイズである「ヒキ」になります。だから「ヒキで終わる」になるのです。動画のシーンでは、起承転結の「起」と「結」が「ビフォー・アフター」になっているわけですから、対比させて見せることが多くなります。だからラスト・カットは「起」と同じようなサイズや構図になることが多くなるのです。ヒキで始まったのならヒキで終わることが多くなるわけです。

今回は走り去る主人公の後ろ姿を見せたいためにアングルが変わりましたが、できるなら構図も第2カットと同じであるほうが変化がわかりやすくなります。まったく同じである必要はありませんが、似たアングル、サイズのほうがなにがどう変化したのかがわかりやすいですよね。

状況を説明するためにヒキで始める。変化した後の状況を見せるためにヒキで終わる。

これは同時に基本的には「シーンの真ん中にヒキは来ない」ということも示しています。ヒキは「周囲の状況を見せる」という役割を持っているサイズですから、シーンの真ん中で周囲の状況を見せる必要があることなんて、非常に限られたケースだけです。必ず必要になるのは「イマジナリー・ラインを設定し直す場合（イマジナリー・ラインの項参照）」くらいでしょう。たとえば、3人の人が三角形になって話をしているシーンでは、カメラがイマジナリー・ラインを飛び越えまくったりするとだれがだれに話しているのだかわかりにくくなってくるので、視聴者が困惑しないようにしばしばヒキを入れることでイマジナリー・ラインを設定し直すのです。必ず必要というわけではないものでは、状況変化の途中経過を見せたい場合に「その時点での周囲の状況を示す装飾のカット」を入れることはあります。

▶ 第7カット

オマケとして、最後に女の子が心配そうに見送っている顔のアップを付け足すこともできます。通常は病気の重さを暗示するという意味になります。必ず必要なカットではないのですが、ちょっとしたアクセントとして監督が必要だと思えば入れてもいいものです。通常は大した意味もなく入れられたカットのように見えることも多いですが、次のシーンのファースト・カットが第6カットと似たようなサイズだったりしたときに、アップのカットを挟むことでアクセントにして、場面転換が単調になるのを避けたりもできます。ほとんど意味なくしょっちゅうラスト・カットをそのシーンの主人公のアップにして、なんとなく思わせぶりにするのが好きな監督もいますねぇ。とにかく、このようにカットを付け足すときには、必ず第6カットのような「変化の結果」をしっかり見せるカットでそのシーンを正しく終了させておく必要があります。

あえて例外を解説してみる

ヒキで始まらない、ヒキで終わらない、ヒキが真ん中にくるという例外

を作ってみましょう。……さっきはサンマと七輪などと、思い付きでいい加減なことをいってしまったのですが、責任を取ってサンマと七輪から始まるシーンを作って見せようじゃありませんか。

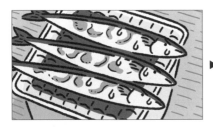 

「親分！　ビッグニュースだ！」

「親分、聞いてくださいよ！
天神池に死体が上がったんですよ！」
「なに！　そりゃあテエヘンだ！」

　狭い長屋の一室でのお話です。第1カットはサンマのアップですが、これも状況説明なのです。ここが狭い長屋の一室であることは第6カットまで説明されませんが、今はそんなことはどうでもいいのです。「サンマを焼いているところ」であることを全力で強調しているのです。サンマを焼いているのだから自宅だろう、ということは見ている人にはわかります。いや、ぶっちゃけ自宅じゃなくてもいいのです。ここがどこなのかとか、内装がどうなのかは、このシーンでは説明する必要がないどうでもいいことで、とにかくサンマを焼いているという状況だけが大事なのです。第2カットで主人公の「親分」が出てきました。第1カットだけでは焼かれているサンマがテーマかもしれませんが、ここで焼いている主である「親分」が写されることで、「このシーンは親分が主人公である」、「親分がどうなのか」を表すシーンだということがわかります。第2カット〜第5カットはサンマと親分のアップを切り返しで対比させおもしろがっています。とにかくサンマを一心不乱に焼いているんだという状況を説明しているのです。お互いにどんどん汗をかいていくところがおもしろみなのですが、今はそこが重要なのではありません。ちょっとしたお遊び（親分のキャラクター付け）の入れ方の例です。八兵衛の登場は編集の話としてはどうでもよくて、最後はさっきまでにらめっこしていたサンマが忘れられ焦げていくという「状況説明」で終わります。あれほどご執心だったサンマのことも忘れるほど、この親分は事件に熱心な性格であるというキャラクター付けをしているのです。演出とはこういうことであって、単にお遊びだけで「にらめっこ」を入れたのではありません。すべてにちゃんと意味があるのです。

　状況説明は必ずしもヒキであるとは限りません。この例では、長屋の部屋の中がどうなっているかなどは興味の対象ではないので省略され「サンマを焼いている」という状況だけがクローズ・アップされているのです。そして事件の後「焦げていくサンマ」という変化後の状況を見せて終わっています。ちゃんとサイズ以外のことは構文通りになっているのです。ついでに狭い画で入ることで、長屋の部屋の狭苦しさも感じてもらおうという狙いもあります。物語のずっと後（天神池のシーンの後）で長屋が火事（ボヤ）になったりすると、この「サンマとのにらめっこ」が伏線になっていることになります。ストーリーはこうやってどんどん膨らんでいくのです。

　ただし、アップで入るようなイレギュラーな編集は多用してはいけません。当然この次のシーンは天神池のヒキで始まるはずです。ドーンと広い画で入ることで長屋の狭苦しさと対比され、天神池の広さ、屋外の開放感などが強調されます。イレギュラーなことをするときは、必ずそうする理由があってそうしているのです。特に理由がないときには、その部分が悪目立ちしないように、あえて基本通りにすることも大事なことなのです。

　ではなぜ「ヒキで始まりヒキで終わる」のが基本なのかといえば、およそ次の3つの理由が考えられます。

　①広く状況を描写するにはヒキが手っ取り早い。詰めた画だとカット数が多くなるうえ、全体のスケールが小さく窮屈に感じられてしまう。

　②広い画で入ったほうが後のカットの流れを作りやすい。見せたいものはアップになることが多いため、広い方から狭くなって行くほうが流れが自然。

　③前のシーンの最後のカットと次のシーンの最初のカットとのエヅラのぶつかり（同ポジなど）を避けやすい。ヒキ画同士で同ポジになることはまずないでしょう。

目的語が前に出る

「動作の対象が場所の場合は状況説明のカットとして前に出る」場合があります。文章にするとなにをいっているのか自分でもよくわかりませんが、例を出せば簡単なことです。

「先生が教室に入ってくる」を映像で表すとこうなります。

　そして、状況というのは「いつ、どこで、だれが、どういう位置にいて、どっちを向いているか、なにをしているか」です。とすると、「教室」というのは動作の対象ですが「どこで」にあたります。よって状況の一部となるので、状況説明のカットとして前に出ます、ということです。つまり、文

字で書くと「教室に→先生が+入ってくる」になるわけです。

「先生が→教室に→入ってくる」や「先生が→入ってくる→教室に」には絶対になりません。……まぁ、絶対はないんですが……。なんにでも例外はあります。例外をあげましょうか。

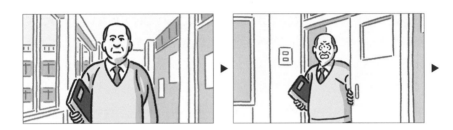

　なんていうのが考えられますが、これはちょっと特殊な例（倒置法）です。見せたいのは「教室の状況」なのであって、先生が歩いているところの状況はどうでもいいのです。たぶん廊下を歩いているのでしょうが、歩いているのが廊下だろうが校庭だろうが、そんなことはどうでもよくて、教室に入ってきたらだれもいないという「変化のあとではない教室の状況」＝「教室の現況」がオチになっているのです。「現況」をオチにすることを「出オチ」といいます。だから「廊下の状況」は見せる必要がなく、教室の状況が最後に来ているのです。

▶ カット割りの第一の目的は時間を詰めること

　ついでなので、教室に入ってから教壇でお辞儀するまでのところも解説しておきましょう。入ってきた先生と生徒たちを切り返すことによって、先

生が教壇まで歩く時間を端折っています。教壇まで10歩くらいだとしましょう。先生が入ってきて2〜3歩くらいで生徒たちのカットになり、先生の画に戻った時にはもう教壇まで1〜2歩くらいのところに来ていて、すぐお辞儀をしてからしゃべり出すのでしょう。こうして「歩いているだけの退屈な時間」を詰めています。このように「カット割り」の第1の目的は、時間を詰めるためです。編集の最初の目的が「無駄な時間を切り落とすこと」だったことを思い出してください。もちろんそれだけではないですが、それがカット割りというものの第1の存在理由です。意味なく長回しすれば冗長でたいくつなものになります。といって闇雲に割ればいいというものでもありません。意味のない短いカットの畳み掛けは、そうするべき時にそうする分にはなんの問題もありませんが、そうするべき理由もないのにするのは、見る人にとっては大迷惑でしかないのでやめましょう。昔、フィルムの時代には、初心者はカットが長くなるものでした。フィルムをハサミで切り落とすのですから、一度切ったらもう戻せません。だから思い切って切り込めないのです。でもおもしろいもので、デジタルになった今では、カットが短いのがヘタな証拠です。自分は入り込んでしまっているので、短いカットも長く感じているのです。視聴者の「その画、もっと見たいよ!」の声が聞こえていないということです。

まとめ

● **鉄則：ヒキで始まり、ヒキで終わる**

● **環境・状況を説明→事件が起き変化が起きる　→変化の結果の状況を見せる**

● **状況とは「いつ、どこで、だれが、どういう位置にいて、どっちを向いているか、なにをしているか」**

基本構文

変化の過程

状況 (環境) 説明	状況説明	主＋動作	対象	結果の状況説明(リアクション)
ドン引き	ヒキ	アップ	アップ	ヒキ

1つのシーンは、おおよそこんなイメージ
（マスの大きさはヒキかツメ（詰め）かを表している）

ヒキで終わっても、次のシーンのファースト・カットはたいていドン引きだから、同ポジになりにくいのです。

基本形：動作の主が先

基本技：アクション先（動作を先にする技）

Chapter 2

コラージュと
モンタージュ

つながっている・つながっていない

つながっている編集とつながっていない編集

　著者がこの本を書くにあたり、もっとも伝えたいこと、この本の最重要項目、それがこの章です。とても重要なことなのでしっかり読んで理解してください。覚えなければいけないことは1つもありません。理解するだけでいいのです。

　動画の編集には2通りのつなぎ方があります。**2通りのつなぎ方しかありません**。それは「つながっているつなぎ方」と「つながっていないつなぎ方」です。編集とは「今のカットの長さを決め、次のカットを選ぶこと」でしかありませんので、それをふまえて同じことをもう1回、違う言葉で書きます。次のカットを選ぶには、まずは2通りの選択肢があります。「つながるカットを選ぶ」のか「つながらないカットを選ぶ」のかです。すべてのカットは、必ず「つながる」か「つながらない」かのどちらかです。どちらでもないカットは存在しません。だから選択肢は2通りしかないのです。つながるカットを選んでそれをつなげば、それが「つながっているつなぎ方」です。つながらないカットを選んでそれをつなげば、それが「つながっていないつなぎ方」「つながらないつなぎ方」です。

　「つながっている」とは、2つのカットをつないだ時に「本来はまったく別々の場所・時間に撮った、まったく関係性もない画であったとしても、この2つのカットが**視聴者にはつながっているように思える**」ということです。なにがつながっているのか？　正確な言い方ではないですが、見た目の

上だけなら**時間と空間（場所）と状況**です。

「シーン」という言葉はみなさんもよく使うでしょう。大雑把にいえば「ストーリーの中の、時間・場所・状況が同じ部分」のことですよね。「同じ」と書きましたが、正確には時間と状況は刻一刻変化しているわけですから、「同じ」ではなく「つながっている」と表現します。動画で「シーン」といえば「時間と場所と状況がつながっている、いくつかのカットのひと連なり」を指すわけです。

　1つのシーンの中でのつなぎ方は、必ず「時間と場所と状況がつながっている」ように見えなければいけません。「時間と場所と状況が同じであるように思えるつなぎ方」、これが「つながっているつなぎ方」です。つまり「同じシーンに見えるカットをつなぐこと」です。
　ただしそれだけでは必ずしもつながっているとはいえなくて、ストーリーや意味合いもつながっていなければなりません。視聴者はカットが変わったときに「前のカットとどんな関連性があるのだろう?」と思いながら見ています。前の画と関連があるということが「つながっている」ということです。そして間違えないでいただきたいのは、その「関連」とは「エヅラ」や「雰囲気」のことではないということです。ましてや「芸術的なフィーリング」などではありません。あくまでも論理的なものであって、感覚的なものではありません。正しくいうならば難しい言葉になってしまいますが、「道理」とか「筋」といったものです。ストーリーも道理の内の1つですから、簡単には「ストーリー」だと思ってもらっても結構です。だからこそ、「この画の次にはこの画が来なければいけない」のです。台本に「男がビーフ・シチューを見ている」と書いてあったら、「なにかを見ている男」の後にビーフ・シチューが来なければ、この男がビーフ・シチューを見ていることにならないでしょ?　ピザが来ちゃったら、ピザを見ていることになってしまいますよね。あるいは男よりも先にビーフ・シチューが来てしまったら、ビーフ・シチューがテーマになってしまいます。その後に男が出て来ても、この男とビーフ・シチューとの関連性がわかりません

よね？　このような関連性がわからない動画が「通じない動画」です。

　シーンがどういう構造になっているのかは、すでに「基本構文」として
お話ししました。環境説明、状況説明、主人公、事件、変化の過程、変化
の結果でしたよね。起承転結に当てはめれば、最初の状況があって主人公
が紹介されるところまでが「起」です。そして事件が起きます。これが
「承」です。事件によって状況が変化します。これが「転」です。変化後の
状況が「結」です。1つのシーンには起承転結が一通り揃っているわけで
す。シーンとは「起承転結の一番小さな一揃い」だということです。「起承
転結が揃っている」ことをさっきは「ひと連なり」と表しました。「エピソ
ード」も小さなストーリーではありますが、通常複数のシーンから成り、必
ずオチがあることがシーンとの特徴的な違いです。「シーン」がいくつか集
まり「エピソード」になり、「エピソード」がいくつか集まり「ストーリ
ー」になります。「シーン」は一番小さな起承転結の一揃い、「エピソード」
は中規模の起承転結の一揃い、「ストーリー」は全体の起承転結の一揃いと
いうことです。

　同じシーン内のカットは、必ずストーリー的につながっているはずです。
逆に、同じシーンの中なのにストーリーがつながっていなかったら、訳が
わかりませんよね。もしAさんとBさんが向かい合って話しているシーンで、
Aさんの背景は晴れているのに、Bさんの背景は雪が降っていたら、これで
は同じ場所・時間・状況とはいえません。これは同じシーンとはいえず、ス
トーリー的にもつながっているとはいえません。当然こんな編集はNGです
ね。「つながっていないからNG」ということです。

　そして、シーンとシーンをつないでいるのが「つながっていないつなぎ
方」です。シーンとシーンのつなぎ目は「場面転換」ともいわれます。違
うシーンのはずなのに時間も場所も状況も同じように見えたら、それはだ
れもシーンが変わったことがわかりません。また、1つのシーンとして成
立していない独立したカット（たとえばイメージ映像）をつないでいるのも「つ
ながっていないつなぎ方」です。前のカットと時間・場所・状況・ストー

リーが、あえてつながらないようにする編集が「つながっていないつなぎ方」です。「場面転換するつなぎ方」ですね。前のカットとの関係を考える必要がないので、どんな画が来てもいいわけです。

　編集とは実際の作業としては「次の画を選ぶこと」ですから、「つながっているつなぎ方」とは「（ストーリー的にも）つながる画を選ぶ」ということであり、「つながっていないつなぎ方」とは「つながらない画を選ぶ」「場面転換する画を選ぶ」ということでしかありません。

　それではまずは、簡単な方の「つながっていないつなぎ方」から説明します。

つながっていないつなぎ方（コラージュ編集）

「コラージュ」という言葉を知っていますか？　いろいろな写真をデタラメ
（?）に貼り合わせたものです。

コラージュのイメージ。

　絵画の世界で作られた言葉ですが、ここでは小難しい芸術論は置いてお
いて、一般的には「複数の異質な物を寄せ合わせたもの」の総称として使
われています。狭い意味では、複数の異質なものを寄せ合わせ、その違和
感を楽しむものをコラージュというようです。「つながっていないつなぎ
方」＝「つながらない画を選んでそれをつなぐこと」をこの本では「**コラ
ージュ編集**」と呼ぶことにします。一般に動画の編集では「コラージュ」
という言葉はあまり使われていないと思いますが、著者が命名したわけで
はありません。編集は「複数のカットをある法則に基づいて並べること」
ですから、すべてコラージュだともいえるのですが、特に「前のカットと
の意味も関係性も気にせず、ただ並べただけのつなぎ方」、「**前のカットと
時間・空間・場所、特にストーリーがつながらない画を選んでつなぐこと**」
を指します。この場合、違和感とはなにかといえば「同じシーンとしての
違和感」です。なぜわざと「同じシーンとしての違和感」を出すのかとい

えば「同じシーンではない」からです。**同じシーンにはならないカットを
つなぐこと**、つまり「次のシーンのファースト・カットをつなぐこと」で
す。つながっていない映像がつなげられている様を「コラージュ」とし、つ
ながらないカットをつなぐことを「コラージュ編集」とします。

※▷はコラージュ編集を示す。

　スポーツのニュースにありがちなオープニングです。ジャンプ、ホッケ
ー、カーリング、それぞれは互いになんのつながりも関係性もありません。
場所も違えば時間も状況も違いますね。ジャンプの後にホッケーが来なけ
ればいけない理由がありません。ですから、すべてのカットはつながりよ
うがありません。それぞれのカット内には短いストーリーがあったとして
も、**カットがつながることによって**新たなストーリーを作り出していない
（ストーリー的につながっていない）ことに注目してください。それぞれ全部、
別々のシーンです。このような、1つのシーンにはならないつなぎ方が「つ
ながっていないつなぎ方」＝「コラージュ編集」です。現場ではコラージ
ュ編集という言葉は使いません。著者の師匠は「電気的につながっている
だけ」と表現していました。フィルムも含めると「物理的につながってい
るだけ」という言い方になりますね。

簡単ですよね。とにかく好き勝手に並べればコラージュ編集なんです。ですから、これについて詳しく解説しているものはないのではないかと思います。別にルールもないと思われているようですが、たった1つだけルールがあります。それは、

> つながっているように見えてはいけない（原則です。例外はあります）

これだけです。別のシーンとしてつなぐつなぎ方ですから、**シーンが変わったことが明確にはっきりとわからなければいけません**。シーンが変わったことが視聴者によくわからないようでは誤解されることになります。

悪い例をあげます。これは実際に著者の現場であった例です。

黒田投手とダルビッシュ投手の動作がつながってしまっている。

これは途中の問題部分だけを抜き出したものです。もともと全体がまったくつながっていない（ストーリーになっていない＝全部コラージュ編集）のですが、今問題の部分は黒田投手からダルビッシュ投手に変わるところです。黒

田投手がアップで振りかぶった直後、センターからの画に変わりダルビッシュ投手がテイク・バックして投げるのです。つまり、振りかぶった直後のつながった動作になっているのです。人は変わっているのに動作がつながってしまっています。

　このように、動作を連続させてつながっているように見せるつなぎ方を「アクションつなぎ*」といいます。一連の動きをしているものを途中でカメラを切り替えた、とでもいえばわかるでしょうか？　仮面ライダーが変身するシーンを思い出してください。本郷猛がジャンプして、空中で仮面ライダーがでんぐり返しをして着地すると、あたかも本郷猛が仮面ライダーに変身したように見えますね。本郷猛ってだれだって？　初代の仮面ライダーに変身する人ですよ！　それと同じで、これではだれがどう見ても「黒田投手がダルビッシュ投手に変身した」としか見えません。「黒田投手がダルビッシュ投手に変身した」という新たなストーリーを作り出してしまっています。

　この番組の全体の構成は、黒田投手のカットいっぱいまでは黒田投手の試合の案内（黒田投手のコーナー）、ダルビッシュ投手のカットからはダルビッシュ投手の試合の案内（ダルビッシュ投手のコーナー）になっていました。当然ナレーションもそうなっています。ですから、黒田投手とダルビッシュ投手のコーナーの境目は、絶対につながって見えてはいけません。コーナーの境目ですからはっきり場面転換していなければいけないのに、アクションがつながってしまっているのです。しかも背景は野球場ですから、本当は違う野球場なのですが雰囲気や空気感も極めて似ているので、だれが見ても同じ場所にしか見えません。これではシーンが変わったことがわからず、だから黒田投手がダルビッシュ投手に変身したとしか見えないので

＊原則としてシーン内で使われるつなぎ方ですが、シーンとシーンのつなぎ目で使うと「アクション・マッチ・カット」になります。この場合、アクション以外のところではっきりと場面転換したことがわかる必要があります。詳細はマッチ・カットの項をご参照ください。

す。逆に、もしあなたには変身したように見えないのであれば、致命的に重症です。前のカットとの関連性というものを感じることができないわけですから、動画の世界で生きていくのはかなりシンドイことになりそうです。仮面ライダーの変身シーンも変身したように見えておらず、本郷猛がジャンプしたところで「場面転換した」と思っているのかもしれません。もしそうなら、仮面ライダーの変身シーンを何度も何度も見直してみてください。ジャンプして、空中で回転して、着地するまでの3カットが一連の動作なんだと何度も自分に言い聞かせながら、そのように見えるようになるまで、繰り返し見続けるしかありません。そして、そのように見えるようになったならば、そのときこそ「これがつながっているということか」とよくわかると思います。

特徴

「つながっていないつなぎ方」の特徴として、**意味合いも時間・空間・状況もつながっていないからこそ**、**順番を自由に入れ替えられる**ことがあげられます。映画などでも、先のシーンを後の方に持ってくると回想シーンみたいになりますが、ちゃんと成立はします。全体にストーリーがある場合でも、シーン単位で時間軸が前後したところで、ストーリーそのものは変わりませんよね。上の例題も第1カットと第2カットを入れ替えても問題ありませんね。黒田投手とダルビッシュ投手のカット（第2カットと第3カット）を入れ替えてはいけませんよ。それは黒田投手のコーナーにダルビッシュ投手の画が出てくることになるので、もはや編集がどうのという話ではありません。コラージュ編集としては問題ないのですが、番組として成立しません。

　コラージュ編集は基本、前のシーンのラスト・カットと次のシーンのファースト・カットをつなぐわけです。前のシーンのラスト・カットではしっかりそのシーンのストーリーが終わっているはずです。ですから、**ラスト・カットにはこれからストーリーや動作が始まるような、あるいは続き**

があるようなカットやアクションを持ってきてはいけません。上記の黒田投手の例でいえば、黒田投手のコーナーのラスト・カットとして「振りかぶる」という「これから始まる画」を持ってきたのが間違いなのです。ダルビッシュ投手のコーナーのファースト・カットも、ファースト・カットなのだからこれから始まるというカットでなければなりません。「テイクバックしたところ」という「動作の途中の画」を持ってきたのが間違いです。

　コラージュ編集でつなぐカットの中には、時間が流れている場合も流れていない場合も、写真である場合さえあります。1つのカット内のストーリーが3秒くらいととても短い場合もあります。1つの小さなストーリーがちゃんと完結している＝1つのシーンとして成立していることもあるし、ストーリーがない、時間が流れていないといった、シーンとして成立していない場合もあります。つまり、なにをつなぐか相手を選ばない、ということですが、ただし、上記の例のような「つながってしまうカット」だけはつないではいけません。

　つながってはいけないので、**連動して新たなストーリーを作り出すことはできません。**というより、作り出してはいけません。上記の例のように、新たなストーリーを作り出してしまっては、コラージュ編集として成立しません。

　また、順番を気にすることなく、好き勝手に並べればいいだけなので、デタラメにつないでも98％くらいの確率で成立する、というのも特徴でしょうか。運悪く（?）つながってしまった場合はNGですから100％ではなく98％くらいです。編集機の使い方さえわかればだれにでもできる編集法なので、入門者がまず最初に、編集機の使い方を覚えるための練習としてやってみるのにいいでしょう。

　逆にいえば、イメージ映像などのストーリーをつづらない動画をつなぐときには、カットの順番を気にする必要がないということです。ミュージ

ックビデオを始めとするイメージ映像では、わざとジャンプ・カット（別項で詳説しますが、やってはいけないつなぎ方の1つ）にして、その違和感をおもしろがっているものもありますね。つまり、コラージュ編集ならほぼ「なんだっていい」＝「正解もなければ間違いもない」ということです。「この画の次にこの画を持ってくると気持ちがいい」とか、そんなどうでもいい独り善がりな理由でつないでも、それはそれで「間違いではない」ので成立はします。そういうイメージ映像のようなコラージュ編集だけでできているものが評価される場合があるとしたら、それは動画編集の問題ではなくグラフィックデザインの感覚（センス）の問題です。ちなみに「気持ちがいい」は、よくいえば芸術の世界ですが、悪くいえばただの自己満足でしかなく、見る人も気持ちいいとは限らないということは知っておかなければなりません。感覚を共有できる人にだけ通じればいいんだというのは芸術であって、アマチュアが楽しむ分には結構ですが、プロがやるべきことではありません。イメージ映像は別名を「気のせい」ともいって、プロにとっては入れるべき画がない場合の穴埋めに使う映像のことです。

コラージュ編集の特徴を活かした編集法

▶ クロス・カッティング

「つながっていないつなぎ方」はつながっていないことを利用して、複数のシーンを同時に走らせたいときに、それぞれのシーンの切り替え点にも使われます。複数のシーンを同時に走らせ、交互に切り替えて見せるつなぎ方をクロス・カッティングといいます。例によって言葉を覚える必要はありません。言葉で表すならば「シーンＡ（起と承）→シーンＢ（起と承）→シーンＡ（転）→シーンＢ（転結）→シーンＡ（結）」みたいなことです。この矢印のところは、別のシーンをつないでいるところなので必ず「つながっていないつなぎ方」になるわけです。矢印の前後のカットは時間・場所・状況がはっきり違うことがわかるような画でなければ「違うシーンに移った」ことがわかりませんよね。コラージュ編集では、はっきりと「つながっていないことがわかる」ことが重要なのです。つまり、背景も光の加減

もアクションもすべてのものをできるだけ違うものにしなければいけません。サイズもできるだけ違うようにしたほうがいいのですが、普通は「ヒキで入ってヒキで終わる」ので、コラージュ編集ではヒキが重なることが多くなります。ヒキは同ポジ（同じポジション＝構図が同じこと）にはまずならないので、シーンの入口と出口はヒキにしておくのがいいのです。ところがクロス・カッティングはシーンの途中で切り替えるので、つなぎ目がヒキにはまずなりません。なのでクロス・カッティングにするためだけに、本来は必要のないヒキ画をわざわざ撮影して入れることもあります。構図や背景など、時間・場所・状況が違うことがはっきりわかるような画であることを意識する必要があるのです。

▶ マッチ・カット

　コラージュ編集特有のつなぎ方の1つに、エヅラか音か動作（アクション）の内のどれか1つを一致（マッチ）させて、あたかもつながっているかのように見せかける「マッチ・カット」というつなぎ方があります。なぜそんなことをするのかというと、オシャレで劇的な場面転換になるからです。ただし、それがつながっているかのように見えるのはあくまでも見せ掛けだけのことであり、意味合いや時間・場所・状況は、つまりモンタージュ的にはつながっていないことに注意してください。「マッチ・カット」についてはまたその項で詳しく解説します。

コラージュ編集の限界

　イメージ映像のような「つながっていないつなぎ方」だけで作られた動画、つまりストーリーのない動画でも30秒までならなんとかしのぐことができます。人間は、ある動画に興味を持ち、見てみようと思って再生を始めてから、先を見るかどうかを内容で判断するまでには、およそ17〜18秒かかるということが報告されています。CMが15秒である理由もここにあります。30秒の場合、17〜18秒経って見るのをやめようかと思ったころには終わりが見えてくるため、あと10秒くらいならわざわざチャンネル

を変えたり、再生を止めたりしないだろうことが期待できるのです。だから30秒までならなんとかしのげるのです。昔、世界的なスポーツ用品メーカーがコラージュ編集主体（つまりイメージ映像）の60秒CF（コマーシャル・フィルム）を作りましたが、あれは無理です。アングルといい色味といい、飽きないようにそれぞれのカットをものすごく手をかけて作り込んであるのですが、ストーリーなしで60秒引っ張るのはしょせん無茶なのです。ミュージックビデオにはストーリーがないものもありますが、音楽がメインだからイケるのであって、あれ、音を消して見てごらんなさい。何秒我慢して見ていられますか？　たぶん、標準的な感覚がちゃんと身についている人ならば、よっぽど立派なものでも40〜45秒くらいのところで限界を感じるはずです。映像そのものの見応えにもよりますので、アマチュアのものなら10秒も持たないでしょう。上級のプロが思いっきり作り込んだものでも、せいぜい45秒程度が限界だということです。

　人というものは、動画に限らず会話でも、ストーリーを夢中になって追っていくことで時間を消費します。おもしろい映画を見ていたら、あっという間に3時間経っていたなんてこともあるでしょう。逆につまらないと、たまらなく長い時間になります。追いかけるべきストーリーがないものは退屈の極みなのです。昔VINEという動画投稿サイトがありましたね。あれが6秒という超短尺だったのは、素人はストーリーを作れないからです。

　さて、そこでテレビでも30秒程度以下なら「つながっていないつなぎ方」だけで作られた動画が使われることがあります。その代表的なものはニュースV（ヴイ：VTRの略）です。他にも、CM、番宣、フィラー（詰め物のこと。空き時間を埋めるために編成されるイメージ映像などのこと）などといった、短尺なうえ、映像でストーリーをつづる必要がないもので使われます。フィラーは長尺の場合もありますが、編成上の空き枠の穴埋めとして流しているのでしかたがなく長尺になっているだけで、番組（放送コンテンツ）としてはストーリーがなければ40秒以上は持ちません。我々は「持たない」という言い方をするのですが、その意味は「視聴者に見続けてもらうことを期

待できない」＝「プロがやるべきことではない」といったようなことです。テレビ番組は15秒30秒の次は1分になりますので、プロの世界では「1分以上はストーリーが絶対に必要」というのは常識です。なのでコラージュ編集しかできない人は、1分以上のものは担当させてもらえません。

紙芝居編集

　コラージュ編集はシーンとシーンをつなぐ編集ですから、番組系動画（ストーリーをつづる動画）では補助的な編集法ということになりますが、コラージュ編集だけでも作ることができる報道系動画ではメインの編集法となります。イメージ映像は絶対にモンタージュ編集が出てこないとまではいいませんが、基本的にコラージュ編集だけで作られます。またニュース映像は、言葉ですべてを伝えている台本にさし絵を付けただけのものですから、これも必然的にコラージュ編集になります。さし絵とさし絵がつながるはずがありません、というか、つながっちゃいけませんよね。ただしまれに、つながった2〜3カットを一部分のさし絵とすることはありますので、そんな場合にはモンタージュ編集も出てくることはあります。コラージュ編集の内、この「台本にさし絵を付ける」というコンセプトの編集法を「紙芝居編集」と呼んでいます。

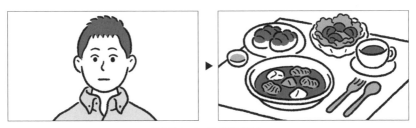

※▶はモンタージュ編集を示す。

　まずは復習から入りましょう。この2カットのつながり、あなたにはどう見えますか？　もし映画の中でこんなシーンが出てきたとしたら「男が食事を見て『おいしそうだなぁ』と思っている」というシーンになります。2

カット目は男の主観になり、ということはビーフシチューは男の目の前にあるということになるので、この2つのカットは時間も場所も状況も同じなんだなと思うからこそ、同じシーンだということになるのですよね。つまり、この2つのカットが「つながっている」からこそ「男が食事を見て『おいしそうだなぁ』と思っている」になるわけです。「第2カットが、第1カットに写っている動作の対象となっている」ということが、この2つのカットは「関連性がある」「道理でつながっている」ということです。

　しかし、映像はまったく同じでも、ナレーションがこうなっていたらどうでしょう。

「今回のダイエット企画に
挑戦するのは田中さんです」

「大好物のビーフシチューとも、
しばらくはお別れです」

　どうですか？　これだと、第1カットが「田中さんの資料映像」で、第2カットは「ビーフシチューの資料映像」となり、まったく**つながっていない**ことがわかっていただけると思います。ビーフシチューは田中さんの目の前にあるわけではなく、田中さんもビーフシチューを見ていることにはなりません。そして、ストーリー＝時間の流れもなくなっています。「つながっている」「つながっていない」は、物理的なことでもエヅラ的なことでもないことを理解してください。「ビーフシチューは田中さんの特徴を説明する修飾語として田中さんに掛かっているのだから、つながっているんだ」なんて言い出さないでくださいよ？　現実の田中さんとビーフシチューの間には、田中さんがビーシチューを大好きだという関わり合いがあるかもしれませんが、映像は「どこかで撮った田中さんの画」と「どこかで撮った

ビーフシチューの画」がただ並んでいるだけで、この2つのカットにはなんの関連性も見い出せません。だから「2つのカットの時間と場所と状況が同じだと思う根拠がない」ことを理解してください。

　どうしてこうなってしまったのかといえば、伝えたいことはナレーションで語られていて、そのポイント、ポイントにさし絵がついている、といった恰好になっているからです。第1カットは「田中さんはこんな顔をしています」という写真と同じ意味しかなく、「なにかを見ている」という画ではなくなっています。なにかを見ていることには変わりはないのですが、その“見ている”という動作に意味がなくなっているのです。もはやなにかを見ている必要さえありません。先のモンタージュの場合は、ビーフシチューがあるべき方を見ていてくれなければ困るのに対して、今回の場合は田中さんの風体さえわかればよく、どこを向いていようが、ぶっちゃけカメラを睨んでいようが構わないわけです。「なにかを見ている」という意味の画ではないから、次にビーフシチューが写ってもビーフシチューを見ていることにはならないのです。これが「カットの意味」というもので、同じカットでもどう見せるかでその意味は変わってきます。

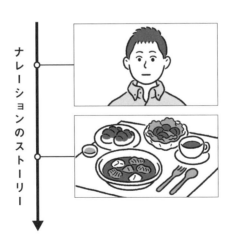

ナレーションのストーリー

　まさに、ラジオや小説にさし絵をつけている感じですね。さし絵1とさ

し絵2が「つながる」はずがないので、すべてのカットがコラージュ編集になります。まず**最初に言葉でストーリーがあって（言葉が主）、出てきた単語に画を当てる編集（映像が従）**、これを著者は「**紙芝居編集**」と呼んでいます。師匠がそう言っていたか、あるいは「紙芝居みたいな編集」と言ったのを、著者が勝手に「紙芝居編集」だと思い込んでいるだけかもしれません。いずれにしろ、まさに紙芝居みたいな編集でしょう？　意味的には「さし絵編集」といったほうが正しいのでしょうが、ゴロがいいので「紙芝居編集」にしています。カット内に時間が流れていない、流れていてもストーリーはないのが特徴です。そして、音声（言葉）がなければ、映像だけでは成立しません。

　さし絵というのは、小説などで「その時の状況を絵にしたもの」ですから、状況を見せることしかあり得ません。ただし動画では「どんな風に」ということ、つまり動作を見せることができるので、状況も含めて「どんな風であるか」を見せるさし絵になります。野球の投手を例にするなら、どんな顔をしているのか、どんな服を着ているのかを見せるだけではなく、どんな風に投げるのか、どんな球を投げるのかも見せることができます。しかし、紙芝居編集ではストーリーは言葉でつづっているので画ではつづりません。コメントに画が合っているかだけが問題なのであり、横（映像同士）のつながりはまったく考えないので、コラージュ編集であるとはいえ、偶然隣のカットと時間・場所・状況の違いがわからないものになることがあります。先の田中さんとビーフシチューの例がそうですね。そもそも横のつながりは無視した編集法なので、つながって見えようがどうだろうがお構いなしなのです。これがコラージュ編集のルールの例外です。ただし天下無双なわけではなく、なにがつながって見えるかによってはおかしくなる場合もあります。

　報道、たとえばニュースVでは、画でストーリーを語ることはまずありません。必ずナレーションですべてが伝えられていて、映像はまさにさし絵、おまけの情報でしかありません。なにせ、NHKでは「7時のニュース」

の音声だけをそのままラジオで流しています。音声だけで成立しているのですから、動画ではないということです。また、ニュースは結果だけを伝えるのですから、時間の経過が必要ありません。状況だけがありますが、それが変化しません。ビフォー・アフターではなく、アフターしかありません。だから写真でもいいわけで、実際写真もよく使われますね。では、なぜできるだけ動画を使うのかといえば、動画のほうが状況をリアルに感じることができるからです。「どんな風に」を見せることができるからです。火事の写真と動画を思い描いてください。動画のほうが臨場感があるでしょう?

紙芝居編集の画の合わせ方

「紙芝居編集」ではナレーションの単語に画を合わせるのが基本ですが、必ずしも常にぴったり合っている必要はありません。タイミング的にいつもぴったり合っていることを「画とナレーションが合っている」ことだと勘違いしている人が業界にも多いのですが、それは違います。

　悪い例を出しましょう。

　ナレーション「ATPツアー、マスターズ1000。マイアミ・オープン、いよいよ決勝! 日本のエース錦織圭選手と王者ノバク・ジョコビッチ選手の対戦。錦織選手、悲願の初優勝なるか、王者ジョコビッチ選手の3連覇か? BS1　今夜8時!」

　このナレーションに、錦織、ジョコビッチという名前が出てくるたびに画を当てていたら、非常にうるさい、押しつけがましい、ダジャレ大会でもやっているのかという感じになってしまいます。わからないなら「日本の」のところで日本地図を出し「エース」でトランプのハートのエースを「王者」では王様を、……という、すべての単語に画を当てる編集を想像してください。

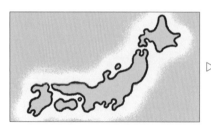

日本の　エース　錦織圭選手と　王者…　ダジャレ？　連想ゲーム？　極端な紙芝居編集の例

　笑っちゃうかもしれませんが、昔、本当にこういうのをつないだ後輩が
いました。彼は映像学校を出ているはずなんですが……。

　この番宣なら錦織選手とジョコビッチ選手がラリーをしているというス
トーリーにつなぐのが常道です。本当にラリーをしている素材がないとし
ても、錦織選手とジョコビッチ選手の打つところが交互に出てくればいい
のです。「錦織選手とジョコビッチ選手がテニスをしている」という動画に
なるようにモンタージュするということです。もちろん紙芝居編集ではな
くなります。モンタージュ編集にするのか紙芝居編集にするのか、それが
コンセプトというものです。一つ一つのカットの長さはカットそのものが
要求してくるものなので、ナレーションで名前が出てくるタイミングとは
ぴったり合うわけがありません。動画ですから当然「画の都合」を優先し、
ナレーションのほうを画に合わせます。でも、15秒だとナレーションも動
かす余裕がなく、合わせられない場合もでてきます。そんな時は無理に合
わせる必要はありません。始めの方の名前のところは「紹介」のカットに
なるので、そこそこでいいから合わせたいですが、その後は画と名前を合

　❷ つながっていないつなぎ方（コラージュ編集）

わせる必要はまったくありません。「錦織選手とジョコビッチ選手が打ち合っている」というのが今回の映像のコンセプトですから、「この人が錦織圭（ジョコビッチ）選手です」といっているときにその選手の顔が出ていないと塩梅が悪いですが、一度そこさえ合わせておけば、あとは合わせる必要などありません。どちらがどちらなのか、わかりさえすればいいのです。

　一方、画をコメントに合わせるというのが紙芝居編集のコンセプトなのですから、ニュース映像のように全編が「紙芝居編集」の場合はいつでもピッタリ合っていないと、それは変な編集だということになります。紙芝居編集で一番難しいことは「どの単語にさし絵を付けるか」を決めることです。出てきた単語すべてに画を付けたのでは上記の悪い例のようになってしまいます。視聴者が「見たい」と思う画を見せてあげることが大切なのですが、なにが「見たい画」なのかというと「その時々のテーマ」ということになります。今回の例でいえば、メインテーマは錦織選手なので、最低限錦織選手は見せなければいけません。対戦相手であるジョコビッチ選手もサブテーマなのでぜひ見せたいところです。でも「3連覇」の画は入れてはいけません。優勝してカップを掲げている去年の画などを入れては、今回もジョコビッチ選手が優勝すると予言しているような、錦織選手が負ければいいといっているようなものになってしまいます。ネットでも紙芝居編集をしばしば見かけますが、目に付くのはまず、当てた画を見せる時間が短すぎる、カットが短すぎることです。次に画面に余計なものが出ていてなにを見せたいのかわからない、画面の整理ができていないということですね。紙芝居編集に限らず、画面整理ができていないのはアマチュア動画の特徴です。自分はなにを見せたいのかをよく考えましょう。

報道系動画と番組系動画

▶ コラージュ編集と報道系動画

「太郎君は花子さんを愛している」というニュースのナレーションがあったとします。言葉だけですから、これはラジオだと思ってください。この

ラジオ番組をテレビで放送することになったとしましょう。音声はこのままラジオのものを使うとしても、映像を付けなければいけませんね。だから、このナレーションにさし絵を付けましょう。

　音声だけでは、太郎君がだれなのか、どんな人なのかさえわかりません。だからまずは、「太郎君は」といっているところに太郎君の顔がわかる映像を付けます。「この人が太郎君でーす」ということです。テレビですからできるだけ動画のほうがいいのですが、だれなのか、どんな顔なのかがわかればいいだけですから、写真でも別に構いません。このカットは太郎君の顔が記録されているだけの映像ですから、「記録映像」です。次に、同じように「花子さんを」といっているところに花子さんの顔がわかる映像を付けましょう。これも記録映像ですね。「愛している」は映像で見せることはできませんので、花子さんの画をそのまま引っ張るのが基本形です。太郎君と花子さんの2ショットの画があるならば入れたりするのですが、これが「気のせい」と呼ばれる映像です。一般には「イメージ映像」と呼ばれます。「気のせい」にはまったく意味がないので、ここでは基本通り第2カットをそのまま引っ張ることにしましょう。第1カットは太郎君の画、第2カットは花子さんの画の2カットでこの動画は完成です。まさにこれが紙芝居編集です。

　この2つのカットから成る短い動画はストーリーをつづってはおらず、ただ現実を映しているだけです。このような、映像そのものを見せるだけの動画をこの本では「報道系動画」と呼んでいます。報道系動画は、記録映像だけをなにかのコンセプトに従って並べただけの動画です。そこにはストーリーも時間の流れもないので、カットには写真が混ざっていても、ぶっちゃけ全部が写真であってもいいわけです。報道系動画が伝えるものは「状況」だけです。砕けた言葉にするなら「どんな風に」です。動画は映像で「ストーリー」と「どんな風に」の2つだけを伝えるのに特化したツールなのであり、その内「どんな風に」だけを伝えるのに特化したものが「報道系動画」です。どちらも伝えないのならば、動画にする意味がありませ

ん。たとえばジェット・ウォッシャー（水流で歯を磨くもの）が歯を磨く様子を写した映像は「どんな風に」を写した記録映像ですね。それを編集するといっても、いろいろな角度から写した映像に切り替えるだけです。カット数がいくつになっても、そこにストーリーはありません。厳密にいえば、汚れていた歯が最後にはきれいになるというストーリーがあるといえばあるのですが、この動画が伝えたいことはこのストーリーではなく、あくまでもジェット・ウォッシャーが歯を磨く様子です。ストーリーがあろうがなかろうが、あくまでも「どんな風に」を伝えるのが報道系動画です。ストーリーをつづらないのですから、基本的にコラージュ編集だけでできています。ドキュメンタリーでは部分的にストーリーがあることもあります（たとえばライオンが狩りをするところとか）が、この場合のストーリーはなにかを抽象的に描いているのではなく、「どんな風に」を見せるための見せ方（コンセプト）の1つでしかありません。

　この本のChapter 1冒頭の例題3では、「愛」を無理矢理ハートで表しましたよね。ここでも試しにそうしてみましょうか。すると「第1カットは太郎君、第2カットは花子さん、第3カットがハート」という、例題3では間違いとされたものになってしまいますね。なにが違うのか、わかりますよね？　例題3は「映像でつづっている」のですから、動画の文法に従っているわけです。それに対し、ここのものは日本語にさし絵を付けただけですから、日本語の文法になっているわけです。**言葉で表現することから離れないと、映像で表現することはできません。**世の中の「つまらない動画（おもしろくする工夫がされていない動画）」を思い起こしてみてください。最初から最後までずーっと言葉（ナレーションとセリフ）が詰まっていてそれにさし絵が付いているだけだったり、ずーっとテロップが出まくっていたりしますよね。映像が出てきてもテロップでろくに見えなかったり、終いには映像がまったく出てこないとか。これらは言葉や文字で伝えようとしていて、映像で伝えていないので動画になっていないのです。テレビで文字を放送すれば、それは「文字放送」です。あれをおもしろいと思う人っているでしょうか？　動画を知らない人はこんなものも動画だと思ってしまって

いるので、日本語の文法で編集してしまったり、動画の文法と日本語の文法の区別が付かず「どっちでもいいんだ。ルールなんかないんだ!」などと言い出すのです。当たり前の話ですが、映像が動くから動画です。映像が出てこず、あるいは静止画だけで、あとは文字（テロップ）ばかりが動いているものを「テキスト動画」といいますが、これは文字を動きを付けて表示しているだけですから、文字によるコミュニケーションの一種であって、動画ではありません。映像を制作することは個人ではかなり困難なので、それができないアマチュアがそれでも動画らしきものを作りたくて、いやただ編集機をいじりたくて、無理矢理作り上げた苦肉の策です。もちろんプロがそんなものを作れば、「映像制作できません」と暴露しているようなものですから、恥ずかしい限りです。報道系動画、特に紙芝居編集のものは、言葉の比重が大きくなるほど「さし絵付き文字放送」になってしまいがちです。このあとの入門者用ワークショップの「ゴイサギ動画」もほぼさし絵付き文字放送みたいなものですが、最初は当然しかたがなくそれでもいいですが、慣れてくればどんどん映像の比重を重くしていくこと、できるだけ言葉を使わないことを心掛けてください。

　ストーリーがメインではない報道系動画ではコラージュ編集がメインになり、ストーリーが命の番組系動画はモンタージュ編集がメインになります。テレビの「一般番組」は、尺に収めるため、内容の密度を高めるために部分的に言葉で伝えて端折ることも必要です。同じ番組系動画である映画・ドラマとは違い、部分部分で報道系動画も激しく混在します。だから、報道系動画と番組系動画、コラージュ編集とモンタージュ編集をキチンと理解し、キチンと使い分けられることが肝心なのです。

▶ モンタージュ編集と番組系動画
　現実には「愛」は物ではないので見せることはできません。もし「愛」を映像だけで伝えるとしたら、愛を感じるようなストーリーを作り、そのストーリーを映像でつづります。カットを「モンタージュ編集」でつないでシーンを作り、そのシーンを「コラージュ編集」でつないでストーリー

ができあがります。直接映像で「見せる」ことはできないので、映像によるストーリーで「描く」もしくは「表現する」のです。「映像表現」とは、テーマを感じさせるストーリーを作り、そのストーリーを映像でつづることをいうのです。「太郎君は花子さんを愛している」は、たとえば花子さんが危険な状態になり太郎君が自分の危険も省みずに助けるといったようなストーリーを作って、それを映像でつづることによって表現するわけです。この時、その危険の度合いによって愛の深さも一緒に表現されてしまいます。なにか1つのことを伝えようとすると、一緒に別のいろいろなことも伝えられてしまう。これが「動画は伝えられる情報量が多い」ということです。また、伝えたいものを一度別のものに置き換えることを「抽象化」といいます。芸術とは、「制作者がなにかを（最終的には自分を）抽象的に表現する物や行為」であるといっていいでしょう。つまり、「伝えたいことを別のものに置き換えて表現するもの」だということです。だから映画やドラマは芸術ですが、現実をそのまま伝える報道系動画は芸術ではありません（ちなみに一般番組は自己表現ではないので芸術ではありません）。報道系動画ではない、創作したストーリーによって目に見えないなにかを描く動画のことを、この本では「番組系動画」もしくは「創作系動画」と呼んでいます。この本では「番組系動画」としますが、「創作系動画」のほうが直感的にはわかりやすいかもしれません。

　映画・ドラマはいうに及ばず一般番組でさえも、まずはストーリーを創作することが必要です。その架空のストーリーを映像で語るのですから、そんな映像は現実世界のどこにもないので、新たに作り出さなければいけません。それを「映像制作」といいます。その「作った映像（制作映像）」でストーリーをつづることは、台本に文字で書かれたストーリーを映像に"翻訳する"というような作業です。そのためにはただ場面を並べるだけのコラージュ編集だけではなく、前後とつながってストーリーを描き出してくれる編集法が必要です。それが次の節から始まる「モンタージュ編集」というものであり、創られたストーリーを描く動画が「番組系動画（創作系動画）」であるわけです。

コンセプト（意図）

　ただ、コラージュ編集はストーリーを作り出さない、つづらないとはいえ、伝えたいことがないわけではありませんし、伝えられないわけでもありません。現実をそのまま伝えるのが報道系動画であり、その報道系動画でメインとして使われるのがコラージュ編集です。

ニュースのサマリー。

　たとえばニュースでは、冒頭でこれから扱う項目を一覧表で見せますよね。この部分のことを「サマリー」といいます。たぶん報道だけで使われる言葉です。一般番組では「ラインナップ」と呼びます。「サマリー」は番組冒頭に来ますが、「ラインナップ」は「今日のおさらい」みたいな感じで番組の最後に来るのが普通です。報道と一般番組ではすべてが逆なのです。逆なのにはちゃんと理由があって、報道は演出してはいけないのに対し、一般番組は演出だけでできているからです。報道では大事なこと（本題、ネタ）から先に言いますが、これを番組制作系では「ネタバレ」といいます。演出は必ず先に来ます。大事なことを後にすることが演出だと思っていただいても間違いではありません。演出が本題の後に来ることを「あとの祭り」といいます。ここ、笑うところです。アマチュアレベルの動画がいきなり本題から入るのは、演出ができないからです。演出ができないレベルには視聴者を（後ろへ）引っ張るということは絶対にできないので、さっさと本題を伝えてなるべく早く終わりなさいと指導するしかありません。演出できない＝つまらない動画を少しでも多くの人に見てもらうためには、短く

する以外にないのです。

　通常のニュースではサマリーは文字（テロップ）ですが、スポーツニュースの場合は映像を使うことが多いようです。

　この項最初のイラストが、まさにこのサマリーです。ウィンタースポーツでくくってありますね。この日のスポーツニュースで扱う項目が、ジャンプ、ホッケー、カーリングだから、この3カットになっているわけです。最初のイラストが伝えたいことは「今日はジャンプとホッケーとカーリングの話題を主にお伝えしますよ」ということですね。「それをわずか10秒で映像で伝えろ」というミッションなわけです。

　画面を3分割して、それぞれのスポーツを10秒間、同時に見せてしまうという手もあります。が、合成するのは手間がかかるのでニュースのような急ぐ仕事には向きません。さらに、同時にいくつも表示されても見る方は1つしか見られません。画面を分割していくつも情報を出されては、見る方にとっては迷惑千万でしかありません。テレビ画面はコンピュータのモニター画面とはわけが違うのです。そこで3秒ずつ一直線にコラージュ

編集でつなぐ方法がよく選ばれるわけです。当たり前のことですが、ジャンプの画はジャンプだと、ホッケーの画はホッケーだと、カーリングの画はいかにもカーリングだとわかる映像であることが必須条件です。だから、基本的にはフル・ショットが3つ並ぶことになります。

　同時のことを「時間差を付けて見せる」という概念は、時間の流れがある動画と時間の流れがない写真の違いを把握するうえで重要です。2人の人を同時に見せたいときは、写真では一緒に写す（もしくは合成する）しかありませんが、動画では1人をじっくりとアップで見せてからもう1人へパン（カメラを横へ動かすこと）して、さらに引いて2人を一緒に見せるというように、時間差を付けて見せることができます。あるいは2人を一緒に写しておいて、最初は手前の人にピントを合わせておき、しばらくしてから奥の人にピントを合わせること（「ピン送り」といいます）で、同時なのに時間差で見せることができるわけです。同時を同時ではなく見せることの他にも、一瞬のことをゆっくり見せたり、繰り返し見せたり、長い時間を一瞬で見せたりと、時間の流れをかなり自由自在にコントロールできるということは動画の重要な特徴の1つであり、動画編集の醍醐味の1つでもあります。

　あるいは、プレー中の映像で、象徴的な道具を中心にクローズ・アップにするという手もあります。迫力が出ますが、プレーヤーがだれなのかはわからなくなりますので、プレーヤーはだれでもいいという場合にだけ有効です。また、それがどのようなスポーツなのか、みんなにあまり知られていないようなスポーツではこの手は使えません。「カバディ」だったら、シューズのアップとか見せられても、それがどんなスポーツなのかもわかりませんよね。

　もし、種目が大事なのではなく「ウィンタースポーツで活躍する女子選手」という特集であるなら、プレーヤーがだれであるのか、少なくとも女子であることがわかる映像が3つ並ぶことになります。「プレーヤーがだれ

であるかがわかる」というのは、ふつうは「顔がわかる」ということですが、スポーツの場合は背番号の上の名前表記などでわかる場合もありますね。

　いくつか手法を並べましたが、どれもその時々の条件に合っていれば正解で、一番合っているものが大正解です。どの手法が一番上等かとかカッコいいかではなく、その時々の意図に一番合っているものがその時使うべきものです。このような**「どの手で行くか」**や**「なにを伝えるか」**という**方針**が**コンセプト**です。もちろん、コラージュ編集のときにだけ特有のものではなく、いつでもコンセプトはあります。というか、**いつでもなければいけません**。ないのならば編集することはできません。「映像でストーリーをつづる」というコンセプトの編集法がモンタージュ編集ですし、「台本にさし絵を付ける」というコンセプトの編集法が「紙芝居編集」です。他にも、「山を高い順に並べる」というコンセプトで編集することもありますし、「テニスの選手をランキング順に並べる」というコンセプトの編集もあります。コラージュ編集が主体になる報道系動画のほうが、ストーリーがない分コンセプトしかないので、コンセプトが極めて重要になってきます。ストーリーはないのですから、カットの順番を決めるルールは文法ではなくコンセプトになりますし、コンセプトがサイズを制約してくることもあります。「8人いる出場選手全員の顔を見せてあげよう」というコンセプトの映像ならば、順番はたとえばランキング順などになるでしょうし、サイズは全員顔がわかるサイズである「アップ」に決まっています。いくつかアップが続いたからといって4人目はヒキにしたりしては、なにを伝えたいのかまったくわからないデタラメ映像にしかなりません。編集コンセプトさえない動画は、意味なくちらばった映像の断片、つまりデタラメでしかありません。

▶ MV・PVのコンセプトについて

　MV（ミュージックビデオ）・PV（プロモーションビデオ）のコンセプトについてひと言だけ触れておきます。多くのMV・PVはコラージュ編集主体で、い

わゆるイメージ映像であり、ストーリーはないものが多いです。当然コンセプトはなければいけません。プロであるなら、そのコンセプトはマーケティング的な考察によってキチンと考えられたものであるのが当然です。ミュージシャンだって商売でやっている以上、ターゲット（見込み客）やウリ（そのミュージシャンのコンセプト）といったものがあります。このアーティスト・楽曲は「ターゲットがこういう人達だから」「このアーティストのウリはこうだからこういうコンセプトになるんだ」というコンセプトの理由が必要なのです。クライアントから「なぜこのコンセプトなのか？」と聞かれたときに、明確にその理由を答えられなければ、それはプロの仕事ではありません。発注する側もそれがマーケティング的に正しいかどうかを判断できなければ、ただでさえ成功させるのが難しい音楽プロジェクトの難易度を、さらに上げることになってしまいます。MVも動画広告なのですから極めて論理的なものであり、芸術的素養は必要ではありますが、芸術ではありません。

　もちろん、MVはアマチュアが楽しむ分にはまったく制約もルールも、気にするべきことは何一つありません。ネットにはアルバムのジャケットがずっと写っているだけのものがよくありますが、あれでさえだれからも文句をいわれる筋合いのない立派なMVです。映像の部分をジャケットで穴埋めしているわけですよね。動く画が付いていても、コンセプトや意味がないのであれば穴埋めであることに変わりありません。

コラージュ編集の実際

　単なるコラージュ編集の実践例は、その辺にいくらでもあるイメージ映像を見ていただけばいいと思います。風景を写したカットが意味もなく並んでいるだけの動画を例としてもなんの勉強にもならないので、次項のつながっている編集の予習を兼ねて、今回はもっと上級で実践的な「つながっている編集」と激しく混在している例を出しましょう。ちょっとレベル高めですが。……いや、ちょっとじゃないかも。

　ニュースは紙芝居編集でいい、というかたいてい紙芝居編集になるしか
ないわけですが、それ以外の「番組」はそういうわけにはいきません。一
般番組は映画やドラマよりもコラージュ編集の分量が多くなります。それ
は激しくコラージュ編集とモンタージュ編集が混ざり合うということを意
味していて、場合や状況に合わせて両方をキチンと使い分けられるスキル
がより必要になります。番宣はストーリーをつづれるだけの映像素材が入
手できないとか、映画の番宣など15秒では短かすぎてストーリーを入れら
れない場合もあります。なので、エヅラの派手なカットだけをコラージュ
で並べてお茶を濁すという手法も知っていなければなりませんし、それら
をピンポイント的に使う臨機応変な編集ができる必要があるのです。

ナレーション「世界一ついていない刑事が、」

「今度は空港でテロリストと対決！」

※▷はコラージュ編集　▶はモンタージュ編集

「たった1人で世界を救えるか!?」

「主演、ブルース・ウィリス、」　　　　「ダイ・ハード2　BSプレミアム
　　　　　　　　　　　　　　　　　　　25日火曜夜10時!」

「うろ覚えシリーズ第1弾　ダイ・ハード2の番宣をうろ覚えでつないで
みた」（笑）　コラージュ編集を主体にしつつ、両方がほぼ交互に出てくる
つなぎ方の一例です。あくまでもうろ覚えなので「絵が違う」とか言わな
いで。実際には、かなり昔に本当に番宣を作ったのですが、まったく忘れ
ているので、トレイラーを見てこんな風につないだんじゃなかったかな？
程度に再現したものです。だからほぼトレイラーにあるカットしか使って
いませんし、実際につないだわけではないので、何秒になるか正確にはわ
かりません。たぶん25秒くらいでしょう。なぜ25秒という半端な数字な
のかというと、5秒のクラッチ（CMの最初や最後のお決まりのロゴといったような、
5秒程度以下の独立した映像パーツのこと）が付いて合計30秒になるのです。構
造としては、第1〜2カット、第3〜4カット、第5〜6カットがそれぞれ1
つのシーンで、第7カットと第8カットはそれぞれ別のシーンからの1カッ
ト、全部で5つのシーンが細かく並んでいるという形です。いろいろなシ
ーンからそのシーンを代表するカットを少しづつ取り揃えてある、という
体裁です。2つのカットがつながっているところは、短いながらも起承転

結があり、一応シーンとしての体裁は整っています。▷のところがシーンとシーンをつないでいるところなので、コラージュ編集ということです。

▶ 第1カット

　空港ロビーのヒキ画。舞台を説明しています。空港だよ、人がたくさんいるよ、という状況を説明しているカットです。

▶ 第2カット

「主人公はこの人です」と宣言しているカット。やはり主人公は最初に見せておきたいですね。「世界一ついていない刑事（でか）が」というナレーションの「刑事が」というときにこの画が来るようにしています。第1カットと合わせて『たまたま空港ロビーに居合わせた（第1カット）』『この人が主人公です（第2カット）』を映像でつづりました。2カットで1つのシーンです。このシーンでの事件（動作）は「いる」ということです。元来彼はここにはいないわけで、「今はいる」ということも変化の結果なのです。あるいは動作を「今ここに来た」と考えてもいいでしょう。来たところは写ってはいませんが、元来はここにいなかった彼がここに現れたということならそれが「事件・変化（転）」であるということがわかりやすいでしょう。そしてここにいるということが変化の結果（結）です。彼がここにいるということが全体のストーリーの中で大事なことなのであり、煙草を吸って吐くことは動作ではありますが、別段全体のストーリー上の意味はありません。煙草を吸うという動作は、悩み事が多いというキャラクター付けにほんのちょっとだけ役立っているのと、今現在は特になにをするでもないヒマな状態であるということを表しています。実際の映画内での設定は、奥さんの乗った飛行機が到着するのを待っているところですから、煙草を吸う以外にやることがないヒマ人ということを表しているのです。

▶ 第3カット

　第3カット。犯人たちが空港を占拠しているという状況を示すカットです。第4カットを引き出すための手続きのカットでもあります。このカッ

トがないと第4カットがどこなのかだれなのかわからないですよね。

▶ **第4カット**

　おまわりさん、この人です！（今回の悪者はこの人です！）というカット。「電話している」というのは動作だけど変化がないので「状況」でしかなく、当局に要求を突き付けているところを見せることで、この人がボスだということを表しています。第3カットと合わせることで、この人が占拠犯のボスであることがわかります。2つのカットで1つのシーンとなり『その時、何者かが空港を占拠』『その占拠犯のボスがこの人です』ということを映像でつづっています。このシーンでの事件（転）はテロリストが空港を占拠したということで、結は要求を突き付けて来たということです。

　ナレーションが「テロリスト」と言ったところでボスの顔が来るようになっているのですが、そうなるように計算してナレーション原稿を書いているのです。映像は映像でストーリーを語っており、ナレーションはナレーションでストーリーを語っています。体裁上はそれがたまたま「テロリスト」のところで合致しているという形をとっていますが、もちろん「たまたま」ではなく、計算してそうなるようにしているのです。これを「画とコメントが合っている」といいます。「コメント」とは「視聴者への音声メッセージ」のことを指しますが、ここではナレーションと同じ意味です。先にナレーションがあり、ナレーションに合わせてさし絵を付ける紙芝居編集とは違うことを確認してください。簡単にいえば、紙芝居編集はコメントに画を合わせる、「画とコメントが合っている」というのは映像にコメントを合わせるということです。動画なんだから後者のほうが上等なやり方です。ここでは、映像にコメントを合わせたのではなく、映像とナレーションはそれぞれ独自に己の道を行き、一致させたいところだけをピンポイントで合わせるという、もっと上等な手法を使っています。それも2カ所（第2カットもね）で合わせています。なんでもないことのように見えるでしょうが、頭の中で一遍に映像もコメントも構成を組めないとできない上級技です。

▶ ジャンルによって編集のルールは変わる

　第3カットと第4カットはほとんどの視聴者がつながっていると捉えるでしょう。第3カットで電話していれば、もしくは電話し始めれば本当につながっていることになります。第3カットと第4カットは同じ場所で時間的にもほぼ離れていないので、本当はつながっていなければいけないのです。でも今回の場合は、第3カットは占拠しているということを表すのが最優先であり、それでいて電話を掛け始めるという都合のいいカットが素材の中になかったので、泣く泣く電話していないカットを代わりにつないだのです。だから映像はよくよく見ると、このボスが銃を構えて歩き回っているので、アクションがつながっていません。本編では、場所と状況は同じだけど、時間的にはかなり離れているのです。実は盛大なジャンプ・カットなのですが、よくよく見なければつながっていないことがわからない（どれがボスだかわからない）からジャンプ・カットの違和感がないという、**番宣や予告編などだけで許される特殊な手法です。動画編集はカテゴリーやジャンルによってルールが多少違います。**この本は動画全体の共通の基本ルールを説明するものですので、ジャンルごとの特有のルールは折々に少しだけ触れるにとどめます。映画自体が一本の時間軸に乗ったストーリーなのに対し、番宣・予告編はいろいろなシーンをつまみ食いしているわけですから、いってみればすべてのカットが盛大なジャンプ・カットというか、シーンとシーンのつなぎ目だから初めからつながってはいないのですが、それにしても関係性がまったくわからないほど飛んでいるわけです。でも、それを視聴者が最初から了解しているから違和感を持たないのです。つながっているように見えても見えなくても、違和感を持たれず成立している、ということがわかっていないと使えない手法です。「上級の技」なのではなく単なる「ごまかし」「苦肉の策」なんですけどね（苦笑）。番宣や予告編は、欲しい画を自由に作れず、すでにある画だけでなんとかしなくてはいけないので、こういう特殊ルールが多いのです。他のジャンルでは完全な編集ミスになります。だから映像編集は「他所でやっているからやっていい」ということにはなりません。意味もわからずに見よう見まねをす

るのは厳禁です。

▶ 第5・6カット

　第3・4カットと逆で、つながっているのですが、つながっていないと思ってもらっても構わないという手法。第5カットと第6カットの間には、実際の本編の中ではかなりの時間があるのですが、アングルの都合（崖が写っていないおかげで崖までの距離がわからない）とアクションがつながっている（スノーモービルで走ってフレーム・アウトする）ことで、ジャンプ・カットにはならず、ちゃんとつながっているのです。「銃で撃たれたので、ジャンプしたところで爆発する」というストーリーがあります。つながっていないと見るならば「銃撃されるシーン」「ジャンプして爆発するシーン」と別々のシーンが並んでいることになりますが、そう捉えられてもなんら問題はありません。そう捉えたとしても「違和感が出ず、成立している」ということです。つながって見えても、つながっていないように見えても、どちらでも成立しているということをわかっていて、こうつないでいるのです。

　「つながっているつなぎ方」が成立しているのに、なぜつながっていないと思う人がいるのでしょうか？　視聴者はちゃんと潜在意識の中で「こことここはつながっている」「つながっていない」を識別しながら見ています。前のカットとの関連性を無意識に確認しながら見ているのです。そうでないとストーリーがわからないですからね。ずっとコラージュ編集で来ていてストーリーがない中で、突然「つながっているつなぎ方」が表れても、つながっていることに気が付かない人もいる、ということです。しかし、どちらに取られてもちゃんと成立している、それをわかってつないでいるところがミソです。

　第5〜6カットは単に派手な画でにぎやかしているだけです。B・ウィリスが戦う映画ですから、戦っているシーンを入れたということです。だからこのシーンではなく、B・ウィリスが戦っているシーンでさえあれば、別の銃撃戦などのシーンでも構いません。『激しく撃たれたから』『スノーモ

　❷　つながっていないつなぎ方（コラージュ編集）

ービル爆発!』 第5カットが、第6カットで爆発した理由になっています。まさに「因果関係」ですね。撃たれたのが事件で、爆発が結果です。

▶ 第7カット

ナレーションの「主演ブルース・ウィリス」に合わせてB・ウィリスの画を入れます。ここが「紙芝居編集」です。第7カットは独立したシーン(の成り損ない)であり、ナレーションがなければこの画を入れる意味がありません。まさにナレーションに合わせてこの画を入れたのです。

普通紙芝居編集はニュースVのように全編紙芝居編集になるものですが、今回の例は一般番組の中で部分的に紙芝居編集を使ったとても実践的な例です。映画では絶対にあり得ない手法でもあります。素材映像の音声「なんで俺ばっかり!」をカウンターでいれます。カウンターとは、ナレーションの言葉の間合いにセリフや効果音をカウンター・パンチのように挟むことです。このように、ノイズ(VTRにすでに入っている音のこと。環境音だけではなくセリフもノイズです。ノイズではないのは今、これから新たに録音する音=ナレーションやBGMなど)を聞かせることを「オン」とか「聞かせ」といいます。走りながら愚痴をこぼしているという状況を見せているだけなので、このカットにストーリーはありません。だからちゃんとしたシーンとしては成立していない、シーンの成り損ないなのです。

▶ 第8カット

ラスト・カットですので、すこしヒキにするのが基本。あまり詰まった画で終わるのは息苦しいです。特に番組の最後のカットは、次の番組とつながってしまわないように、ということにも気を付けなければいけません。映画と違い、アップで終わるのはマナー違反です。アップで始まる番組も滅多にないのですが、まれに狙いがあってアップで始まる番組はあります。でもテレビ番組はアップで終わる必要や狙いはまずないので、アップで終わるのはマナー違反になるのです。どうしてもアップで終わりたいときには、白にフェードして、真っ白で終わるようにするといいでしょう。黒は

電波が途切れたのと見分けにくいので、途中かエンドかに関わらず画面を真っ黒にするのも（テレビでは）マナー違反です。絶対にやってはいけないわけではありませんが、理由なくやるのは避けるべきということです。

　これ、イラストでは主役のアップみたいに見えるでしょうが、実は真上からの俯瞰ドン引きの画で、背景で地上にある飛行機が爆発しており、緊急脱出装置で上空に吹き飛ばされた主人公がだんだん画面に迫って来て、ドアップになってまた落ちていく（小さくなっていく）というカットなのです。B・ウィリスのアップを見せているのではなく、B・ウィリスが爆発で吹き飛ばされるという、まさにこの映画を象徴する1場面を見せているのです。

　主役のアップで終わるのはいろいろな意味でセンスがいいとはいえません。これは映画の宣伝であって、B・ウィリスの宣伝ではありません。番宣をCMだと考えた場合「商品」にあたるのは映画そのものであり、B・ウィリスではありません。B・ウィリスが出演していることは「ウリ」ではあっても、B・ウィリス自身が商品ではありません。だから「B・ウィリスの物撮り（CMの最後によくある、商品そのものをじっくりと見せる画を撮ること、またそうやって撮られた画のこと）」みたいな画が来るのは筋違いです。基本構文を知っていれば「アップで見せたいようなものは中ほどに来る」ということもわかるはずです。アイ・キャッチ（視線を捉えようとすること）としてアップが最初に来ることはあっても、最後に来るのはおかしいのです。アップは「表情を見せる」という意味・機能を持つサイズですから、最後に表情を見せて終わりたいという特殊な狙いがあるときだけしか、アップがラストに来ることは成立しません（すべてのサイズには役割があります）。

　今回のラスト・カットはその前のカットとつながっていない独立したシーンなので、「こんな映画だよ」という、その映画全体をイメージさせるようなポスターのような画がいいでしょう。ただ「ダイ・ハード2」のポスターはB・ウィリスのアップなので参考にするにはよくありません。サイズの感覚としては「ファインディング・ドリー」のポスターあたりを参考

にしてみるといいでしょう。検索して見てみてください。番宣の場合は必ずテロップも相当量出すことになるので、その分のスペースも考えなくてはなりません。最近のテレビの番宣では、定型のテロップを映像のことなど考えずにただ出している例が多いですが、そんなものはプロとして恥ずかしいレベルです。

▶ **第8カットは「気のせい」カット**

　このシーンは1カットですが、B・ウィリスが吹き飛ばされて飛び上がって、落ちていくというストーリーが一応はあります。しかし、全体のストーリーとは関係がないので、ここにストーリーがあるということに意味はありません。ここにはストーリーはなくてもいいのです。実はこの画自体にも意味がありません。第7カットは愚痴をこぼすとか、あらためてB・ウィリスを見せておくといった番組上の意味があったのですが、なんとこのラスト・カットばかりは、この画である必要も、画がある必要さえ全然ないのです。第8カットの意味は、テロップ・ベース（テロップの下絵）であるということです。このカットでの「主役」はテロップなのです。こういう、違和感なく、それっぽく見えながら実は意味・働き（機能）のない画のことを**「気のせい」**といいます。「その部分、画は気のせいだから」などという使われ方をします。要は「穴埋め」ということです。テレビでは尺が決められているので、どうしてもストーリー展開をナレーションやテロップで端折ってしまうことが多いため、テロップ・ベースの他、ナレーションの時間を稼ぐための尺埋めにも「気のせい」カットは頻繁に使われます。ニュースVで使われる資料映像なんてまさに「気のせい」です。イメージ映像も「気のせい」ですね。「気のせい」であるということも機能の1つであり、そのカットが存在する意味であり意義でもあります。ここでは、テロップを見せるために画は「気のせい」である必要があったということです。カットの順番やカットそのものにも意味や機能があり、それを整え機能を発揮させることが編集をするということです。

　ラスト・カットを独立した画にしたくない場合は、その**ストーリーの流**

れの続きの画で、ラスト・カットにふさわしい見栄えのいい画が来るように考え、調整して編集します。流れの続きというのは、ここでいえば第7カットの続きということで、B・ウィリスがそのまま最後まで走り続けることになります。そんな画でもテロップが収まり、全体のエヅラもラスト・カットとして収まりがいいなら問題ありません。流れの続きではない、たとえば別次元の作り込んだポスターのような画だったりすると（特に静止画にすると）、ラスト・カットだけが分離して浮いた画になります。その場合、ある程度以上、最低でも5秒以上の尺を与えてやれるのならば一応成立はしますが、3秒程度では成立しません。つまり、残りの尺が5秒もないのであれば独立した画を持ってきてはいけないということです。

　どうせ意味のない「気のせい」映像でいいのなら、いっそのこと画を入れるのをやめるという手も確かにあります。実際に画を入れるのをやめてノルマル（全画面撮り切り）のテロップ・ベースにしたり、画を入れても画面の半分くらいを定型テロップで埋め尽くしているものもありますね。編集理論上は間違った編集ではありませんが、定型にするのは思考停止した手抜きでしかありません。作る方は楽だからそうしたがるのはわかりますが、そんな熱意もサービス精神のかけらもない番宣でお客さんを呼べるとは夢にも思わないことです。

　いずれにしてもラスト・カットは、「ストーリーが始まらない・途中にならない」ことが大事です。前のカットとストーリーがつながっているのならばちゃんと終わらせること、つながっていないのならば新たに始めないこと、あるいは始まってもそのカットの中でちゃんと終わることが大事です。そもそもストーリーがなければ始まりもしなければ終わらせる必要もないので、だからラスト・カットにはポスターや物撮りのような「時間が流れていない画」を使うことが多いのです。

状況だけを伝えるコラージュ編集

　❷　つながっていないつなぎ方（コラージュ編集）

　こうして見てみると、カットというものは「状況」か「変化（動作）」しかないようです。「気のせい」を除けば、ね。主人公を「紹介」する画も「状況説明」の一部ですし、「結果」も変化の後の状況ですよね。

　ストーリーというものは「最初の状況があり、なにか動作（アクション）があって、変化した結果」を見せることです。たとえば「銃で撃たれて（動作）、スノーモービルに穴が開く（結果）」「スノーモービルでジャンプして爆発（動作）、バラバラ（結果）」「原因」と「動作」と「変化の結果」を見せたわけですが、それには時間が必要です。つまり、ストーリーには時間が必要。

　一方「状況」には時間は必要ないわけですから「状況」だけを伝える動画ならば、コラージュ編集だけでできる、ということです。おお！　まさにニュースはこれじゃないですか。事件というものは必ず起きてしまってから取材するのですから、事件が起きているまさにその時には、撮影するわけにいきませんよね。だから動作と変化を撮影することはできません。放火事件だとしたら、放火しているところは撮れません。事件後の「状況」（事件現場の映像や付近の人が怯えているという状況など）の画だけでできているわけです（あと「気のせい」ね）。だからコラージュ編集だけでできているわけです。

- **コラージュ**
異質なものを並べること。
特にその違和感を楽しむ合成・合体のこと

- **コラージュ編集**
前のカットと関係性を持たない画をつなぐこと
＝同じシーンには見えない画を選んでつなぐこと
＝シーンとシーンをつなぐとき（場面転換）に用いる

- **禁止事項**
前のカットとつながっているように見えてはいけない

- **特徴**
①時間・空間・状況がつながっていない
⇒順番を自由に入れ替えられる

②新たなストーリーを描き出すことができない
⇒コラージュ編集だけだと30秒程度までしか持たない

- **紙芝居編集**
コラージュ編集の一種で、言葉でつづったストーリーに
さし絵を付けるというコンセプトの編集（例：ニュース映像）

おまけワークショップ

　コラージュ編集や紙芝居編集は本格的な動画編集ではないとはいえ、簡単で素材も多くを必要としない、というか、手に入った画だけで動画を作れるという気軽さもあるため、映像制作の入門者が映像や編集機に慣れ親しむための編集法として最適です。映画やドラマでさえ、シーンをつなぐのにはコラージュ編集が使われるのは当たり前として、話をナレーションやテロップで端折ってしまいたいときに紙芝居編集が部分的に使われたりもします。テレビでは多用されますので、テレビを目指す人は知っていなければなりません。インターネットの動画でも、顔出しでしゃべる系やゲーム実況系のユーチューバーなど、紙芝居編集ができるだけで全然違うのにと思うことが多いです。これができるだけでもライバルたちに格段の差をつけることができますよ。ユーチューバーでも割と多くの人が、これの原初的な形を使っています。たとえば、ゲーム実況者がゲーム中に「なんでだよ〜!」と藤原竜也のマネらしきものをしたときに、画面にドーンと藤原竜也らしき似顔絵が出たりしますね。こういった「その言葉に当てる画」と「気のせい」映像だけでも、そこそこおもしろくすることができるのです。ぜひ紙芝居編集を覚えて、もっと気軽に（文字ではなく）映像で遊んでください。

　では、身近な話題でニュースVのようなものを実際に作ってみましょう。

　著者の近所の川の決まった場所を野鳥のゴイサギが狩場にしていて、毎日のようにそこで狩りをしています。これを紙芝居編集でニュースVのようなものにしてみましょう。ニュースの中によくある「街の話題のコーナー」のつもりで見てください。

紙芝居編集はナレーションが主です。ですからまずナレーションを考えます。そのために、ゴイサギを調べまくりましょう。これをリサーチといいます。動画作りはリサーチが命です。ナレーションに必要な情報は「いつ」「どこで」「だれが」「どうした」の4つです。これ、小学校で作文の時間に習ったはずです。今回はこうしてみました。

　「東京、杉並の閑静な住宅街を流れる神田川。そこに、ある野鳥が毎日のように通い、街行く人たちの目を楽しませています。その野鳥の名はゴイサギ。その昔、醍醐天皇の命に従い、おとなしく捕らわれたご褒美に、五位という位を与えられました。そこから、ゴイのサギ、ゴイサギとなったと伝えられています。この日も一日中、じっと獲物を待ち続けていました」

　最初に「いつ」「どこ」をはっきりさせます。とはいえ、ニュースの中のコーナーですから「現代」であることは明白です。また、近日中のことであることも明白ですね。だから「いつ」を省略しています。視聴者が当たり前にわかっていることは省略できます。もし、ネット動画であるならば、アップした日がわかるようにしておきましょう。最初に「2022年4月」などと小さくテロップを入れておくのもいいでしょう。いつの情報なのかがわからないと、価値が激減します。

　「どこ」は、東京、杉並といっています。ネットに上げるなど日本全国の人に見てもらいたいのならば「東京」を入れます。東京の人や近所の人、家族などに見せるだけなら「東京」はいりません。見てもらう対象（ターゲット）によって、このように必要な情報量が変わってきます。場所をバラしたくないときは「閑静な住宅街を……」から始めます。

「だれが」ですが、もちろん、この動画の主役はゴイサギです。ここではまだ「野鳥」としています。

「どうした」です。「街行く人たちの目を楽しませている」と言っています。真っ先に「いつ、どこで、だれが、どうした」を簡潔に言ってしまうのがニュース（報道）の特徴です。通常の動画（一般番組や映画、宣伝も）では反対に、**先にオチや本題を出してしまっては絶対にいけません**。それを「ネタバレ」といいます。ニュースにはストーリーがないし、演出（脚色）してはいけないのですから、ネタを真っ先に言わなければいけないのです。事実だけを簡潔に伝えるのが報道です。これが報道と一般番組ではすべてが逆になることの根本的な理由です。

　このVが伝えたいことは、なんでしょうか？「ゴイサギが都会の真ん中にいるよ」ということです。そのあとの醍醐天皇云々は付加情報です。必要ではないけれど、情報を付け足してあげることで、興味を高めます。つまり「おもしろくする」ということの1つです。このように情報を付け足したり、一捻り加えることを「1翻（イーファン）付ける」といいます。麻雀用語から来ている言葉で「1つ価値を付けることで1ランク上げる」ということです。パワーアップキノコみたいなものです。

　仮に、尺がない時にはこのようになります。

「東京、杉並の閑静な住宅街を流れる神田川。そこに、ゴイサギが毎日のように通い、街行く人たちの目を楽しませています。この日も1日中、じっと獲物を待ち続けていました」

　これでもニュースとしては成立していますが、格段に「つまらな

くなった」ことがおわかりでしょう。「知ってよかった」「勉強になった」というような「情報があること」は「おもしろい」ことのうちの1つです（ただし「おもしろい」ということの本体ではありません。あくまでもオプションです。「1翻付ける」だけです）。どんな情報を付け足すのかという「付加情報の選択」と、それを「簡潔にまとめる力」はおもしろい動画を作るうえで必須のスキルです。付加情報はメインの情報ではないので、長くなってはいけません。なにを伝えたいのかがボケてしまいます。

　最初は「ある野鳥」とし、「ゴイサギ」という名前を後出しにしたのは、「ゴイサギ」という名前を強調し印象的にするための演出です。「ある野鳥」として"謎かけ"をすることで、「ゴイサギ」という名前に焦点を絞り期待を高めたのです。演出ですから尺がなければこのように本来の形になるのですが、とても「ゴイサギ」という言葉が"弱くなった"のを感じていただけるでしょうか？　先に出すとさらっと流れてしまう感じですよね。

　「この日も1日中、じっと獲物を待ち続けていました」には、意味はありません。シメの言葉です。このように、体裁を整えることも大事なのです。「エンディング」とか「クロージング」といいます。

　それでは、映像の方に話を進めましょう。それではちょっと撮ってきます。「初心者でも簡単に作れる」ことを想定しているので、ミラーレス一眼（P社GH-4）の動画機能で、三脚もなしです。街の人を写すわけにはいかないので、街の人もなしです。

東京、杉並の閑静な住宅街を流れる神田川

で街行く人たちの目を楽しませています

その野鳥の名はゴイサギ

ゴイサギ
ペリカン目サギ科
全長60cm前後

この日も1日中、じっと獲物を待ち続けていました

動画は https://youtu.be/1CRY5YtFOz0 で見られます。

　第1カットはいつも通りの舞台説明のヒキ画です。映画だと「閑静な住宅街」も言葉ではなく映像で語る必要がありますが、お気軽動画では気にする必要はありません。ナレで言っちゃいます。ここが「動画ではない」ということなのですが、より動画らしくありたいと思うならなるだけ言葉は入れずに、映像だけで見せるように考えてみてください。その際は、長くなり過ぎないようにすることが大切です。35秒程度の動画の導入部ですから、せいぜい10秒まででしょうね。15秒では長過ぎです。本題はゴイサギなのですから、それ以外の部分はできるだけ短くしたいのです。映画はできるだけ映像だけで伝えようとするので全体の尺が長くなりますが、テレビはナレーションやテロップで端折って時間の有効利用に努めます。ここがテレビと映画との大きな違いの一つで、テレビでは「どの情報を映像で見せるのか」をシビアに仕分けするスキルが必要になります。そして尺が短くなればなるほど、このスキルが高度に求められるようになります。「東京」や「杉並」に関しても同じです。映画だったら東京であることを強調したいときには、東京タワーとかスカイツリーとかを時間をかけて見せるわけです。

第2カットは本当は街の人々からパンしたいのですが、知らない人、許可を取っていない人を動画に撮ってネットに上げたりしてはいけません。街並みやヒトゴミを使いたいときは、だれであるかを特定できない大きさ（小ささ）でなければいけません。たとえば、不倫カップルが写っていて、あなたの動画で不倫がバレて離婚騒動になったりしたら、損害賠償を請求されたりする場合もあるらしいです。いずれにせよ、プライバシーには最大限の注意を払わなければいけません。

　第4カットは、コメントの「その野鳥の名はゴイサギ」に**画を当てて**います。このような撮り切り（画面全部）の静止画のことを「ノルマル・スーパー」といいます。写真も含めてスーパーです。[*]

　静止画ですので時間も流れていないので、つながるもへったくれもありません。パターン（民放ではフリップ。出演者が文字を書いたりするボードのこと）だと思ってもらってもいいです。ここで使っている写真は10年くらい前に著者が撮ったもので、Photoshopでノルマル・スーパー（といってもただのjpeg画像）にしています。

　最後はゴイサギをじっくり見せておしまいです。本当はゴイサギがもっとよく見える低いアングルから撮れれば良かったのですが、これ以上寄ることもアングルを変えることもできなかったので、今回はこれで良しとしましょう。映像作品としての体裁は報道系動画では二の次なのです。本当のニュースなら、第4カットのあとに街の人のインタビューが2〜3人分入るのでしょう。そしてエンディング

＊「スーパー」とは「スーパーインポーズ」というエフェクトのことで、映像の上にテロップを表示する（テロップを「ダブる」といいます）ときに使われます。テロップをスーパーすることで文字が映像上に表示されるわけです。ここから、テロップそのもののこともスーパーということもあります。テロップを作ってくれるアートさんと話すときはテロップといい、それをダブる映像技術さんと話すときはスーパーといいます。

として、もう一度ゴイサギを見せておしまい、といったところです。テーマだから見せるのであって、ラスト・カットにドアップはあまりよくありません。広めにして息が詰まらないような画で終わるのが基本です。アップにしておいてズーム・アウトしてから終わるのもいいですね。

　第4カット以外の時間と空間と状況は結果的には「つながって」います。そもそもこのビデオは、ゴイサギが都会にいるよという状況を伝えているだけで、ストーリー（変化）はないのですが、ゴイサギを主人公として「紹介」するところまでは基本構文と一緒です。だからこれは結果的にはモンタージュ編集（同じシーン内での編集）みたいに見えますが、そもそもがコメントにさし絵を付けただけですから、シーンとして成立してはいませんので、モンタージュではありません。コラージュ編集のルールの例外に当たります。このあと、主人公であるゴイサギがなにか「事件」を起こして変化を生んでくれればストーリーになるのですが、彼がしていることといえば、しいていえば「街の人々の目を楽しませている」ことですが、それって実際にはなにもしていません。ゴイサギがいるという「状況」でしかありませんね。動画は動きを撮るものですから、動いてほしかったのですが……。ですから、プロがちゃんとした番組を作るときには、粘って魚を獲るところやオチとなるお腹がいっぱいになって巣に帰るところなどを撮影するのです。ストーリーがなければ番組にはなりませんが、今は入門者用のお気軽ビデオなので、そこまでがんばるのはやめましょう。ゴイサギが魚を獲ってお腹がいっぱいになるというストーリーを描く「番組系動画」ではなく、ただ「ゴイサギがこんなところにいるよ」という現実だけを伝える「報道系動画」でいいわけですから。

　みなさんはまだナレーションを入れることはできないかもしれませんね。その場合は、しかたがないので、ナレーションをテロップ

にして入れるのですが、本来テロップはできるだけ入れるべきではありません。動画は「映像でのコミュニケーション」です。文字を出しては、せっかくの映像が台なしです。そのことだけは頭にしっかり入れておいてください。もちろん、ナレーションもできるだけなくすべきですが、ゴイサギの名前の由来など、みなさんにはまだ映像にできませんよね？　だからナレーションで言っちゃいましょうということです。映像でつづるのならば、再現ドラマみたいなものにするわけです。

　といったところで、小さな小さな動画作品らしきものを1つ作ってみました。厳密にいえば番組ではなくて「コーナー」ですが、こんなコーナーがいくつも集まって番組になるのです。

🎬 Memo

　これは35秒程度ですが、これでも情報番組としての基本はちゃんと整っています。これを長尺の番組にしたいのならば、ちゃんと魚を獲るところを入れた上で、たとえば1つのカットとナレーションひと言で済ませている「閑静な住宅街を流れる神田川」をもうちょっと丁寧に、数カットで見せてやったり、しっかり魚を獲るストーリーにしてあげ、別のエピソードや情報をシーンやコーナーとして足してやればいいだけのことです。もちろんその分取材（リサーチと撮影）はしなければならないので、手間は掛かりますがやっていることは変わりません。とはいえ、そのエピソードや情報がおもしろくなければ長い尺は見てもらえないんですけどね。だからリサーチが命なのです。そして、長い尺（60秒以上）を見てもらうためには、リサーチで集めた情報をつなぎ合わせてストーリーを作る必要があります。このゴイサギならば、「ゴイサギの成長物語」とか「ゴイサギの一年」といったストーリーが考えられますね。少しでも退屈させないように、最大限に切り落とし、これ以上短くはできないというところまで短くしなければいけません。まぁ、先を見れば果てしないのですが、最初は欲張らず1つのネタだけで、ストーリーもなしのできるだけ短い動画を作ることから始めるのがいいでしょう。「都会の真ん中にゴイサギがいるよ」というだけのことを

伝えるのに、35秒にもなってしまいました。番宣やCMはもっとたくさん伝えたいことがあるのに、15秒とか30秒しか尺がないのです。どんなに難しいか推して知るべしです。広告の世界には「短いものほど難しい」という言葉があります。いつも長尺番組を「いいなぁ、あんなに尺があって。伝えたいこと伝え放題だよなぁ」とうらやましく思っていました。でも手間が掛かるので、長尺は嫌いなんですけどね。「ゴイサギの一年」なんて、撮影するだけでも最低一年はかかるわけです。長尺番組は難しいのではなく、たいへんなのです。

　ストーリーがあってもなくても「伝えたいこと」さえあれば動画は作れます。その「伝えたいこと」とはたいそうなことではなくてもいいのです。「こんなところにゴイサギがいたよ」　ただそれだけでも動画になるのです。ちなみにこの程度の動画なら、慣れれば企画から撮影・編集も含め小1時間程度でできるようになります。[*]

---

[*] これはあくまでも初心者向けの練習のためのもので、プロ・レベルでの「番組にする」ということとは違います。動画とは「ストーリーをつづるもの」なので、上級の「番組にする」ためにはストーリーが必ず必要です。つまり、紙芝居編集だけでは本当の意味での動画・番組は作れません。紙芝居編集を卒業したい方は、次の「つながっているつなぎ方」へ進みましょう。

つながっているつなぎ方（モンタージュ編集）

「つながっているつなぎ方」と書くのは長いので、本書では「モンタージュ編集」と書くことにします。映像の世界では、**複数のカットをつなぎ合わせて作られているシーンを指して「このシーンはモンタージュされている」**といい、**複数のカットをつなぎ合わせて1つのシーンを作ることを「モンタージュ（する）」**といいます。その時に使われるつなぎ方だから「モンタージュ編集」としました。この節には「モンタージュ」＝「つながっている」という概念と理屈が書いてあり、ちょっと難しいかもしれません。でも、とても大事なことだから、かなりくどく、繰り返しながら説明しています。「理屈なんかどうでもいいから、具体的にどうすりゃいいのさ?」という方は、次の節へどうぞ。

モンタージュとはなにか

モンタージュのイメージ。

日本語では普通「合成写真」といいますが、モンタージュといえば、警察が出した三億円強奪事件の指名手配の似顔合成写真が有名ですね。一見するとただの1人の男の顔ですが、ヘルメット、輪郭、目、鼻、口といっ

た部品は、それぞれ別々の人の写真から切り抜いて持ってきたもので、それをくっつけ合わせて1人の顔にしたものです。「部品をそれぞれあるべきところ、違和感のないところにくっつけて、1つのもの（顔）を作っている」からモンタージュというのです。芸術の専門用語はさて置き一般的に使われるモンタージュとコラージュという言葉は、どちらも「つなぐ・くっつける・一緒にする」というような意味を持つ類義語です。モンタージュとコラージュの違いは上のイメージと前項のコラージュのイメージを見比べてみれば一目瞭然だと思います。各パーツをあるべきところに配置したか、単に寄せ集めただけか。単に複数の異質なものを寄せ合わせれば、それはすべてコラージュなのですから、編集も合成写真もすべてがコラージュであり、その内一部の「違和感なく1つのものとしてつながっているもの」だけをモンタージュと呼びます。

　モンタージュとは「**複数の異質なものを、違和感なく一体化する**」こと、簡単にいうと「**1つになるようにくっつける**」ことです。大事なことは「**どんな風にくっつけるか**」を表す言葉であり、コラージュとはくっつけ方が違うんだということです。「違和感を楽しむ」のが狭い意味でのコラージュだったのに対し「違和感なくくっつける」のがモンタージュです。「違和感なく」とは、「1つのなにかとして成立している」ということです。3億円犯人の似顔なら「1つの顔としておかしくない」ということであり、映像編集ならば「前のカットと同じシーンとしておかしくない」ということです。もし鼻や目がおかしなところ、頭のてっぺんなどに付いていたら、顔として違和感がありますよね？　だからそれはモンタージュになっていません。映像も同じで、第1カットと第2カットがどう見ても全然別の場所に見えたら「同じシーンとして違和感」がある、つまり「1つのシーンとして成立していない」ということですから、それはモンタージュになっていないということになります。

　広い意味では、映画のシーンとシーンはつながることで1つのストーリーになっているわけですから、シーンとシーンもモンタージュとしてつな

がっているといっても、言葉遊びとしては間違いではありません。でもテレビの世界では、シーンの順番を決めることは「構成を組む（あるいは「一本化する」）」といい、「編集」ともモンタージュともいいません。映像の世界での「モンタージュ」という言葉は「狭い意味での編集」という言葉とまったく同じ意味であり、あくまでも「カットの話」であって、シーンの話を持ち出したら混乱してしまうだけです。シーンとシーンのつながり方のことは、この本ではコラージュと呼びます。そこで「つながっているつなぎ方」＝「直前のカットと同じシーンとして違和感がない画を選んで、それをつなぐこと」をこの本では「**モンタージュ編集**」と呼び、直前のカットとは別のシーンとなるカット（つまり場面転換する画）をつなぐことを「**コラージュ編集**」と呼ぶことにします。もう一度いいます。**シーン内のカットとカットのつながり方がモンタージュであり、シーンとシーンのつながり方はコラージュとします。** シーンとシーンをつなぐことを「モンタージュする」とはいいません。

「モンタージュ」と「編集」はまったく同じ意味だと書きましたが、言葉の意味の広さには違いがあります。「あるシーンのラスト・カットのあとに次のシーンのファースト・カット、1カットをつなぐこと」はモンタージュではありませんが、編集と呼ばれ、構成とはいいません。「カットをつなぐこと」すべてが「編集」と呼ばれるのに対し、「モンタージュ」は「同じシーン内でカットをつなぐこと」だけを意味します。報道系動画をつなぐことも日本語では「編集」といいますが、「同じシーン内での編集」はほとんど出てくることはないので「モンタージュする」とはいいません。現実をそのまま伝えるものなのに、モンタージュしてストーリーをでっちあげてはマズイですからね。ということは、モンタージュを知らない人でも報道系動画だけは編集できるということになります。だからアマチュアの動画は報道系動画ばかりなのであり、報道系動画しか編集できないのではプロとしては失格だということです。まさに「モンタージュ」をわかっているか、それを使いこなせるかどうかがプロとアマとのスキルのうえでの境界線であるわけです。ただし「モンタージュ」という言葉を知っているか

どうかは、編集をするうえではどうでもいいことです。複数のカットで1
つのシーンを正しく通じるように作れさえすればいいのです。しかし他人
に教えるには、「モンタージュ」という言葉もそのやり方も論理的に理解し、
それを言葉で表せることが必要です。だからプロでもほとんどの人が教え
ることはできないのです。

　繰り返しになりますが、**映像世界でのモンタージュの定義は「複数のカ
ットをつないで1つのシーンにすること」**です。モンタージュすると新た
な機能が現れますが、コラージュでは新たな機能は現れません。たとえば
花瓶に取っ手をモンタージュすると「水の持ち運びに便利」という新たな
機能が生まれ、花瓶と取っ手は「水差し」という1つのものになるわけで
す。動画では、いくつかのカットをモンタージュすると1つのシーンにな
り、ストーリーという新たな機能が現れるわけです。「田中さんがなにかを
見ている画」に「ビーフシチューの画」をモンタージュすると、「田中さん
がビーフシチューを見ている」シーンとなり、「田中さんがビーフシチュー
を見てうまそうだなと思っている」というストーリーが現れるわけです。で
すから動画では「2つのカットが1つになって（連動して）ストーリーが描き
出されるという機能が現れるようにつなぐこと」、つまり「カットをストー
リーになるようにつなぐこと」が「モンタージュする」ということになり
ます。ストーリーは初めから編集者の頭の中にあって、それが「カットを
つなぐ」＝「モンタージュする」ことによって映像で新たに表されるわけ
ですよね。でも、くっつけた結果として描き出されるのですから、それは
副産物みたいなものであり、ストーリーが描き出されるということは定義
ではなく特徴です。「同じシーンとしての違和感がないようにくっつける
（これが定義）」と、結果としてストーリーが出現するのです。それはとりも
なおさず、「ストーリーが発現しないモンタージュもある」ということを意
味していますが、その話はChapter 3の「装飾的カット」に譲ります。

　モンタージュしてできあがるのは、1つの「シーン」です。「シーン」は
特徴として、シーン内のすべてのカットが一本の時間軸と空間と状況を共

有します。モンタージュとは、シーンという一本の時間軸に部品となるカットをはめ込んでいく作業だといえます。時刻と状況は変化していくものなので、「共有する」ではなく「つながっている」という言葉を使います。あるいは、変化したなりに保存するといってもいいでしょう。「保存」とは、変化したなりに未来（次のカット）へ受け渡す、ということです。見る人が**「時間・空間・状況がつながっていることに違和感を持たないカットを持ってくること」**それが「つながっているつなぎ方」＝「モンタージュ編集」です。**1つのシーンの中の編集点はすべて「つながっているつなぎ方（モンタージュ編集）」**ということになります。[*]

つながっているとはどういうことか

具体例2つを挙げて説明します。

時間と空間（場所）と状況が同じだと思うからこそ、男の目の前に食事が

---

[*] 例外としてコンフリクト・モンタージュとフラッシュ・バックが挙げられます。それらについてはそれぞれの項で解説します。

あり「男が食事を見てうまそうと思いヨダレを垂らす」というストーリーになるのですよね。これが「つながっている」ということです。この3カットすべてが「時間も場所も別々」なんだとしたら「とあるところに男がいます。べつのところには食事があります。また別のところで男がヨダレを垂らしました」というわけのわからない、ただの映像の羅列になります。ストーリーになりませんよね。これが「つながっていない」ということです。第2カットの食事が、第1カットの男の見るという「動作の対象」となっているから第1カットと第2カットは「つながっている」わけです。そして第3カットは食事を見たことによる反応ですから、第1カットと第2カットの「食事を見る」という動作の「直後の変化」であり、食事を見たからこそヨダレを垂らしているわけです。第1カットと第2カットは第3カットでヨダレを垂らす原因となっているわけです。つまり、第1・2カットと第3カットは「因果関係」でつながっているということです。見る人にそれがわかるかどうか、視聴者に「つながっているように見える」ことが「つながっている」ということです。ですから、自分だけがつながっているつもりになって、「これはつながっているんだ」と喚いてもダメなのです。

第3カットは「車がフレーム・インして来て、止まり、男が降りてくる」というカット。

女の子が待っていると、車がやってきて、男が降りてきた、というストーリーです。待ち合わせでもしていたのでしょう。3つのカットがつながっていることはおわかりですね？　撮影したのは場所も時間も別々だったとしても、ここのストーリーの中では、あるいは見る人にとっては、時間も場所も時間軸もすべて「つながって」います。見ている人は、第2カットは女の子の主観だと思い、第2カットの車と第3カットの車は同じ車だと思うわけです。前のカットとつながりがあり、意味を持って、同じ時間軸上のあるべきところにくっつけられているということを十分に理解してください。

　ということは、すべてのカットは空の色や空気感なども同じでなければいけません。第3カットだけ霧が出ていたり雨が降っていたら、つながらないものになってしまいます。また、第2カットで車が下手（しもて：画面の左側）から出てきたり、バックで登場したりしてもいけません。前者はイマジナリー・ライン違反（後の節で解説します）で、後者はアクションがつながっていないということです。

　編集とは「カットの順番と長さを決めること」でしかないのですから、うまい編集とは、順番が正しく、カット長が適切である（価値と一致している）ということです。そしてモンタージュ編集では、そのようにつなぐと「編集されていることに気が付かないくらい違和感がない自然なもの」になるのです。だって、違和感って、順番がおかしいよ？　とか、ストーリーがわからないよ？　とか、前のカットと場所や状況が違ってないかい？　とか、このカット長いわとか短すぎるわと感じることでしょう？

 ▷

同じシーンとして**違和感がある**例。

　男の背景は晴れているのに、女の背景は雪が降っています。これでは、同じ場所だとは思えないし、同じ場所だとしても日にちが違うとしか思えません。だからこの2人が同じ場所で同じ時に向かい合って話していると見るには違和感があり過ぎですね。これでは1つのシーンにはならないので、「つながっていない」ということになります。ところが、外国のとある有名ドラマにはこのようなシーンがしばしばあったりします。それは撮影スケジュールが極めてタイトで天気待ちをしている余裕がなく、撮影を強行した結果です。本当はダメなことがわかっているけど、しかたなくそうしたのです。「他所でやっているからやっていいということにはならない」ということをよく覚えておいてください。

違和感にもいろいろある

　違和感にもいろいろあります。先に見たように同じシーンとして違和感があると「つながっていない」ことになりますが、別の違和感があるという例を挙げてみます。これは「つながっていなくはないけど、ヘタな編集」ということですが、普通は「（うまく）つながっていない」といわれます。

第3カットは「車がフレーム・インして来て、止まり、男が降りてくる」というカット。

違和感のある編集を無理矢理やってみました。第2カットは女の子の主観なので、このアップはおかしいわけです。女の子、轢かれそうです（笑）。轢かれそうということはつながってはいるということです。でも、このシーンは轢かれそうになるところを描くシーンではないので、この編集はおかしい、違和感があるということになるのです。といっても、車がうーんと小さくてもおかしいです。ポイントは「女の子の位置から見たらこのくらいに見えるだろう」とだれもが思うサイズにすることです。実際に女の子の位置から見たらこうだったんだ！ではなく、こうだろうなぁとみんなが思うサイズです。リアルではなくリアリティです。また、実際の人間の視界って結構広い（左右なんて200°に近い?）のですが、自分の興味のあるものの周辺にしか意識がいっていないため、車とその周り程度しか見えていません。だから、前のイラストくらいがちょうどいいでしょう。

大事なことは、編集者自身がつないだ後に必ず試写をし、その時にどれだけ視聴者の目・気持ちで見られるか？　ということです。そこで、視聴者はなにを気にしながら見ているのかといえば、当然ストーリーであり、コラージュ編集主体の動画ならコンセプトです。ですから、優先順位の一番

はストーリーやコンセプトが自然にわかるということ。そのためには、必要な状況がきちんと説明されていて、登場人物の位置・向き、空気感（色）、カットの長さといったことが不自然ではないことが必要です。特に重要なのは「時間がよどみなくつながっていること」です。上の例は、全体のストーリーから考えると2カット目の時点では車が近すぎるわけですね。最初のカット目では大きく時間が端折られているのに対し、次のカット目ではほんのちょっとしか端折られていません。時間の端折り方のバランスが悪いのです。これが「時間がよどみなくつながっていない」ということです。時間が流れてこその動画です。時間の流れを意識していなければいけないのがモンタージュ編集であり、時間の流れが関係ないのがコラージュ編集です。動画編集とは、「時間をコントロールすること」だといってもいいくらいです。ちょっと難しい言い方をしますが、「時間軸方向に立体的に物事を把握できる」ようになることが重要です。その瞬間瞬間で物事に対処する、いわゆる分裂型の対処法しかできないようだと、動画の編集はうまくなれません。

　本来はつながっていない画、つまり別撮りした画でもつながっているように見せるわけですから、当然フレーム単位の調整が必要になってくることもあります。特に「アクションつなぎ」は1フレ単位になることもあります。でも、普段は1フレ単位で気にする必要はありません。著者は「ひと呼吸」を5フレとしています。「一息早くカットしたい」なんていうときは5フレ切るわけです。テレビの超短尺番組（番宣やCMなど）では1フレ単位の編集も日常茶飯事ですが、尺の制限がない、もしくはもっと緩いみなさんは最小単位を5フレとしておけば十分でしょう。初心者は10フレでもいいでしょう。

モンタージュ編集の特徴

　さて、モンタージュ編集の一番の特徴は「**それぞれのカットには写っていないストーリーや心情を描き出せる**」ということです。「映像は写ってい

るものがすべてだ」といってきました。しかしモンタージュは、写っているものの並べ方しだいで、写っていないものを見せることができるのです！見えないものを見せること、これが「映像表現」というものです。「記録映像」は写っているものそのものを見せるだけですから、状況を伝えることしかできず、表現はできません。上の例題では、最初は1人だったのに2人になったという「変化」を見せることで「出会い」というストーリーと「喜び」や「安心」という心情を描き出しています。ストーリーも心情も映像には写らないものですよね。「ストーリー」とは「変化」です。「なにが」「どうして」「どのように」「どうなった」です。ある状況（なにが）で事件（どうして）が起き、変化の過程（どのように）があり、変化の結果（どうなった）を見せることでストーリーを語ることができるのです。そして「事件」と「変化」を見せるためには時間が必要になります。1カットで見せようとしたら、とんでもなく長い時間を必要とします。前の画と次の画が「つながらない」コラージュ編集では、ビフォー（なにが）とアフター（どうなった）を並べることはできても、事件（どうして）と変化の過程（どのように）を見せることができません。だから、**モンタージュ編集だけがストーリーをつづることができるのです。**

　特徴の2番目。**カットの順番を入れ替えることができません。**カットの順番を入れ替えるとストーリーが変わってしまいます。もう例を出すまでもないでしょう。一番最初の例題「太郎君は花子さんを愛している」でさんざんやりましたね。順番を入れ替えられないということは、**順番がいかに大事か**ということです。モンタージュ編集では順番を間違えば、通じないか、違うストーリーになってしまいます。その正しい順番を教えてくれるのが文法です。コラージュ編集ではストーリーがないから順番なんてどうでもいいのです。ぶっちゃけ鉛筆を転がして決めてもいいのですが、それではあんまりなので、たいていはコンセプトをヒントにして順番を決めます。それでも順番を変えたところで、違うことが伝わってしまうとか困ったことになるというようなことにはまずなりません。紙芝居編集に至っては必然的にコメントに順番を決められてしまうので、編集で順番が問題

になることはありません。

　特徴の3番目。ラスト・カット（変化の結果）に付加価値が付きます。これによって、ラスト・カットの長さが変わって来ます。この話は「カット長の決め方」の項でお話しします。

実践例題

　コラージュ編集の説明で使った例題です。今回はジャンプ、ホッケー、カーリングがそれぞれ10秒ほどあり、それぞれがストーリーをつづっている場合を考えてみましょう。

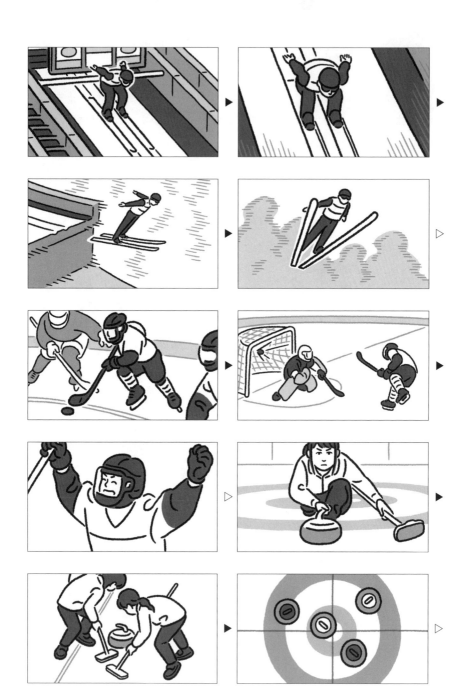

❸ つながっているつなぎ方（モンタージュ編集）

※▷はコラージュ編集　▶はモンタージュ編集

　この場合、それぞれの種目のシーンの中は「つながっているつなぎ方」です。ドリブル→シュート→ゴールして万歳と1つのストーリーになっていますね。ジャンプはジャンプの、ホッケーはホッケーの、カーリングはカーリングのストーリーが走っていますが、お互いのストーリー同士はまったくつながりがありません。映画ではこのあと、それぞれのストーリーが交わって最終的に1つのストーリーになるはずですが、この例だとこのまま、1つにまとまることはありません。テレビではよくあることです。

　この例だと「つながっている」「つながっていない」の違いがよくわかると思います。

　この「つながっている」ということをどうしても感覚的にわかってもらいたいのです。「つながっている編集」をたくさんすれば「こういうことか」とわかってくるはずです。そのためには「つながっている編集」をできなければいけません。卵が先か鶏が先かみたいな話になってきましたが、でも大丈夫。次の項を読めば、なにもわからない人でも機械的に「つながっている編集」ができるようになります。それでたくさん経験を積めば、その内「こういうことか」と納得できるはずです。

　なにがつながっているのか？　一番わかりやすい言い方は「シーン」でしょう。シーンは一番短いストーリーのことですし、シーンの中でストーリー的につながっているのならば、時間も空間も状況も必然的につながっているはずです。でも、なにがつながっているのか？と聞かれて、著者が一

番使いたい言葉は「道理」です。映像だけの話ではなく、すべてのことで「モンタージュというつながり方」を理解することは、物の「道理」や「筋道」を理解するということなのです。

> **まとめ**
>
> - **モンタージュの定義**（カッコ内は映像世界での定義）
>   複数の異質なもの（カット）を1つのなにか（シーン）に
>   なるようにくっつけること
>
> - **モンタージュ**
>   （元来の意味）違和感なく一体化すること
>
>   （映像の世界）複数のカットをつないで1つのシーンにすること
>   ＝シーンをカット割りして映画を作る手法のこと
>   ＝1シーン1カットではないということ
>
> - **モンタージュ編集**
>   前のカットと同じシーンとして違和感のないカットを
>   選んでつなぐこと
>   ＝シーンの中でのつなぎ方
>
> - **特徴**
>   ストーリーを描き出すことができる
>   ⇒ストーリーをつづるための編集法
>   ⇒順番が大事、入れ替えることはできない
>   ⇒時間・空間・状況がつながっているように見える
>
> - **注意事項**
>   違和感がないこと、これがすべて

Chapter 2 › 4

モンタージュ編集のやり方

5つの条件

　当たり前のことですが、同じシーンの中の隣り合うカットは「つながっ
ている」はずですから、つながっているように見えるように編集しなけれ
ばいけません。モンタージュとコラージュの違いは違和感の有無ですから、
違和感がないようにつながなければいけません。違和感といってもいろい
ろな違和感があるわけですが、ここで問題になるのは「同じシーンとして
成立するかしないか」に関わる違和感です。このカットと次のカットが同
じシーンとしておかしくないか？　ということです。視聴者が同じシーンと
しておかしい、つまり「これ違うシーンなんじゃない?」と思うポイントは
5つあります。それは、**時間軸（時刻だと思っても可）、空間（場所）、登場人／
物、アクション（動作）、イマジナリー・ライン（立ち位置・配置）**の5つです。
後半の3つ、登場人／物、アクション（動作）、イマジナリー・ライン（立ち
位置・配置）をひと言でいえば「状況」です。だれが、どのような配置で、な
にをしているのか。それが状況というものですよね。要するに、映像には
なにが写っているのかというと、時間・空間・状況の3つであり、いつだ
って問題になるのはこの3つなのです。

5つのポイントの使い方

　前提として、ストーリーは台本として、もしくは頭の中にすでに与えら
れている状態です。そのストーリーをつづるように映像を編集していくに
あたり、これら5つのポイントは、前のカットの最後のフレームと次のカ

ットの最初のフレームで保存・共有されます。前のカットの最後のフレーム
と次のカットの最初のフレームで、**この5つのポイントが一致していれ
ば、つながっている**ということです。でも実際には、一致しているという
証拠が写っているのではなくて、一致していないという証拠が写っていて
はいけないということになります。5つの情報に食い違いがあれば、つな
がっていないということです。「映像は写っているものがすべて」なので、
「違う」という証拠が写ってさえいなければOKなのです。だから「別撮り」
が成立するし「別撮り」をするときにはアップにして背景をなくすなど、情
報量をできるだけ少なくするのです。

▶ ①時間軸

時間もしくは場所がつながっていない例。

　男女が向かい合って話しているシーンです。男性のカットの背景は晴れ
ているのに、女性のカットの背景は雪が降っています。会話をしているの
なら同じ場所であるはずですが、そうならばまったく違う時刻だとしか考
えられません。だからこれはつながっていませんね。

「先のカットの最後のフレーム」と「次のカットの最初のフレーム」では
時刻は同じにする……、といっても、そこには厳密には1／30秒（映画なら
1／24秒）の差がありますよね。さらに、カット目ではちょっとだけ時間を
「つまむ」ことが多いのです。ですから「先のカットの最後のフレーム」と
「次のカットの最初のフレーム」では、「時刻」は完全には一致しません。な
のでポイントの1番目は、「時刻」ではなく「時間軸」としているのです。
「先のカットの最後のフレーム」と「次のカットの最初のフレーム」だけで

はなく、**そのシーンのすべてのカットが唯一本の時間軸を共有します。**あるシーン内のすべてのカットは、バナナ・ボートに乗る海水浴客のように、1本の時間軸の上にお行儀よく1列に並んで乗っかっているのです。この例では場所が同じだとすれば、晴れているときの時間軸と雪が降っているときの時間軸は絶対に同じものではないはずです。晴れているのは昨日、雪が降っているのは今日だとすると、カットが変わるたびに昨日と今日を行ったり来たりすることになってしまいますね。これでは時空を超えた会話になってしまい、そんなものはもちろんつながっているとはいえません。1つのシーンの中では、ちょっとだけ飛ぶこと（カット目でね。カットの中では飛んではダメ）やゆっくりになったり、止まることも許されますが、もどることだけはあってはいけません。「もどる」には、逆回しにするかカットで過去に飛ぶかの2通りが考えられますが、どちらもその瞬間、逆向きの時間軸か過去の時間軸という別の時間軸へ乗り換えてしまうことになるからです。ただ、「ラップ」という手法だけは唯一の例外です。シーンに回想のカットが一瞬挿入される場合（フラッシュ・バックといいます）も、時間軸がもどってはいません。これについてはまた、Chapter 6のフラッシュ・バックのところでお話しします。

▶ **②空間（場所）**

場所が違うようにしか見えないが……。

　これはどうでしょう？　男性の背景は工場地帯ですが、女性の背景は森ですね。これも2人が同じ場所にいるようには見えませんね。これではつながっていません。でも、現実にこういう背景の場所はあります。そんな時はどうすればいいのかというと、

　基本構文通りに状況説明の画を前につけてあげれば、なんの問題もありません。基本さえ知っていれば、こんなことは問題にさえならないのです。また、背景がこんな場所をロケ地にした場合は、状況説明の画を省略できないということにも、ロケハンの段階から気付いておかなければいけません。……まぁ、気付いていなくてもいいけどさ、最悪でも撮影の時には気付かないと……。動画の編集というものは、編集機の前だけでするものではないのです。

③登場人／物

登場人／物がつながっていない例。

　登場人／物とは、そのシーンに登場する人と物のことであって、そのカットに写っている人や物のことではありません。第1カットでAさんとBさんが向かい合って話しています。状況説明の画ですから、このシーンにはAさんとBさんが登場しますよ、といっているわけです。このとき、Bさんの隣にはだれもいません。第2カットはAさんしか写っていませんが、この・・シーンの登場人物はAさんとBさんであることに変わりありません。カメラの角度の問題でBさんは写っていないだけです。退場したわけではありません。ところが第3カットで、登場していないはずのCさんがBさんの隣に写っていたら「だれだ、お前っ!?」ということになるわけです。第1カットの「Bさんの隣にはだれもいません」という情報は、第2カットに受け継がれます。第2カットにはBさんは写ってはいませんが、Bさんの隣に関する情報に変更はありません。その情報はそのまま第3カットに受け継がれなければいけないのに、突然第3カットではBさんの隣にCさんがいる（Bさんの隣の状況が食い違っている）ので、つながらないとなるわけです。

　AさんとBさんが喫茶店で向かい合って話しているとして、2人の間の机の上には白い灰皿が置いてあるとしましょう。このとき、最後のヒキ画ではどう見ても灰皿が見当たらない、ということは極まれになくはない凡ミスです。「別撮り」する場合に備えて記録さんがすべてのものをどこになにがあるか記録しているのですが、そこで記録漏れしたときに起こります。もちろん白いはずの灰皿が黒いものになっていても、登場物が共有されていないということで、つながっていません。変な例としては「グラディエーター」というローマ時代を舞台にした映画に、1カットだけ主人公の上遠

くを飛行機が飛んでいる、というカットがあるそうです。あるいは闘技場に詰めかけた観客の足元にペットボトルの水が置いてあるのが写っているカットがあるとか。「そのシーンに登場していないもの」や「登場してはいけない人／物」が写っていたり、あるはずのものがなくなっていては、**他のカットとその情報を共有していないから**つながりませんよ、という極当たり前のお話でした。飛行機もペットボトルも、他のカットでもちゃんと写っているのなら（そのシーンにちゃんと登場しているのなら）映像としては問題ないのですよ。ローマ時代にそんなものがあっていいのかどうかは、また別の問題です。

▶④アクション（動作）

　野球をやっているシーンに、サッカーをしている画はつながりませんよね。笑わないでください。世の中とは広いもので、こんな間違いをする人が本当にいるのです。ここでいうアクションとは、動作そのものだけではなく、動作の主や対象も含まれることに注意してください。第1カットで、司会者が視聴者に向かって、つまりカメラに向かって話をしているとします。第2カットになったら突然ソッポを向いて話しているのでは、一体この司会者はだれに話しかけているのかわかりませんね。第1カットのアクションは「視聴者に向かって話している」であり、第2カットのアクションは「視聴者ではないだれかに向かって話している」ですね。当然「違うアクション」をしているので、つながるわけがありません。つながる・つながらない以前に、こんな画を撮った／つないだ人は、第2カットは一体だれに向かって話しかけているつもりなのでしょうね？　対象がだれなのか？　だれに話しかけているのか？　も、見た目でわかるようになっていなければいけません。**映像では、対象はだれなのか？　を被写体の「向き」で表す**のです。そのために、先に状況説明のヒキ画を見せることで、Bさんはこっちにいますよ、Cさんはあっちにいますよとあらかじめ知らせておくのです。これはルール以前の、映像の依って立つところです。大前提です。対象の登場がオチ（出オチ）になっているような場合は先には見せないこともありますが、その場合文法に従って対象の画は動作の直後に来るは

ずです。このとき対象は必ず動作の主の「向いている方」にいなければいけません。これが違えば、イマジナリー・ライン違反になります。つまり、司会者が1人でしゃべっている場合でも、ソッポを向いてしゃべる（だれに向いているのかわからない）のはイマジナリー・ライン違反なのです。イマジナリー・ラインについては、また別の項で詳しく説明しますが、被写体の向きを管理する道具なのであって、破ったの破らないのが問題なのではありません。

▶ ⑤イマジナリー・ライン（立ち位置・配置）

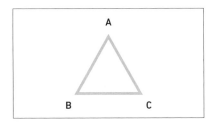
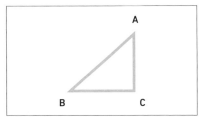

　イマジナリー・ラインについては後程詳しく説明しますが、ここでは簡単に「被写体同士を結んだ直線」と思ってください。Aさん、Bさん、Cさんが登場するシーンでは、ABを結んだライン、ACを結んだライン、BCを結んだラインの3本ができますね。このラインはそのシーンの間、写っているかいないか、カメラの位置や向きにかかわらず、ずーっと存在し続けます。上の図はそれを真上から見た図だと思ってください。「先のカットの最後のフレーム」では、ABCさんが真上から見て正三角形の位置（左図）にいたとします。それが「次のカットの最初のフレーム」では直角三角形の位置（右図）にいたら、それはAさんがカットの一瞬の隙に移動した、つまり、ワープしたことになりますね。だからこれはつながりませんよ、ということです。こういうのを「Aさんが移動しているところ」と「その時間」が飛んでいるということで、「ジャンプ・カット」といいます。もちろん、カット目ではなくカットの中でAさんが普通に移動する分には問題ありません。そして、Aさんが移動している場合は、カット目でその移動方向に

ならちょっと飛んだところに行っても、つまりちょっとならジャンプ・カットになっても大丈夫です。

この図でいうなら、先のカットの中ですでにAさんが右に向かって歩いている場合に、左図の位置でカットしたとしましょう。次のカットの頭が右にちょっと飛んだところ（右図）から始まっても、見ている人はジャンプしたことに「気が付かない」のです。ただしこれは、アングルを先のカットと次のカットで変えた場合に限ります。この図のように「同ポジ」の画ではダメですよ。アングルが変わっていれば、順方向へのちょっとのジャンプには気が付かないのです。気が付いても、気が付かなかったことにしてくれる、そういうお約束になっています。程度と限度はありますけどね。このようにしてただ移動している、などの退屈な時間＝不要なフレームをちょっとでも「つまむ」のが、テンポのいい編集の基本テクニックです。アクションがジャンプすることと、移動していない人がジャンプするのは許されません。

登場人／物、アクション、イマジナリー・ラインの3つはひと言でいえば「状況」になるのですが、この「状況」というものは刻一刻変わり、変わったなりに保存されていきます。ただし、カット目で変わることはなく、カットの中だけで変わっていくのであって、カット目のところでは「先のカットの最後のフレーム」と「次のカットの最初のフレーム」で必ず一致していなければつながりません。「登場人／物」のところの例（Cさんがちゃっかり登場しちゃったやつ）でいえば、第3カットの最初のフレームから突然Cさんが居座っているからいけないのであって、第3カットの途中からちゃんと登場（フレーム外から歩いてくるとか）してくればなんの問題もないのです。この場合、第1カットと第2カットではCさんは写らないところにいるというだけで「このシーンの登場人物」としては共有されていると考えます。

さて、この5つのチェックポイントは、将来的には止せばいいのにさらなる発見をしちゃう人が出てきて、増えたり、的中率が下がったりする可

能性はあります。この5つのポイントでチェックするやり方は疑似的なものではありますが、でもこの5つのポイントがつながっていれば必ずつながっています。だから、あなたがこのやり方で編集したものは絶対に100％つながっているものです。しかし、他人が編集したものを検証する時には、どれかがつながっていないように見えるのにモンタージュであるということはごくまれにあるかもしれません。あるいは時間や場所などが、つながっているのかつながっていないのかはっきりしない微妙な離れ具合で判断しにくいということもあるでしょう。それら、このやり方ではうまく処理できない問題もあるかもしれませんが、そんなものは滅多にあるものではなく、99.9％くらいは大丈夫です。こうして疑似的にでもモンタージュ編集をしていれば、その内「つながっているとは、こういうことか」とわかるようになると思います。

　ちなみに「色」はチェックポイントにはなりませんよ。確かに、映像の色というのは空気の色のことですから、色が違うと空間か時間のどちらかが違うんじゃないかと思うものです。しかし、ちゃんとした理由があって色が変わる分にはちゃんとつながります。たとえば、双眼鏡を覗く人がいて、次のカットが主観だとしますね。この主観の画、つまり双眼鏡で覗いている画が白黒だとしても、視聴者は「この双眼鏡、白黒なんだ」と思うだけです。

「つながっているつなぎ方」こそ編集の主役

　いままでさんざんルールだのお約束だのいろいろ書いてきましたが、それらはほぼすべて「つながっているつなぎ方」についての話です。常に1つのシーンの中で話をしてきましたね。いちばん大事なモンタージュ編集の項がずいぶん短いなと思う方もいるかもしれませんが、この本全体の中でコラージュ編集の項以外のほぼすべてがモンタージュ編集の話だということです。既存の編集理論もほぼすべて「つながっているつなぎ方」に関する話です。当たり前ですね。理屈なくただ物理的につないであるのが「コ

ラージュ編集」なのですから、コラージュ編集に理論はありません（マッチ
カットなどの一部例外を除く）。「つながっているつなぎ方」＝「モンタージュ
編集」こそが動画編集の正体といってもいいでしょう。

まとめ

○ 5つの条件

「先のカットの最後のフレーム」と
「次のカットの最初のフレーム」で次の5つが保存される

1. 時間軸

2. 空間

3. 登場人／物

4. アクション

5. イマジナリー・ライン

この5つのポイントが一致した画をつなげば、
それは必ずモンタージュ編集として成立する

Chapter 2 > 5

モンタージュとコラージュの使い分け

実際にやってみよう

　最初のカットを決めるときには、まずその前に、ストーリーでつないでいくのか、コラージュ編集でつないでいくのかを決めなくてはいけません。コンセプトを決めるということです。これは映画にはないことです。映画はストーリーでつなぐに決まっています。そしてストーリーならそのシーン全部、少なくとも数カット先までは考えておかなければなりませんが、考えたところまでは決めたとおりにつなげばいいのです。でも、コラージュ編集だと1つカットをつなぐごとに「このシーンはこの1カットだけにして、次は別のシーンをつなごうか？　それとももう1カットこのシーンを続けようか？」と考えなくてはいけません。一般番組、特に短尺番組では、モンタージュ編集とコラージュ編集が激しく混在するので、ぶっちゃけ毎回1カットつなぐごとに次はコラージュ編集にするかモンタージュ編集にするかを考えなければいけないのです。

　では具体的な例を見ながら説明しましょう。

ナレーション「世界一ついていない刑事が、」

「今度は空港でテロリストと対決！」

「たった1人で世界を救えるか!?」

「主演、ブルース・ウィリス、」

「ダイ・ハード2　BSプレミアム
25日火曜夜10時！」

コラージュの項でも使った、コラージュ編集とモンタージュ編集が混在

する例です。まず編集する前に考えることは「映画だからストーリーを紹介したい。だけど、25秒だから映像だけであらすじをつづれる時間がない。だから、あらすじは基本ナレーションで簡単に紹介しよう。映像は、どんな映画かをおおまかに見せる程度にして、アクション映画だから派手なエヅラのシーンやカットをコラージュで並べよう」です。これでコンセプトが決まりました。そうしたら、必ず編集より先に台本を書きます。ナレーションも映像も頭の中では同時に出てくるものなので、著者はよく編集しながら編集機の上で台本を書いていましたが、正しい順序はまず素材を見る(リサーチ)、台本を書く、編集するです。撮影も伴う場合は、リサーチ→台本→撮影→編集です。台本を先に書くとすべてを言葉で伝えようとしがちですので、必ず頭の中で映像を思い浮かべながら書くようにしましょう。30秒などの短尺だと短すぎてなんでもかんでも言葉で伝えることができないため、映像でなにを伝えるかを考えられるようになります。まともな動画を作れるようになるための修行にも最適なのです。

　いつだって伝えるべきことは「いつ、どこで、だれが、どうした」です。第1カットをタイムラインに置くときに考えることは「まずはやはり、いつとどこ、つまり舞台を見せよう」が基本です。だから空港ロビーの雑感を選びました。これで現代で空港だということがわかります。

　次に伝えるべきことは「だれが」です。主役であるB・ウィリスのアップを持ってきます。単に主役の紹介のカットなので、アップでありさえすればつながっていない画でもいいといえばいいのですが、つながっている画のほうがスマートで上質な編集です。まだ事件が起こっていないので銃を構えている画では具合がよくありません。物語の舞台としてロビーを写したのだから、そのロビーの片隅にいるB・ウィリスの画を持ってくれば、主人公は他所からやってくるのではなく、最初から空港にいて事件に巻き込まれるんだ、ということを表せます。そのために、ここはつながった画のほうがいいのです。そんな都合のいい画がいつもいつもあるのか？　必ずあります。本編にだって「今回の主役はこの人ですよ」という「紹介」の

画が必ずあるはずです。番宣とは本編のミニチュアなわけですから、構造は同じです。だから本編を作れなければ番宣だって作れないし、その逆もまた然りです。この2つのカットの意味を言葉にすると「空港にたまたま居合わせたこの人が主役です」となります。つながった画だからこそ**「空港にたまたま居合わせた」を表せる**のです。←太字がモンタージュの効果。

　第3カットで犯罪が起きました。ロビーとは違うところで起きたので、当然ここはつながりません。

　第4カットは、その犯人を紹介するカットです。犯罪を起こした張本人ですから、犯罪の画（第3カット）とつながっていなければこの人が何者なのかがわかりません。言葉で表すなら**「空港乗っ取り事件を起こしたこの男が今回の敵役です」**になります。←太字がモンタージュの効果。

　第5カットです。例によってB・ウィリスが悪者と戦うことになるわけで、だから戦っています。「どうした」にあたります。時間も飛んでいるし、場所も空港の外なので、つながりようがありません。

　第6カットは、第5カットで撃たれたからスノーモービルが爆発するのですから、つながっています。このカットの意味は**「撃たれたスノーモービルが爆発!」**←太字がモンタージュの効果。

　第7カットは主役のセリフを聞かせたいだけなので、つながるはずがありません。全体の中のインサート・カットみたいなものです。1カットですが別のシーンなので、インサート・シーンとでも言ったほうがいいでしょうか。編集現場ではつながっていようがいなかろうが、なんだって挿し込まれたカットはすべてインサート・カットと呼びます。単に「インサート」とだけいうときもあります。元来は、1つのショットに挿し込まれたカットのことをいうようですが、元は1つのショットだったとしても、インサート・カットによって分断され2つのカットになってしまった今、そ

　❺ モンタージュとコラージュの使い分け

れぞれが元は1ショットだったのか別々のショットだったのかなんて関係がありません。逆に1つのショットの中に割り込ませた画であっても、それがストーリーをつづっている画ならば「インサート」と呼ぶのはおかしいのです。ショットというのは撮影で使う言葉で、銃と同じように1回引き金を引くことです。フィルムの「録画を始めたところから停止したところまで」が1ショットです。編集ではまったく意味がない言葉なので、ショットなどという言葉はまったく気に掛ける必要はありません。

　第8カットは、テロップ・ベースです。全体がモンタージュ編集で来ているのならばここもつながった画にしたほうがスマートですが、今回はコラージュ編集主体で来ているので、つなげる必要はありません。この映画を象徴するような独立したカットで終わらせています。

　ここはつながっていなければいけない、ここはつながっていてはいけない。それぞれに意味と理由があるのです。だから編集するときには、ここはつなげるべきなのか、つなげてはいけないのかを、常に意識していなければいけません。だから「つながっている編集」と「つながっていない編集」に分ける必要があるのです。

　映像全体としては「たまたま空港にいたB・ウィリスが、空港を占拠した犯罪者と戦って愚痴をいって吹っ飛ばされる映画だよ」といっているのです。ストーリーになっているのだけど、▷のところは「つながっていない」ことはわかりますよね。全体的なストーリーとしてはつながっているけど、モンタージュとしてはつながっていないのです。これがモンタージュ編集とコラージュ編集の境界です。映画では最終的にはすべてのシーンがストーリー的につながることで大きな1つのストーリーになるわけですが、番宣では複数の番組を紹介するときなどは"オムニバス"のような形になるので、シーンとシーンは必ずしもストーリー的につながっているとは限りません。また、一般番組でもコーナーとコーナーは映像的にもストーリー的にもつながることはまずありません。最終的にでもなんでも、1つ

のストーリーになるとは限らないのです。だから、シーンとシーンをつなぐこともモンタージュだなどといわれては困るのです。

　この例は全体の時間軸に沿って、ちゃんと起承転結の順番でシーンを並べています。そうすることによって、映像でも全体のストーリーを超おおまかに見せることができます。コンセプトでは「映像は、派手なエヅラのシーンやカットをコラージュで並べよう」といったにもかかわらず、めちゃくちゃな順番にはしませんでした。見ている人が「いつ」「どこで」「だれが」「どうした」をまったくつかめないようでは、それが一体どんなドラマなのかさえわからず、まったくおもしろみのないものになってしまいます。実際、そういう「さっぱりわからない」番宣って多いですよね。この例題は、B・ウィリスが空港にいると（起）、その空港がテロリストに乗っ取られ（承）、B・ウィリスが戦って（転）、愚痴をこぼす（結……?　正しくは「リアクション」です。リアクションによってキャラクターが描かれます）、と、**ちゃんと映像だけで大雑把ながらもストーリーを伝えることができています**よね。番宣では「結」までは見せません。「結」は本編でどうぞ、というのが番宣です。「転」まで行かずとも、せめて「承」までは見せる必要があります。「起」だけ、もしくは情報を並べただけでは、「これはなんだろう?」にしかならず、それでは後ろへも本編へも引っ張れないのです。「起」が「承」になる、これが「変化」です。「変化」を見せてあげないと「このあとどうなるんだろう?」にはなりません。「このあとどうなるんだろう?」と思わせることが「（視聴者を）後ろや本編へ引っ張る」ということです。「これはなんだろう?」には時間の流れがなく、「このあとどうなるんだろう?」には時間の流れがあることに注目してください。時間が流れているからこそ変化があり、変化＝ストーリーがあるからこそ客を引き込み、後ろや本編に引っ張る力が強いのです。つまり宣伝力・集客力が強いということです。誘引力の正体はストーリーなのであり、そのストーリーをもっとも臨場感豊かに、それでいてもっとも短い時間で伝えられるのが動画です。つまり"最強のメディア"なのは「番組系動画」なのであり、同じ動画でも情報を並べただけでストーリーのない「報道系動画」には、宣伝・集客といった効力は

まったくといっていいほどありません。

　ここでちょっとコメントに注目してください。「空港でテロリストと対決!」の部分以外は、25秒程度の映像では伝えられないことですよね。「世界一ついていない」とか「刑事であること」とか「今度は（つまり前回があったんだ）」とか「たった1人」とか「世界を救う」といったことは、映像でつづろうとしたらどれだけかかるでしょう。だから言葉で伝えているのです。あくまでも、映画の重要なところは映像で伝えて、言葉は補助でしかないことがミソです。言葉は映像に対しての「合いの手」みたいになって、映像を補完していることを感じて欲しいのです。映像をメインにしながら、言葉と一体とすることによって、わずか25秒という制限の中で、この映画のおもしろさを最大限伝えているのです。映像も言葉も非常に効率よく魅力的な情報を伝えていることに注目してください。これが「動画はたくさんの情報を伝えられる」ということです。

　最初にイラストを見たときには、なんの変哲もない、ありきたりな番宣だと思ったでしょう?　ただ派手なカットを並べただけのものや、言葉や文字で伝えてしまって映像に意味のないものとは、伝えていることの質と量の違いを感じてもらいたいのですが……。なにを映像で伝えるべきなのか、なにを言葉で伝えるべきなのかをしっかり考え、つながっているつなぎ方とつながっていないつなぎ方をきちんと理解し、使い分けることが大切です。

　動画の持つ力、それはとりもなおさずモンタージュの力なのであり、それを最大限発揮させることが「編集する」ということです。

コラージュとモンタージュの境目

　今度は微妙な例を出してみましょう。この話はちょっと難しいので、きっちり理解できなくても大丈夫です。モンタージュ編集とコラージュ編集

との境界線はこのあたりなんだなぁとおぼろげに感じてもらえれば、それだけで十分です。

　第1～3カットまではつながっていないのはおわかりでしょう。でも、第3カット以降は「この里のきれいな水が」「ベテランの職人の手によって」「お酒になりました」というストーリーになっているので、ストーリーとしてつながっているといえますね（本当は川の水を使ったりせず、地下水を汲み上げるのでしょうが、地下水は写せないし「この里のきれいな水」のイメージとして川を写しているのです）。

　第3カットと第4カットはどうでしょう？　通常の視点だと、川は屋外だし、職人は醸造所の中ですから、場所は違うし、時間もつながっていると

はいえません。だから普通は別々のシーンだと考えるでしょう。でも、視点を引いて広く見れば、同じ村、同じ県、同じ地域ですから同じ場所だともいえなくはないですね。時間も、地球46億年の歴史から考えれば、たいして飛んでいるともいえません。登場人／物については、まず主人公は水です。職人は第4カット以外は写っていないだけで、このシーンの登場人物としては正しく共有されていて、カットごとに写っている登場人／物が違うというだけです。主人公は水ですから、なにもアクションはしません。川を流されたりくみ上げられたりお酒にされちゃったりといろいろ「されて」いますが、水本人（?）はなにもアクションはしません。「動作の対象」が主人公になっているわけですから、これは「受け身」の動画だということです。川や職人のアクションは、1カットずつしか写っていませんが、他のカットで他のアクションをしているわけではないので、保存されています（たとえば川は第4カットでは写っていないだけで、ちゃんと見えないところで「流れて」います）。イマジナリー・ラインとは、そこに登場人／物が存在しているということとその位置関係を示す線なわけですから、写っていないだけで、どのカットでも同じようにそこにあります。破ったの破らないのは関係がなく、登場人物が共有されていればそこにイマジナリー・ラインも常に保存されていると考えることができます。第3カットは川ですから、流れるという方向性のある動作をしているので、川の流れに沿ってイマジナリー・ラインがあります。第4カットでは、川が写っていないので破ったかどうかはわかりませんが、写っていなくても川はそこに存在しているので、イマジナリー・ラインが変わったりなくなったりしたわけではありません。だから保存されてはいる（写ってはいないけど）と考えることもできるわけです。つまり、屁理屈級にかなり強引ですが、尺度を大きくして見れば同じシーンだといえなくもないからモンタージュ編集だといえるのです。ズルいとかいうな。なぜコラージュに見えるのかというと、時間と場所が違うように見える（尺度を広く考えれば違わない）、登場人／物が共有されていないように見える（写っていないだけ）、アクションが共有されていないように見える（なに1つ別のアクションをしていない）、イマジナリー・ラインが共有されていないように見える（これも写っていないだけ）からであって、そう見

えるというだけで、実はすべてちゃんと共有されています。というより、共有されていないという証拠がどこにも写っていないのです。そして、ストーリーとしてつながっているからモンタージュなのです。これはその次の第4カットと第5カットも同じことです。限りなくコラージュっぽく見えるけど、モンタージュです。「同じ場所」とか「同じ時間」というのは、許容範囲がありますよね。その許容範囲の尺度に決まりはないので、これを大きくすれば、たとえば「同じ地球上」とか「100万年でもたいして飛んでいない」とか、いくらでも「同じ」にできてしまうのです。だから、「つながっているもの」とは厳密には場所とか時間、状況ではありません。逆にストーリーがつながっているのならば、必ず時間も場所も状況もどうにでもできるのです。だから5つのポイントは定義ではなく、こうすれば必ずつながった編集ができるよという方法論でしかありません。

　ところで、第1カットの山と第2カットの林と第3カットの川は、今の状態では絶対につながっていません。場所、時間、状況は大目に見たとしても、ただ同じ地域の山と林と川だというだけで、関係性が見ている人にわからないからです。しかし、第1カットで雨が降っていたら、そして第2カットは葉からしずくがこぼれ落ち大地に染み込むという画になっていたら、どうでしょう。第1カットで降っていた雨が第2カットで大地に染み込み、それが湧き出して川になったんだという「関係性」が見ている人にわかるようになります。すべてのカットに主人公である水が写されたことによって、全体として「この里に降った雨が大地に染み込み川となって、その水を職人が仕込んでできたお酒です」という壮大な水の「ストーリー」になります。そうなると第1〜3カットは盛大に時間が飛んではいますが、すべてモンタージュ編集ということになります。やはり、かなりコラージュ編集っぽく見えるけどモンタージュ編集だということです。これ以上、先のカットと次のカットの関係性が薄くなると、見ている人はちょっとストーリーとして捉えられなくなってくるので、モンタージュだとはいえなくなってきます。たとえば、第4カットのあとにきれいな夕陽の画を入れたとしましょう。いくらこの里の夕陽だといわれても、前のカットの職人や「水

の旅」との関連性がまったくわかりませんよね。この辺がモンタージュ編集の限界点であり、コラージュ編集との境目だといえそうです。「ストーリーとしてのつながりを、見ている人が感じることができるかどうか」がコラージュとモンタージュとの境目だということです。

　5つの条件は定義ではなく、特徴です。特徴を揃えてやれば定義にはまるものになるだろうという、リバース・エンジニアリングのようなことをしているのです。つながっている・つながっていないがわからない人でも、ストーリーに沿った画をあの5つの条件をクリアするようにつなげば、それは絶対につながっているはずです。それをたくさん経験する内に定義が感覚的にわかるようになるでしょう。そうなるためには、正しくつながっているものを「これはつながっているんだ」と意識しながら、たくさん見るしかないのです。

まとめ

◦ **コラージュとモンタージュの境目**
筋道・関連性が読み取れるかどうか

モンタージュという言葉について考える

　インターネットで「モンタージュ」を調べると「本来は組み立てという意味」などと書いてあるものが氾濫しています。が、映像の世界では、モンタージュという言葉を「組み立て」と訳してしまうと混乱する原因になるので気を付けましょう。

　これは何語であろうと翻訳をするときに大事なことなのですが、辞書を引いて載っている単語にそのまま置き換えてはいけません。

　これをある英語学者はこう表現しました。

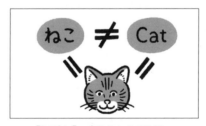

「ねこ」と「cat」はイコールではない。

　「ニャーと鳴くあの動物のことを日本語では『ねこ』といいます。英語では『cat』といいます。でも、『ねこ』と『cat』はイコールではありません」

　モンタージュという言葉を仏和辞典で引くと「組み立て・編集・合成」や辞書によっては「1.組み立て　2.編集」などとなっています。しかし「組み立て」が一番初めに書いてあるからといって「組み立て」という意味が一番強いとか、元来の意味であるとか、そう

いうことではありません。国語の辞書には、意味が原初的な順番に並べられていますが、訳語辞典はそうではありません。そもそも**訳語辞典には意味が書いてあるのではありません**。訳語を並べてあるだけです。

国語辞書には**意味**が書いてある
訳語辞典には**訳語**が並べてある

「モンタージュ」という言葉が出てきたら「組み立て」と訳す場合もあるし「編集」と訳す場合もあるし「合成」と訳す場合もあるよ、と書いてあるのです。そして順番はあくまでも「よく出てくる順」でしかありません。「組み立てって訳すことが頻度的に一番多いんじゃないかな」というだけのことなのです。映像関係の話なら「編集」と訳すのが当たり前で、「合成」と訳したら、それは完全な誤訳だということはだれでもおわかりでしょう。映像の世界で「合成」といえば、特撮やSFXのことになってしまいますね。それと同じで「組み立て」と訳したら全体構成（シーンやコーナーの順番）のことになってしまい、それは**完全な誤訳**なのです。「組み立て」は訳語であって、「本来の意味」ではないどころか「意味」でさえありません。

「組み立て」という言葉は、映像の世界ではシーンやコーナーの順番、つまり「構成」に対して使われる言葉であり、カットに対しては使われません。「あの番組は組み立てがうまい」といったら、構成がうまいということであって、編集がうまいということではありません。「組み立て」という言葉には「部品がたくさんある」というニュアンスがありますが、動画の編集とは、あくまでも次の1カットの話です。そこに「組み立て」という言葉を持ってきてしまうと、その言葉のニュアンスに引きずられ全体の構造的な問題と勘違いして、不必要に難しく考えてしまい、複数のストーリーを同時に走らせるような複雑な編集技法や、多数のカットで複雑に組み立てられた映

像の一塊りを指すと思ってしまう人があとを絶たないようです。「カットを組み立てる」とは絶対にいいません。それは1つのカットそのものを（撮影の時、あるいは合成で）組み立てる・構図を組むとかそういうことになってしまいます。1つのシーン内のカットの順番をいうときには「カット順」というのが普通で、人によってはあえて「カット」という言葉を頭に付けて「カット構成」という言い方をすることもあります。「複数のカットで1つのシーンを組み立てる」という言い方は、意味も日本語としてももちろん間違ってはいませんが、現場ではそのような言い方はしません。「カット」に対して「組み立てる」という言葉を使うのを、少なくとも著者の周りでは聞いたことがありません。使う人や現場もあるのかもしれませんが、構成と混同するので使わないほうがいいでしょう。

　翻訳するときはまず、その言葉の本当の意味、なにを指しているのかを原語の例文や訳語の羅列などから推測しなければいけません。なんか最近のネット辞書は、「定義」として意味が書いてあったり、「意味」のところに訳語が並んでいたり……。日本語をよくわかっていない人が辞書を作っているのでしょうかね？　「定義」というものはなにと区別するかによって変わるものですが、意味は変わることはありません。また、意味を説明すれば文章になるはずです。意味のところに単語が並んでいたら、それは訳語が並んでいるのです。

「モンタージュ」の最適な訳語

　ところで「モンタージュ」という言葉は、外国の映像界では「編集（editing）」と同義語として使われている、といろいろなところに書かれていますね。イギリスあたりでは「editing room（編集室）」のことを「モンタージュ・ルーム」ともいったりするんだそうで。これ、日本でもまったく同じ現象があるんです。「編集」という言葉は漢語で堅苦しいので、日常的には代わりの言葉がよく使われます。そ

れは「つなぐ」です。映像の世界では「モンタージュ」は「つなぐ」と訳すのが一番の正解です。「神井ちゃん、あの番組もうつないでくれた?」「まだですぅ～」「早くつないでよぉ～」　うわぁ～、昔がよみがえる。本当によく交わされた会話です。……そう、いつもいつもまだつないでいないんです。ケツに火が付かないとやらない性質(たち)なものでね。

「モンタージュ」という言葉が出てきたら、すかさずマッキーの太い方で塗りつぶし、その横に細い方で「つなぎ方」（動詞の場合は「つなぐ」）あるいは「カット割り」と書き込んでください。するとあら不思議。今までのモヤモヤがすっきり。「なんだこんな簡単なことだったのか」とたちまち理解できます。

モンタージュ法	つなぐ方法。もしくは、カット割り法。 1つのシーンをどのようにカット割りするか、そのやり方。 その内、最も基本的でぜひ覚えておいたほうがいいものが、この本の基本文法と基本構文。
モンタージュ論	「つなぎ方」論。カット割り論。 つまり、この本もモンタージュ論の一種。
エイゼンシュテイン・モンタージュ	エイゼンシュテイン監督のつなぎ方。 エイゼンシュテイン監督のカットの割り方。
グリフィス・モンタージュ	グリフィス監督のつなぎ方。 グリフィス監督のカットの割り方。
チャンバラ・モンタージュ	チャンバラのつなぎ方。 チャンバラでよく使われる、お決まりのカット割り。らしい。 具体的なことは著者は知らない。 チャンバラもいっぱい編集はしたけどな。

映像学校を出た新人君に「学校でモンタージュってどう教わった?」と聞いたら「あんなもん知らなくたって編集できますよ!」と言い返されたことがあります。のけぞりました。「つなぎ方」知らなくて編集できるんだ!?　たぶん、モンタージュを編集パターンのようなものだと思っているのでしょうね。確かに、こうして並べてみるとなにかの必殺技の類に見えてきますね。図に書いてあるものはどれ1つ、覚える必要も、内容を知る必要さえありません。実際、著者も内容は知りません。

　「モンタージュ」は、「『意味1』に『意味2』をつなぐことで『新しい意味3』を生み出すようなつなぎ方」というようなややこしく、難しい説明がされることが多いのですが、だからみんなが混乱するのです。間違っているわけではありませんが、これは定義ではなく特徴です。普通の日本語にすれば広くは「複数のカットをつないで1つのシーンにすること」であり、つまりは「カットを割る」ということです。狭くはそのつなぎ方=「同じシーンとしておかしくないようにつなぐつなぎ方」「同じシーン内でのつなぎ方」のことです。そしてそのようにつなぐと、結果としてストーリーという「新しい意味」が生み出されることがあるのです。まぁ、人によっていろいろな理解のしかたがありますし、いろいろな教え方、説明のしかたがあるでしょう。

　定義というものは、なにと区別するのかでいろいろと変わるものですが、モンタージュの場合、モンタージュではない編集法と区別する必要があり、それを本書ではコラージュとしました。別に名前はどうでもよくて、「オッペケペ」でもいいのですが、それだと「こいつ、ふざけてやがる」と思われるでしょうから、モンタージュ・コラージュという名前を採用しただけです。著者が命名したわけではなく、以前からコラージュという言葉を使っている人たちはいます。とにかく大事なことは、編集には「シーン内の編集=前のカットと関連性を持たせた編集」と「シーンとシーンをつなぐ編集=前

の画との関連性なく、ただ映像を並べるだけの編集」の2通りがあるということです。モンタージュはコラージュと対になるものとして理解されるべきだし、そうしたほうが理解しやすいはずです。どれが正しいとか間違っているとかではなくて、こう理解するのが最も簡単で手っ取り早く編集ができるようになるだろうと思います。

　映像以外のこの世のあらゆることでも、モンタージュという概念は大事です。最近の人は情報過多とコンピュータのせいで、思考回路が分裂的になっている人がとても多いですよね。そういう人って、別々の事柄を道理で関連付けて考えるということが苦手なわけですが、それこそが「モンタージュする」ということなのです。異質の2つの事柄のつながりを考えることと、異質の2つのカットのつながりを考えることは、まったく同じことですよね。それはそのまま「物事の道理を知る」ということなのです。まぁ概念さえわかればモンタージュなどというおフランスの言葉は知らなくてもいいのですが、もう覚えちゃったでしょ？　それとも「オッペケペ」のほうがよかった？

　日本語の「つながっている」という言葉さえ、たくさんの意味で使われていて、たとえば「ストーリー的にはつながっていないけど、雰囲気がつながっている」とか「エヅラだけがつながっている（ビジュアル・マッチ・カット）」とか「アクションだけがつながっている（アクション・マッチ・カット）」なんていう場合にも、現場では平気で「つながっている」と言う人がいます。だから、アクションだけがつながっていることや雰囲気だけがつながっていることも「つながっている」ことだと思い込んでいる人や、あるいは混乱している人も大勢います。確かに、ただ「つながっている」とだけ言ったのでは、なにがつながっているのかさっぱりわかりませんよね。編集で大事な「つながっている」は、このいろいろな「つながっている」の内、同じシーンとしてつながっているものだけを指すのであり、そう見

えるようにつなぐつなぎ方が「モンタージュ編集」です。他の「つながっている」と区別するために「モンタージュ」という言葉が必要なのであって、それこそマッチ・カットはコラージュ編集だけで成立するものであり、モンタージュ編集でやったらただの同ポジです（詳細はマッチ・カットの項で）。

　シーンとシーンをつなぐことはカットをつなぐこととはまったく違う概念であり、修飾語のように後ろのシーンに付加価値を付けたりはしません。モンタージュ編集とコラージュ編集では、やっていることや意味が全然違うのです。シーンとシーンのつなぎ目もモンタージュだといっても言葉としては間違いというわけではありませんが、そうなると映画では編集点全部が「モンタージュ」になってしまうので「モンタージュ」という言葉は必要がなくなります。カット点とか編集点という言葉がすでにあるじゃないですか。「モンタージュ」という言葉はモンタージュではないもの＝コラージュと対になって初めて意味があるのです。ぶっちゃけ本来の意味なんてどうでもいいのですが、「組み立て」という言葉を出されるのだけは誤解を招くので困るのです。

　現場では実際には「モンタージュ」も「コラージュ」も、そんな言葉出てきやしません。ただ単に「この画とこの画はつながっていないよねぇ」とか「あいつはつながっている、つながっていないがわかっていないな」などと言います。編集関係者だけではなく、クライアントなどの編集の素人さんでも「こことここはつながっていませんよねぇ?」などと言ってくる人もいます。動画の世界でただ「つながっている」と言ったら、それは同じシーンとしてつながっている、つまり「モンタージュ編集されている」ということであるべきです。違うものがつながっていると言いたい場合は「雰囲気だけはつながっているよね」といったように、なにがつながっているのかを明確にしていただきたいものです。ちなみに「雰囲気がつなが

っているんだ」などというものは、つながっていません。雰囲気というものは主観的なものですから、あなたにはつながっているように思えても、他の視聴者にはつながっているように見えるとは限りません。というより、つながって見えるはずがありません。主観である雰囲気なぞというものを感じ取ることができる他人は、エスパーだけです。どこまで行っても芸術ではない動画は、独り善がりや主観でものを言ってはダメなのです。

　実際に映像制作をするうえでは、ストーリー的に「つながっている」か「つながっていない」かということこそが最重要なことなのだと経験上実感しています。そりゃぁそうでしょう。だって、1つのカットをつなぐとき、**同じシーンとしてつなぐか、違うシーンとしてつなぐかの二つに一つしかない**のですから。つながっていないようにつなぐのならば、次のカットにどのカットを選んでもいい、理由はいらないってことですから、編集機さえ使えればだれにでもできます。でもつながっているようにつなぐには、どのカットを持ってくればいいのかをわからなければなりません。間違ったカットを持ってくれば、意図したストーリーにならないですし、最低限数カット先まで考えなくてはなりません。できる人にしかできないし、正解も間違いもあるということです。そして「できる人」というのは、カットの順番の決め方を知っているということで、それって文法を知っているということですよね。だから「編集ができる」ということとは、文法を知っているということであり、モンタージュを知っているということでもあり、カット割りができるということでもあるのです。編集ができなければコンテが書けません。コンテが書けなければ監督・ディレクターはできません。

Chapter 3

ストーリーを
つづるために

ストーリー

　動画というものは、エピソード（シーンが1つ以上集まった短いストーリーのこと）がいくつか並んで、全体として1つのストーリーをつづるものです。

動画とはストーリーをつづるもの

　この本でもすでに何回か出てきているかもしれませんが、あらためてきちんと説明します。ストーリーとは「変化とその過程」です。まず、「最初の状況」があり、主人公が登場し、「事件」が起きて状況が変化します。状況が変化すると、そこに「変化した後の状況」ができます。ビフォー・アフターです。でも、ビフォー・アフターをただ並べただけではストーリーにはなりません。その間に変化の過程を見せてあげなければいけません。「ビフォー・事件・変化・アフター」「なにが、どうして、どのように、どうなった」　これがまさに「起承転結」です。これでストーリーになりました。そしてビフォーからアフターへと変化していくその過程を見せるためには「時間の流れが必要」なのです。

ストーリーがあるか、ないかの違い

　では、その「ストーリー」が動画にあるのとないのとでは、どのような違いが出るのでしょうか。

「田中投手が大リーガーから次々と三振を奪いました」というストーリーがある。

　第1カットは主人公の「紹介」です（「紹介」については、次の節で説明します）。第2カットから第4カットはすべて「田中投手が投げて三振を奪った」というエピソード（この場合は「シーン」といっても「エピソード」といってもいいでしょう）になっています。そして最後にベンチに引き上げると、全体では「田中投手が三振をたくさん奪って、いい仕事しました」というストーリーになるわけです。明確なコンセプト（狙い）があることに注目してください。

　第1〜2カット、第4〜5カットはモンタージュ編集でつなげています。第1カットと第2カットは同じ試合のまったく別々のところから持ってきているのですが、それをあたかもつながっているように見せている、という意味です（別の試合から持ってくると、ユニフォームも違うし球場の空気の色も違うので、

まずつながりません）。第4・5カットも同じです。だからシーンとしては第1
〜2カット、第3カット、第4〜5カットの3つのシーンでできています。

　さて、この例題からストーリーをなくすと、次のようになります。

ただ田中投手が写っているだけでストーリーはない。

　これだとただ田中投手が写っているだけのイメージ映像だということが
わかると思います。これじゃいけないというわけではありませんが、コン
セプトも弱く動画として質が低いということを感じていただけるでしょう
か？　だから番宣としてもまったく印象が薄く、視聴者が「ぜひ、マー君の
試合を見よう!」という気持ちになる要素がありません。人間はストーリー
を追うことで時間を忘れて消費します。一つ一つのカットを退屈しない適

正な長さにした場合、前のものは約30秒、後のものは約15秒といったところです。頭の中で想像してみてください。前のものを1回見るより、後のものを2回見るほうが退屈で長い30秒になることがわかるでしょう。後はただマー君を見せただけ、前はマー君がどんな風にすごいのかを見せたのです。なにを見せたいのか？　なにを見せるべきなのか？　コンセプトというものがわからなければ、編集は始まりません。なにを見せるにしろ、ストーリーで見せるということは変化を見せるということですから、必ず劇的になるのです。いつも必ずストーリーがなければいけないわけではありませんし、実際後のようなものもたくさん作りました。それは、プロはとんでもない数を作るわけですがいつも同じものというわけにはいきませんから、いろいろなバリエーションの1つとしてこういうものも作ったわけです（素材にいいところ、三振を取るところがまったくない場合もあるのです）。下のようなものならばまねできるからとまねをして、それだけで自分はプロと同じレベルのものが作れるつもりになってはいけません。いつもいつも低レベルの同じものしか作れないのでは、いつまで経っても初心者です。ストーリーで見せてこその動画でもあるし、ストーリーが違えば違う動画になるのだから、ストーリー動画を作れるのならばいくらでも違うものが作れるのです。ストーリーで見せたほうが劇的で印象的なもの、つまり宣伝ならば効果的なもの、通常の番組ならば"おもしろいもの"になるのです。

　上の例題は、田中投手が三振を奪ったシーンを意味なくただ尺を稼ぐために3つ並べているわけではないことにも注目してください。「3」は「たくさん」を表す一番小さい数字です。2回ではたくさん奪ったことにはなりませんが、3回は3回だけではなく、「たくさん」を暗示しています。また構図を見ると、同ポジ（ドウポジ：同じ構図）3連発になっていますね。同ポジは普通は避けるべきですが、ここではわざと使っています。ただし、同じ映像を3回繰り返したと思われないように、空振り（右バッター）、見逃し、空振り（左バッター）と「違う映像」であることがはっきりわかるようにしています。同ポジをわざと使うことで、「同じことが繰り返される」ことを印象付けているのです。**どう見せれば視聴者がどう感じるか**をキチンとわ

かっていることが重要です。このような知識を「引き出し」といいますが、それは本に書き切れるものではないので、正しい動画を見るという経験の中でたくさんたくさんストックしていく以外に方法はありません（現在のテレビはまねしてはいけないものばかりなので、映画がお勧めです。それも名作と言われるものなら間違いありません）。

どこからどこまで?

編集はストーリーをつづること、とはいえ、ストーリーのどこからどこまでをつづるべきなのか、がわからない人が多いようです。そこで、ストーリーの始まりと終わりを解説します。

「おいしいピラフの作り方」という動画があったとします。「まず、田んぼを用意します」とか言って、田植えするところから始まったら「ちょっと待てぃ!」となってしまいますねぇ。そんなに前から始めてはいけません。ストーリーとは、まず状況があって、なにか事件（動作）が起きて変化し、変化後の状況を見せることで完結するのですから、事件が起きる直前から始め、事件が終わったら結果を見せて終わるのが基本です。

例として、イチロー選手がヒットを打つところをつないで、イチロー選手が出場する試合の番宣映像15秒を作ってみましょう。

▶ はじまりは「見せたいストーリーの直前」にする

　第1カット。通常の状況説明、つまり「最初のヒキ画」を省略していま
す。一部の超短尺番組（CMなど。番宣もCM）だけで許される特殊な省略法で
す。イチロー選手が野球のカッコをしてバットを担いでいることで、「現
代」で「アメリカの大リーグ」で「野球をやっている」ことがわかります。
このようにアップであってもなにをやっているのか、場所がどこなのかが
わかる（あるいは場所がわかる必要がない）ことが条件です。しかも尺が許され
ない特殊な場合だけ省略できる、というか、しかたなく省略しているので
あって、通常の動画ではたとえCMであろうと映画の予告編であろうと省略
できません。倒置法を使って場所がわかる画を後から出すことはできます
が、なくしてしまうことはできません。詳しくは省略法の項を参照してく
ださい。

　野球というものは、まず最初にピッチャーが投げて事が始まるわけです
が、今回はピッチャーが主役ではないので、ピッチャーのアップで始めて
はいけません。ピッチャーが投げる前、構える「打者イチロー」の「紹介」
で入ります。ストーリーが始まる前の余分な時間なのですが、主役がイチ

ロー選手であることと、アップでありながら状況（いつ・どこで・なにをやっているか）を説明するために必要なカットです。これは省略できません。

　といって、イチロー選手がベンチを出て打席に向かうところから始めるのはどうでしょう？　ピッチャーが投げることでストーリーが始まるのですから、これでは「前置き」が長すぎます。よっぽど尺が余っているときには前置きを長くして尺を稼ぐこともありますが、当然退屈な動画になります。間違っても、尺がいくらでもあるからといって、イチロー選手が球場入りするところから始めてはダメですよ。朝起きるところとか。見せたいのは打つところなのですから、これでは違う動画になってしまいます。笑い事ではありません。ネットであるゲームの「中ボスの倒し方」という30分ほどの動画を見てみたら、ログインするところから始まって、長い長い旅をして、やっと目当ての中ボスにたどり着いたときには28分のところまで来ていました。そしてあっという間に中ボス倒して終わり。って、一体なにを見せたい動画だったの？　という話ですが、こういうのってアマチュアには珍しくないのですよ。

　なにを見せたいのかをよく考え、見せたいストーリーの直前から入りましょう。先の中ボスの倒し方なら、中ボスと戦い始める直前あたり、中ボスのいる部屋に入るところくらいからでしょう。「前置き」は、全体とのバランスを考えて長さを決めます。長尺になるほど前置きも長くなる傾向がありますが、いつまでも本題に入らないと、見ている人は飽きて見るのをやめてしまいます。「人は集中するまでに20分程度かかるんだ」といって20分も本題に入らない素人動画を見たことがありますが、もちろん本題に入る前に寝落ちしました。昔から外にいて退屈な時、暇になった時などには「家帰ってテレビ見よっ」と言うように（今は言わない？　最近はみんなテレビ見ないからねぇ）、だれだって"落ち着いた環境"が確保されないと動画を見ようとは思わないものです。あなただってそうですよね？　忙しない状態の時に動画を見ようとは思わないでしょ？　だから動画を作るときには、視聴者は落ち着いた環境で見るということを前提に作らなければいけません。自

宅のようなすでに落ち着いている環境であるなら、集中するまでに20分も
かかるわけがありません。ちなみに映画館では、お客さんは外の世界を通
って来たうえに慣れない環境にあるわけですから、いささか興奮状態にあ
るわけです。だから映画の前に予告編やCMを15分程度流すのです。場内
を暗くするのも早く落ち着いてもらおうという配慮です。これによって近
年の映画は、オープニングからトップスピードなものも作れるようになり
ました。古い映画やマイナーな映画にスロースターターなものが多いのは
こういう訳です。

　逆に、ピッチャーが投げていないのに、いきなりイチローが打つところ
から入るのもダメです。いくらイチロー選手の映像だからといって、イチ
ロー選手が写ってさえいればいいのではありません。視聴者は「イチロー
選手を見たい」のではなく、イチロー選手の"活躍を"見たいのです。たと
えばボテボテの内野ゴロでも悠々セーフになる俊足ぶりを見せてあげれば、
「その俊足をぜひリアルタイムで見たい」になるのです。

▶ おわりは「変化の結果」をきちんとみせる

　第2カット。ピッチャー投げました、イチロー選手打ちました。ここで
終わってしまう編集をよく見かけますが、これもダメです。これでは、イ
チロー選手がヒットを打ったのか、打ち取られたのかわかりません。「イ
チロー選手がヒットを打った」というのが「エピソード」にあたるわけです
が、その結果がわからないのでは尻切れトンボもいいところです。「打ち終
わった」だけでは一つの動作が終わっただけで、エピソードが完結したわ
けではありません。視聴者は「イチロー、どうなったの？　打球どこいった
の?」と夜も眠れなくなってしまいます。

　第3カット。打球をショートが取り、一塁へ投げます。

　第4カット。送球よりも一瞬早くイチロー選手が一塁を駆け抜け、審判
がセーフと大きく手を広げます。最低限ここまでは必ず見せなければいけ

ません。大事なのは、審判が両手を広げて「セーフ」のジェスチャーをするところを見せなければいけないということです。審判がセーフと両手を広げて初めてセーフだとわかるのです。でも、第5カットがあるのならば、第5カットでセーフだったことがわかるので「セーフ」のジェスチャーを切っても構いません。ストーリーはここで一応終わっているので、尺がないのならばここでお終いにするという手もあります。「イチロー選手の動画なんだから、イチロー選手のアップで終わらなければいけない」なんてことはありません。イチロー選手が出る試合の宣伝をしているのであって、イチロー選手を宣伝しているのではありません。いや仮にイチロー選手の宣伝だとしても、ラスト・カットはイチロー選手のアップでなければいけない理由などありません。ただ、ここで終わるのも余韻がないというか、まだちゃんと結果を見せていません。もう1カットあったほうがよさそうです。

　第5カット。イチロー選手が一塁でコーチとグータッチをしています。「打者」が「一塁走者」に変化したことを示しています。これが最終的な結果です。つまり、このストーリーは「打者（最初の状況）が、ヒットを打って（事件）、一塁走者になるまで（変化の結果）」の物語なのです。これで一つのエピソードを余すところなく語り切ることができました。

　第5カットはなくてもいいカットですが、入れるのならばこのカットも時間軸がちゃんとつながっていることが大切です。またもやイチロー選手が構えている画なんて入れたら、時間軸がメチャクチャです。新たな別のストーリーが始まるのかと思ってしまいます。「構えている」ということは「これから始まる」ということです。第1カットに打ち終わった画を持ってきたらおかしいのと同じように、**ストーリーの始まりを感じさせる画を最後に持ってきてはいけません。**

　番宣やCMではポスターのような画を最後に持ってきたりすることもありますが、これはつながっていません。まったく異次元のポスターの画像（時

間が流れていない）に強引にカメラを切り替えたようなもので、一番最後にイメージ映像を突っ込んだというだけのことです。番組とは分離したまったく別の部品です。それには時間が流れていないので、もはや1つのシーンですらなく、ただのインサートされたイメージ画像でしかありません。見せるための画ではなく、単なるテロップ・ベース（テロップの下絵）であり、余った時間を埋めるだけの「気のせい映像」です。商品のCMだったら、その商品の「物撮り」の画が使われるのですが、番宣の場合「商品」は「番組（この例の場合、試合）」なのであってイチロー選手ではありません。

　第5カットの部分を「告知部分」といいます。広告の基本形ではそれ以前の部分（番組部分といいます）とは完全に切り離された"別の部品"になるわけですが、番組部分から時間軸のつながった画を持ってくるほうが動画作品としては上質です。本来「告知部分」は分離しているものなのですが、あえてつながった画を持ってきて分離させないことで、広告特有の「いかにも広告でございます感」や「押し付けがましさ」を和らげるという、広告動画の上級テクニックです。

　しかし、いつでもできるというわけではありませんし、物撮りを使ったほうがいいという場合もあります。そんな時はポスターのような時間が流れていない、あるいは流れていても意味がない、変化がない、それでいてなんとなく関連性はある画を使いますが、今度は逆につながってしまうような画を使ってはいけません。物撮り以外では、アップは暑苦しくなるのでヒキ画を使うのが基本です。というより、アップはよっぽどの狙いがない限りはラスト・カットに持ってきてはいけません。特にテレビの場合は次の番組が続けて放送されるわけですが、それがこの例題のようにアップで始まるかもしれません。すると別の番組なのにアップとアップが続いてしまうことになります。アップで始まるのも終わるのも、放送上のマナー違反でもあるのです。アップで始まるのは、尺の厳しい番宣やCMだけで許され、一般番組ではよっぽどの狙いがない限り許されません。またアップで終わるのは、CMは物撮りで終わりたいことが多いというその特性上許さ

れるのであって、一般番組では許されません。次の番組が物撮りから始まるということもまずないので、物撮りなら許されているという側面もあります。番宣はCMの一種なので許される傾向にありますが、物撮りで終わる必要などまずないので、アップで終わるべきではないし、そもそも人は"物"ではありません。ラスト・カットに人物を使う場合でも、単なるテロップ・ベースですからせいぜいウェスト・ショットくらいがいいところです。イチロー選手が写っていない球場のヒキ画でもいいですし、模様でもカラー・マットでもいいわけです。あくまでも主役はテロップですから、この部分は動画にならないわけです。だから、動画作品としては低質なのです。

「動作」こそが変化でありその過程なわけですから、「ストーリーがあってこその動画」と「動画は動作を写すもの」という言葉はまったく同じことを意味しています。一連の動作（今回の場合は「行為」と言ったほうがわかりやすいでしょうか）が始まる直前から始めて、そのストーリーに決着がついたところまでをしっかりと見せて終わる。これが1つの動画の始まりと終わりです。長尺のものは、これがたくさんつながっているというだけです。1つのネタ（アイディア、あるいは伝えたいこと）をしっかりストーリーで描くとだいたい10分程度になるものですし、あえて10分程度にするものです。これが「エピソード」です。すごく大雑把にいえば、これを2〜3つ用意してオープニングとエンディングを付ければ30分番組ができあがります。3〜4つにすれば1時間番組です（民放の1時間番組は実際には45分程度しかありません）。リサーチをしっかりやって"伝えたいこと"を多めに用意して、それを切り詰めていくと濃縮された中身の濃い番組になるのです。だから番組作りはリサーチが命です。逆に10分より短くなると、短くなればなるほどその短い中に収めるための特殊なスキルが必要になるので、「短いものほど難しい」ということになるのです。番宣やCMは1つのシーンではなくて、1つのエピソードだということに注意してください。「状況」があるだけではダメで、ストーリー的な決着＝オチがないとエピソードになりません。普通なら10分程度になるはずのものを30秒や15秒に収めろということです。そりゃあ難しくて当然でしょう？　ところがストーリーを作れない人、番組

の作り方を知らない人は、与えられた尺をどうやって埋めようかと考える
わけです。そもそもリサーチが甘いので"伝えたいこと"さえなく、なにを
していいかわからないからよそのまねごとをして尺だけ埋め合わせようと
する。これを「尺稼ぎ（をする）」といいます。すると中身のないつまらな
い番組ができあがるわけです。尺を埋めるという観点から見れば、短いほ
うが簡単で楽ですよね。だから、知識のない人は短いもののほうが簡単だ
と思い込んでいるのです。

イン点・アウト点をどこにするか

▶ 動作には節目がある

動きの中でどこにイン・アウト点を打つべきなのか、を解説します。

動きには節目というものがあります。これは、簡単にいえば一瞬止まる
ところと考えていいでしょう。必ず節目で切らなければいけないわけでは
ないのですが、なぜこの話をストーリーの項目に入れているかを考えてく
ださい。動作もある意味ストーリーなのであり、節目はエピソードのつな
ぎ目としましょう。エピソードの真ん中をぶち切るのはおかしいでしょ、と
いうのがメインの理由です。それに節目を意識してイン・アウト点を打た
ないと画残り（入れるつもりのない画が1～2フィールド入ってしまう編集ミス：フィ
ールドはフレームの半分）に見えることがあります。

基本として、イン点は動作という物語が始まるところ、アウト点はその
物語が完了したところに打ちます。たとえばピストン運動なら、上に上が
って上がり切ったところで今度は180°向きを変えるのですから、一瞬止ま
るはずですよね。そこが節目です。もしこの数フレ前、まだ上がり切って
いないところにイン点を打つと、残りの数フレが画残りのように見えるこ
とになります。だからこのような場合は1フレ単位の編集になります。下
も同じ。動きが左右になっても同じですね。

全部1カット。

　フィギュアスケートの動きは節目がわかりやすいでしょう。たとえば3回転ジャンプをすると着地して、両手を広げ気味にしてポーズを取りますね。ひと呼吸おいてから次の一連の動作に入っていきます。これの繰り返しですよね。このひと呼吸おいたところが節目です。4回転ジャンプなどの1つの技が1つのミニストーリーです。フィギュアスケートの演技全体を1つのストーリーとするならば、このミニストーリーが「エピソード」にあたります。

　ジャンプをするためには、一度沈み込まなければなりません。この沈み

込み始めたところが一連の動作の始まりです。ですから、沈み込む直前を
イン点とします。その後、着地したときも沈み込みますね。そこから通常
の姿勢に戻りポーズを決めます。ポーズが決まったら一呼吸置いてカット
です。ここがアウト点です。これが通常のイン・アウト点です。

　極限まで切り詰めたい場合は、ジャンプするために沈みきったところが
IN点。ジャンプして4回転して、着地して沈みきったところがOUT点。こ
れが一番短いシーンです。これ以上は切れません。たぶん、これはスロー
モーションでしょうね。ジャンプするために沈み込むのは、予備動作とで
もいいましょうか、動作の本編ではありません。だからこれは切ることが
できるのですが、通常の再生速度だと予備動作なく突然ジャンプするので
あまりにも唐突な映像になります。逆にスローモーションだと予備動作は
邪魔なものになるので切ってしまうのです。これ以上切って、たとえば空
中で回転しているだけのカットにすると、それはもはやストーリーではな
く、「最初の状況」と「変化後の状況」のない、ただ「回転している」とい
う状態、状況を表す1カットでしかなくなります。それをフィニッシュの
決めの動作につなげても、ストーリーにはならず、「回転している画」と
「フィニッシュ」が並んで出てきたというコラージュ編集にしかなりません。
いわゆるジャンプ・カットなのですが、アクションが違いすぎ、時間も飛
びすぎている（アクションも時間もつながっていない）ので、もはやジャンプ・
カットであることすらわかりません。だから、つながって見えないのです。
もちろんそうしてはいけないといっているのではありません。それはコラ
ージュ編集になるというだけのことです。しかし、ずっとストーリーを描
いて来たのに変なところだけ意味なくコラージュ編集になっていたら、そ
れはおかしな編集ということです。

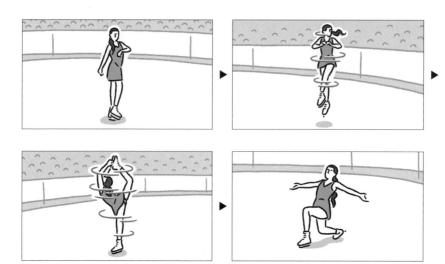

演技開始→エピソード1→エピソード2→フィニッシュ

エピソード1とエピソード2はちゃんと始まる直前から回転が終わるまで入っていなければいけません。カット目はサイズが同じようだと同ポジを切り損ねたようになるのでショック（コマ飛びしたような衝撃感）が出るのですが、程度しだいで許されます。ショックがちょっと許せないときには短めのOLにします。同ポジの切り損ねと同じように、ショックがあるというだけでつながってはいます。その証拠に、はっきりとサイズやアングルが違えばこの問題は起きません。この例題は、全体でエピソードが2つあるストーリーになっています。途中を端折ってあるけど、ちゃんとストーリーになっています。それぞれのエピソードがストーリーとして成立している＝始まりから終わりまで筋が通っていることが大事です。

▶ ピッチャーの節目

野球のピッチャーは、振りかぶるときには振りかぶる直前が通常のイン点です。セットポジションの時はボールをセットしたところで一度静止します。静止してから左足を蹴り上げるわけですが、この蹴り上げる直前のところが通常のイン点です。投げる動作全部を1カットで見せる場合にはこの通常のイン点を使います。

通常のイン点を使ったつなぎ方。
単なるアクションつなぎに見えるが、セットしている時間をつまんである。

　2つのカットに割る場合は、サインにうなづき、だらりと下げた両手を上げ始める直前が第1カットのイン点。振りかぶったところ、もしくはセットポジションで静止するので、静止したその瞬間をアウト点とします。第2カットのイン点は左足を蹴り上げ始める直前です。尺を微妙に調整したい場合は、第2カットのイン点は変えずに、第1カットのアウト点で調整します。つまり、静止している時間の長さを調整するということです。ごく普通のおとなしいつなぎ方です。第1カットと第2カットはアングルやサイズを変えなきゃダメですよ。変えないと同ポジやジャンプ・カットになってしまいます。

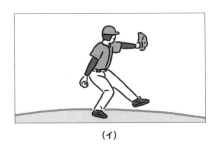 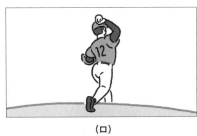

（イ）　　　　　　　　　　　　　　（ロ）

　ピッチングの動作には2つの節目があります。（イ）と（ロ）のところをイン点にすることができます。振りかぶったところ、もしくはセットポジションで静止したあと、ほとんどのピッチャーは投げる腕を後ろに引きながら下に下げます。下げた腕を今度は頭の後ろに上げていきますが、下げて

上げるわけですから、ここに節目があります。下げ切ったところがイン点
候補です（イ）。次に、腕を頭の後ろに上げていき、そこから腕を前に動か
して投げるわけですが、投げるのには胸の筋肉を使いますね。でも、下か
ら頭の後ろに上げるのには胸の筋肉は使いません。ですから、この2つは
別の動きなので、腕が頭の後ろにあるとき、胸の筋肉を使い始めるところ
でイン点を打つことができます（ロ）。

（イ）を使った例。つなぎ方は単なるアクションつなぎ。
第2カットのイラストのところでカメラを切り替えた感じ。

（イ）を使った例です。セットポジションから左足を蹴り上げ右腕が下がり
切ったところでカットを変えます。動きの途中でカットが変わるので、ダ
イナミックな感じになり、迫力が出ます。腕を振って投げる様もちゃんと
見えるので、ちょっとアクティブな感じにつなぎたいときにお勧めのカッ
ト点です。

（ロ）を使った例。つなぎ方は単なるアクションつなぎ。
第2カットのイラストのところでカメラを切り替えた感じ。

（ロ）を使った例です。第1カットを、左足を踏み出し右腕を頭の後ろに上

げたところまで引っ張ってからカットを変えます。投げるギリギリまでピッチャーの顔を見せたいときに使えますが、投げるという動作はよく見えなくなります。

　バッターを主役にする場合は、第1カットにまずバッターの「紹介」の画が来ます。第2カットはセンターカメラの映像にして、ピッチャーが投げるところ（後ろ姿）を見せます。バッターが主役なのですから、むやみにピッチャーのアップを持ってこないほうがいいでしょう。イン点はやはり上記の3つ（左足を蹴り上げるところ、イ、ロ）が使えます。

（ロ）よりあとにはイン点を打つことはできません。ボールがピッチャーとバッターの中間にあるところをイン点にすれば、バッターが打つところは十分に見せられるのですが、野球のストーリーはピッチャーが投げることで始まります。「投げました」がないのに、いきなり「打ちました」ではストーリーにならないからです。

▶ サッカーの場合（主人公とイン点・アウト点）
　本田選手がコーナー・キックを蹴り、知らない選手がヘディングでゴールを決めた、というシチュエーションを例にしてみましょう。当然主人公は本田選手です。

 ▶  ▶

　イン点はコーナーキックを蹴るだいぶ前、蹴るための助走を始めるちょっと前、ゴール前の方を見ているところくらいから始めます。どんなに短くとも「3歩走って蹴る」ようにします。それ以上詰めたらだれが蹴ったのかわかりません。できれば、ゴール前の方を見ている顔のアップやウェストなどの画を入れて、主人公の紹介をしておきたいところですが、サッカーの場合、そんな都合のいい画はそうそうありません。ゴール前の方を見ているのが半秒くらい、おもむろに助走をはじめ蹴る、知らない選手がヘディングしてゴール、万歳して駆け寄る本田選手、という流れにします。本田選手を時間的に少しでも長く見せ、かつ、知らない選手はあまり見せないことが大事です。なにを見せたいのかをよく考え、余計なものはできるだけ写さないことを「画面を整理する」といいます。画面も編集も整理されていなければいけません。片付けや整理整頓はお嫌いでしょうが、編集とはカットを整理整頓することであり、仕事とは片付けるものなのです。

　逆に知らない選手がコーナーキックを蹴り、本田選手がヘディングを決めた場合は、まず、本田選手がゴール前でポジション争いをしているところのできるだけアップで始めます。カットが知らない選手に変わった途端コーナーキックを蹴るようにします。この時のイン点は、蹴る1歩手前くらいです。尺がタイト（15秒とか）な場合は、極限まで詰めるなら、蹴る足がボールに触れるか触れないかくらいのところまでいけます。ここまで詰めると、カットが変わった途端に、ボールを蹴ったというよりボールを足ですくい上げたように見えるのですがそれでもいいのです。知らない人のプレーなんかちゃんと見えてなくていいわけです。蹴られたボールが放物線の頂点に達する前に本田選手が写りこんでいるカットに変え、そのままヘディング、ゴール、喜ぶ本田選手、という流れになります。

　どちらもストーリーとしては、コーナーキックを蹴る3秒前くらいから始まり、喜んで終わり、です。

　最も尺を切り詰めたつなぎ方の一例です。番組全体の尺によってもイン点、アウト点は変わってきますが、ここで紹介しているのはだいたい30秒ものの「詰め具合」です。15秒だと"極限"のところまで切り込んだりもしますし、かなり強引な省略法を使うこともありますが、一般的にはこれ以上詰めることはないと思います。むしろ番組全体の尺が長いなら、もうちょっとゆったりとつなぐほうがいいです。つまり**通常はここで紹介した以上にストーリーを短くしちゃダメよ**ということです。

特殊なストーリーの割愛法

黒田投手投げた

バッター打った

ショート取った

黒田投手悠々とベンチへ

　これは、前出とは別の後輩が実際に編集したものです。例によってうろ覚えですが（笑）。黒田投手がヤンキースにいた頃の、黒田投手が登板する試合の15秒の番宣です。本来のストーリーは「黒田投手投げた、バッター打った、ショートゴロ、ショート取って1塁へ、1塁間に合ってアウト！　黒田投手悠々とベンチへ」です。ところが、このストーリーでは、15秒に入らないのです。だから著者を含む別のディレクターはもっぱら投手が主役のときは三振を取る場面を使っていたのですが、この後輩は、強引な手法でこのストーリーを15秒に収めてしまいました。

　なんと「ショートが1塁へ投げるところ」以降をぶっち切ってしまったのです。第3カット、ボールがもうちょっと手前から転がってくるところから入り、イラストのところをアウト点にしたわけです。著者はてっきり、これは一連の動作だから切れないと思い込んでいたのですが、よく考えれば「ショートが取る」と「1塁へ投げる」という2つの動作なのです。そこ

まではよく考えればそうだよなぁでいいのですが、そのあとの「1塁間に合ってアウト!」はなくせないはずです。アウトにならなければ、ストーリーが完結しません。

　ところが、これを「悠々とベンチに下がる黒田投手のウェスト・ショット」で代用しているのです。黒田投手がベンチに下がるということは、3アウトでチェンジになったということです。ショートが暴投することもなく、つつがなく「1塁アウトでした。これでチェンジです」を黒田投手が悠々とベンチに下がる画で表現しているのです。

　でもね、ストーリーを見せるうえではこれではやっぱり不完全なんです。どう見たって物足りないし、尻切れトンボのような感じは拭えません。

　だがしかし……、この動画はなにを見せたいのでしょうか?　それは、「黒田投手が打者を打ち取ったところ」です。黒田投手と打者の勝負を見せているのです。だから、ショートゴロを打たせ、それをショートが捕球した時点で勝負が付いているのです。このあとショートが暴投しようが、1塁手がエラーしようが、それは黒田投手には関係のないこと。このシーンは「黒田投手が打者を打ち取ったところ」を表しているシーンですから、ショートが捕球した時点で黒田投手のストーリーは完結しているのです。でも、結果がわからないでは収まりがつきません。そこで「黒田投手が悠々とベンチに引き上げる」ことで「無事終了」を説明しているのです。だから、ちゃんと成立しています。

　この編集にはかなりおったまげました。本人に話したところ、本人は「どうしたら15秒に入るかなぁ」の一心で「よくわからないけど、とにかく切った」と言っていました。この編集はお見事でした。が、小言をひと言。「キミィ、これはそもそものコンセプトが間違っているのだよ。15秒に入らないと思った時点でストーリーを変えようね」

ストーリーとは「事件と変化」です。事件が始まり、ちゃんと事件が終わるところ、その結果まで見せてください。見せられないのならば、せめて結果がわかるようにしなければいけません。大谷選手のファンだって、ただ大谷選手の顔を見てうっとりするだけより、大谷選手がなにをしたのか、を見たいのです。つまり、**観客が興味を持つのはストーリー**なのです。野球なら投げっぱなし、打ちっぱなし、サッカーなら蹴りっぱなしなど、ストーリーも結果も見せず、ただそのプレーヤーが写ってさえいればいいというのでは、編集の神様が泣きます。

オムニバス

　尺が極端に短い番宣でさえ、その中に複数の独立したストーリーがあるものもあります。それぞれのストーリーが最終的に一本のストーリーとしてつながっていないのならば、全体としてはいわゆる「オムニバス」になるということです。

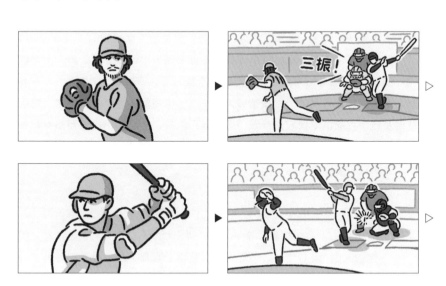

「ダルビッシュが投げる！　大谷が打つ！　田中が吠える！　大リーグはBS1！」

　こんな番宣もあり得ますね。正確には番宣ではなく、ステブレ（ステーション・ブレーク）といいます。番組の宣伝ではなく、チャンネルイメージの浸透を狙ったものです。ちゃんと3つのエピソードがありますね。でも全体で1つのストーリーにはなっていません。これがオムニバス形式ということです。「オムニバス」という言葉も現場では使いません。

ストーリーがなければ動画ではない!?

　さて、私たちが普段使っているコミュニケーションツール（情報伝達媒体）は、およそ4種類あります。文字、音声、映像（絵を含む）で映像は静止画と動画に分かれます。つまり、文字、音声、静止画、動画の4種類です。このうち音声は、聴覚なので今は省きます。視覚を利用する文字、静止画、動画の内、時間の流れを描けるものは動画だけではありません。文字ならばその代表は「小説」でしょうし、静止画では「漫画」がそうですね。この内最も短い時間で、しかも臨場感も最も豊かというオマケ付きでストーリーを伝えられるのが動画です。ストーリーはもちろん、臨場感も情報です。これも「動画は伝えられる情報量が多い」ということの一つです。正確に

は「1つの事柄（ストーリー）にまつわる情報を、小説や漫画では伝えられないものも含めたうえで、より短い時間で伝えられる」ということです。これを古来「百聞は一見に如かず」といいます。間違っても、あるニュースをキャスターがしゃべって伝え、画面の下にはまったく別のニュースがテロップで流れるといった、別々の情報を一遍に表示できるということではありません。そりゃ表示はできますが、そんなものは伝わりはしません。どちらも伝わりはしないところがミソですので、よく覚えておいてください。より正確で具体的な時間の流れとはるかに豊かな臨場感を伝えることができることをもって、「動画は最も効果的にストーリーを伝えられるツールだ」といっても反論する人はいないでしょう。小説は妄想する余地が残されているところが"いいところ"なのですが、それは正確に伝わり切っていないということの裏返しですよね。だからストーリーを伝えてこその動画ですし、映像でストーリーをつづれなければ編集ができるとはいえないのです。動画の強みとされていること、たとえばたくさんのことを伝えられるとか広告効果が高いとかイメージアップ効果が高いとか訴求力が強いとか、というのはすべて、言葉ではなく映像でストーリーをつづるからこそのことです。

　たとえば、「田中投手が三振を取った」というストーリーを見せることで、田中投手が「どうすごいのか」を見せることができます。「田中投手の球がどんなに速いのか、あるいはスプリットがどんなにキレがよく落ちるのか、一流の大リーグのバッターでさえキリキリ舞いしてしまうほどなんだ」ということを映像ストーリーなら数秒で伝えられます。この「どうすごいのか」を言葉で表そうとしたらとんでもなく長く、難しいものになってしまうのはわかりますよね？　だから視聴者はただ田中投手が写っているだけのイメージ映像よりも強く興味を持ち、魅かれるのです。

　逆にいえば、ストーリーのない映像を見ても「マー君、すげぇ！」にはなりません。大リーガーたちをキリキリ舞いさせているところを見れば「マー君、すげぇじゃん！」となりますね。それが"興味をひかれた"とか"面白

い"ということです。そしてそれが番宣ならば、「キリキリ舞いさせるところをぜひリアルタイムで見たい」になるのです。

この強みを使わないのなら動画にする意味がありません。ですから、そういったものを「動画になっていない」あるいは「番組になっていない」といいます。

この「ストーリー（事件と変化）」を作る、あるいは用意するのはディレクターの仕事です。動画を作るときには、伝えたいことを強烈に感じさせるストーリーをまず用意します。先の田中投手の例なら、伝えたいことは「マー君、すげぇ!」です。そしてそれを感じさせるストーリーとはどんなものだろうかと考えると、「マー君が投げた!　三振!　三振!　三振!　悠々とベンチへ引き上げる」になるわけです。この3連続三振は、現実には無い、創作したストーリーであることに注意してください。また、たとえばここでガッツポーズをするかどうかはどうでもいいことです。おもしろいとはそういうことではありません。このストーリーを映像でつづっていくのが編集という作業です。この2つを合わせて、つまり事件と変化を用意しそれを映像でつづっていくことを「番組を作る」とか「番組にする」というのです。

報道系動画は現実をそのまま伝えるものだといいました。でも「当たり前の現実」を伝えたってちっともおもしろくありませんよね。当たり前ではない現実とはなにかといえば、それは「事件」です。ワークショップでやったゴイサギの動画を例にしましょう。あれにはストーリーも事件もありません。しいていえば「ゴイサギがいる」ということが事件で、街の人たちが楽しんでいるということが変化なのですが、街の人たちを写すわけにはいかないので、ストーリーはないのです。だからつまらないですよね。入門者用のサンプルとしてストーリーがなくても動画（報道系動画）は作れるよということを示したのです。しかし、ただゴイサギが写っているだけではつまらなすぎて作品にならないので、名前の由来という情報を入れて

「一翻付ける」ことをしています。最初はストーリーを扱うのはまだ難しいでしょうが、最低限情報の1つくらいは入れようね、ということです。あれをもう少しおもしろくするためにはどうすればいいかというと、名前の由来のところを再現ドラマにする、つまりストーリー化するとか、あるいはみんなが見たいのはやはり魚を獲るところでしょうから、魚を獲るところをがんばって撮って入れるわけです。とはいっても、冒頭でいきなり魚を獲っていたら唐突過ぎて一体なにが始まったのか、なにを見せたいのかがわかりません。だからまずは魚を探したり、狙いを付けるといった「最初の状況」から始めるでしょう。どこかから飛んできて、この場所に舞い降りるところから始められたらもっといいのですが、それを撮るのは至難の業ですね。そして魚を探し、狙いを付け、忍び寄り、魚を獲るわけです。要するに見せたいものをいきなり見せてはいけないのです。すると必然的に"ストーリーで見せる"ことになるわけです。だから報道系動画であっても、それはストーリーを見せるための動画ではないけれども、ストーリーがあるほうが動画として上等である（＝おもしろい）ということです。ニュースにストーリーがないのは、「最初の状況」とか「事件」そのものを写すことができないからです。いつだって、結果だけを伝えることしかできません。結果を伝えることだけが目的で、映像を見せることは目的ではありません。ましてやおもしろくするつもりなど毛頭ありません。それが動画作品ではないということです。

　ドキュメンタリーでストーリーに乗せて見せたい場合、ストーリーを創作する必要はなくすでに現実にあります。自分がなにを見せたいのか、なにを見せるべきなのかをよく考え、それを含むストーリーを抜き出してそのようにつなげばいいわけです。「見せたいところ」に前後を付けてやればいいだけです。簡単ですね。イチロー選手の番組ならばイチロー選手が写っていればいいとしか考えられない人は、イチロー選手が写っている画をデタラメに並べることしかできず、コラージュ編集になるわけです。でもモンタージュ編集ができるならストーリーを扱えるということですから、イチロー選手がどんな状況でどんな活躍をしたのかを見せることができます。

要点はなにを見せるべきなのか、がわかるようになるということです。イチロー選手を見せるのではなく、イチロー選手の活躍を見せるんだということさえわかれば、あとは自動的に見せるべきカットも決まり、それに前後を付けてやればストーリーになるわけです。すると、ドキュメンタリーは報道系動画であるとはいえ、上級になるほどモンタージュ編集の割合が多くなっていくわけです。ニュースはストーリーがある必要もなく、動画として上質である必要もないのであれでいいのですが、だからニュースがやっていることをまねしていたのでは、上級の動画を作れるようにはなれません。

　現実のストーリーを映像でつづりたくても、必要な画がすべて撮影できるわけではありません。そこがドキュメンタリーの辛いところです。しかたがないので足りない画を制作映像で補完したり、モデル化したものが「ドキュメンタリー番組」です。さらには、そのモデル化したものをもっとわかりやすいように、あるいは伝えたいことを強調するためにヒネリを加えれば、つまり「演出」してしまえば、それはもう「一般番組」になります。

　そしてこれがイチロー選手のような現実の人ではなく、『巨人の星』の主人公である星飛雄馬のような架空の人であったならば、その活躍は現実世界のどこを探したって見当たりません。だから作るのです。星飛雄馬がどんな活躍をするのか、その活躍を見せるためにはその前後、つまりストーリーが必要ですよね。ただ消える魔球を投げるだけではダメで、どんな状況で消える魔球を投げて、なにがどう変化するのか（どんな活躍をし、どのように攻略されるのか）、それがストーリーです。そのストーリーもすべて作らなければいけません。それが番組系動画です。一から創り出すのが難しいならば、現実にあるものを参考にしてそこから創り上げること（これが「モデル化したものをさらに演出する」ということ）もできます。たとえば徳川家康の伝記もの。徳川家康は実在した人物ですから、そのまんまを伝えればそれは報道（新しいことではないのでニュースと呼ぶのはちょっと語弊がある）、もしくはドキュメンタリーです。報道は、新事実が発見されたりして事実そのもの

が変わらない限りはだれが作っても同じです。ただしドキュメンタリーは、家康のいい人としての事実だけを伝えたり悪人としての事実だけを伝えるなど、制作者の視点によって全然違うものになるのです（報道は客観、ドキュメンタリーは主観）。徳川家康の映画やドラマはそのまんまを伝えているのではなく、事実をベースにして創り上げた人間像とストーリーでできています。一般番組（たとえば歴史をたどるバラエティ番組）だったら、通常事実関係を伝える部分はドキュメンタリー映像（ここでは再現ドラマも含む）ですが、取り上げるネタやスタジオの部分（「枠」といいます）が違ってきます。どのような事実を紹介するのか、出演者をだれにして、その出演者にどういう視点でなにを言わせるのか、これらを総じて「ネタをどう料理するのか」などといいますが、これは制作者が考えることです。「枠」の部分のストーリーを考えることで番組全体のストーリーが決まるのです。だから、制作者によって全然違う番組になるはずです。ところが、出演者がなにを言うかは出演者しだいというのでは、制作者はだれでも同じということになりますね。それは集まった出演者が勝手なことを言っているのを記録しただけの「報道系動画」であり、制作者が創作したものではないので、こういったものを「番組になっていない」といいます。番組とは「映像ショー」であるはずです。出演者が勝手なことを言っているのを記録しただけでは、ショーになんぞなりはしません。だから「番組になっていない」ということです。報道系動画と番組系動画は「創ったものなのかどうか」が違うのです。そして番組系動画は創り上げたものだからこそ、より劇的で"おもしろいもの"になるのです。ニュースを創っちゃったり、"おもしろいもの"にしちゃったら、それはもはや犯罪ですよね。「動画を見るのが好き」という人でも、ニュース映像を見て喜ぶ人はまずいないでしょう？　みんなが動画を見たがるのはストーリーがあり、それが活字ではなく映像で描かれているからです。より劇的で"おもしろいもの"に"料理されている"からです。みんなが見たがる動画とは「番組系動画」のことであり、ストーリーこそが動画の命なのです。

まとめ

- **ストーリー**
  「最初の状況」→「事件（動作）」 → 「変化」 → 「変化後の状況」
  （なにが：起）　　（どうして：承）（どのように：転）（どうなった：結）

- 見せたいストーリーの直前、
  事件が始まるところから始めて、結果を見せて終わる

- 最初に「終わったような画」を持ってこない

- 最後に「始まるような画」を持ってこない

ストーリーをつなぐ「モンタージュ編集」

「どんな風に（一瞬の様子）」を
つなぐ「コラージュ編集」

主人公の紹介

　動画では原則として、あるシーンの中で事件が起こる前に**最初に"紹介"**
された人や物がそのシーンの主人公になります。物語全体の主役とは別で
すので注意してください。すべてのシーンは「いつ、どこで、だれが、ど
うした」になっているはずで、その「だれ」に当たるのがそのシーンの主
人公です。主人公は人間だけとは限りません。主人公が紹介されないシー
ンは、その状況自体が主人公ということになります。その場合、淡々と状
況だけを描いた情感のない、叙事的なものになります。

「紹介」とは「そのシーンのテーマを宣言すること」と定義します。この
人が主人公であることがわかるように、しっかりはっきりくっきり見せる
ことです。本書でだけの定義です。著者が知らないだけかもしれませんが、
これを表す専門用語は特にないと思います。表情・顔・風体がよくわかる
ウェスト・ショットからバスト・ショットくらいで5秒ほどがよく使われ
ます。ウェスト・ショットより引いてしまうと顔がよく見えないので印象
が弱くなりますが、風体はよくわかります。バスト・ショットより寄って
しまうと暑苦しくなって、人物紹介の画としては不適です。サイズにはそ
れぞれ役割というものがあって、（人の）アップは「表情を見せる」ための
ものなので、紹介には向いていないのです。足元から顔までティルト・ア
ップ（カメラが下から上へなめ上がっていくこと）するのなら8〜10秒くらいでし
ょうかね。主人公の全身から顔までがよくわかるようにフル・ショットか
らバスト・ショットへのズーム・インなんかもよく使われます。また数カ
ットにわたることもあります。つまり、**人物を紹介するのに適した画・カ**
ット数・長さで、いかにもこの人が主人公ですと宣言するのに相応しいカ

ットのことだと思ってください。通常"最初に"と説明されますが、必ずしも一番最初に出てくるとは限りません。もっと先に脇役が写されることもありますが、その時にはチラッとサラッと写すだけで、主人公だと宣言するのに相応しいカットにはしません。そして通常、紹介はそのシーンで最初の状況を示した後、事件が起きる前に行われます。事件が起きた後だと紹介としてあまり有効ではなくなりそうです。

主人公の選択

　主人公の設定がどうして重要なのでしょうか。主人公の設定を間違うととんでもないことになるのです。

主人公が鷹の場合。カットの長さはみな同じとします。

主人公がウサギの場合。カットの長さはみな同じとします。

　前者は鷹が主人公です。ウサギを発見しました。ハンティング。なんとか食事にありつけました。というストーリーです。この鷹は長いこと獲物に恵まれなくて、あわや飢え死にするところでした。やっと餌を手に入れることができて、なんとか命をつなぎました。よかったよかった。

　後者はまったく同じストーリーですが、被害者であるウサギが主人公。ウサギがいます。鷹に狙われていますよ、気を付けて！　あっ！　襲われた！　野生は残酷です。という悲劇になってしまいました。これ、子供が見てたら泣きますよ。トラウマになりかねません。

　たった1カット逆につないだだけです。たったそれだけのことで、大惨事になってしまうのです。「ちょっと間違えた」では済みません。主人公の選択の重要性がわかっていただけたでしょうか。

　ちなみに後者で、第1カットのウサギの画を短くして、第2カットの鷹の画を長くすれば鷹が主人公になるじゃないか、というのは間違いです。それだと第1カットと第2カットがモンタージュになりません。文法にそぐ

わないということです。「鷹が見つけた」→「ウサギを」でなければいけません。ウサギが前にあるということは、ウサギを主人公にした、つまり受け身形にしたということです。それをカット長を短くして強引に鷹を主人公にしたのでは、ウサギが前にある意味がありません。意味がないことはやってはいけないだけではなく、混乱を招きます。

　どうしてもウサギを前に持って来たいならこんな手があります。第1カットのウサギの画を遠目の後ろ向きや横向きにして、ウサギはこちらに気付いていないという風情のカットにします。そしてフィックス（固定）ではなく、ウサギの動きを追いかけるようにカメラを少し振って、常にウサギをセンターで狙います。「遠くからウサギを見張っているだれかの主観」というカットにするのです。そのだれかが鷹であるなら、ちょっと俯瞰にしたほうがいいでしょう。第2カットは鷹の顔のアップになります。この場合は体全体のアップではなく、できるだけ正面からの顔だけのアップにします。そうすることによって、第1カットをこの鷹の主観にするのです。これはもちろん、もうおわかりのことと思いますが倒置法であって、ウサギと鷹のカットを強引に逆にしただけであり、本来は鷹が先になるのが本筋です。「鷹がなにかを見ている」という画が先に来るからこそ次のウサギの画が鷹の主観になるところを、その「鷹がなにかを見ている」という画を後にしてしまったのですから、ウサギの画がなにかの主観だということをカメラワークだけでわかるようにしなければいけなくなっているのです。どっちが主人公であるかを、見せ方（撮り方）ではっきりさせなければいけない場合です。間違っても紹介の画にならないようにしなければいけません。だからあっち向きか横向きでなければダメで、ウサギがこっちを向いてしっかり写っていてはいけません。また、フル・ショットになりますが、あまり詰めてもいけません。……そしてここで問題です。そうまでしてウサギを前にしなければいけない理由はなんですか？　それだけの理由があるのならば文法から外れてもいいけれど、外しても成立させるだけの知識が必要になるということです。そして理由か知識のどちらか、もしくは両方がないのならば、文法通りにつなげばいいのです。

一般に、被害者（ウサギ）を主人公にしてはいけません。動物ものでは本当にしょっちゅうあることで、ライオンがシマウマをハンティングするところをテレビで放送するときには、絶対にシマウマを主人公にはしません。ではシマウマに密着したドキュメンタリーだったらどうするのでしょう？

▶ 悲劇を和らげる編集法

　ある1頭のシマウマに密着したドキュメンタリー番組を作っているとしましょう。シマウマの生活では、ライオンに襲われることもあるということは絶対に外せない要素です。だからシマウマがライオンに襲われるシーンは必ず出てきますが、襲われるのは密着している1頭とは親でも子でも親戚でもない別の個体ということにします。同じ群れの中の知らない他人です。さらに、ライオンが向かってくる画でカットして、次のカットではもうライオンがはいつくばって、獲物を食べているところにします。つまり、**襲うところ、特に殺すところは絶対に見せません**。ライオンのドキュメンタリーであれば、ライオンがどのように狩りをするのかを見せますが、シマウマのドキュメンタリーではどのように殺されるのかなんて見せてはいけません。

　もし、密着している1頭が襲われちゃったらどうするのか？　その場合は、そこでそのドキュメンタリーは終了ですね。「ドキュメンタリー」ではなく、「ドキュメンタリー番組」にすれば、その先を続けることができます。番組の中では襲われたのは「別の個体」ということにします。そもそも、この1頭に密着していると思っているのは視聴者だけで、実はシーンごとに主人公になっているシマウマは別の個体だったりします。シマウマなんて一般人には見分けが付きませんから。CMの白い犬のおとうさんだって、そっくりな2頭が入れ替わりながら演じていたのです。

　こういうのを「ヤラセだ」などという人がいますが、それは違います。ここが「ドキュメンタリー」と「ドキュメンタリー番組」との違いです。こ

のドキュメンタリー番組が伝えようとしているのは「シマウマの生活の実態」なのであって、その「実態」にウソがなければいいのです。「実際にはライオンに襲われることはないのに、ライオンに襲われるシーンがある」というのであれば、そのドキュメンタリーはウソだということになりますが、実際の生活を、あちこちの映像（ただし本物映像）をつなぎ合わせて（モンタージュして）見せるのはなんら問題がありません。というか、それがいかんというのならば、ドキュメンタリー番組は作れなくなってしまいます。「番組」という言葉は、この場合「作ったもの」という意味です。ドキュメンタリーが真実だけを伝えるのに対し、ドキュメンタリー番組は真実をわかりやすいようにモデル化して伝えるものです。「モデル化する」ことはヤラセやウソとは違います。これをウソだといい始めたら、数学も経済学もすべての学問がウソだということになります。ライオンに襲われるところとか、「本物」を撮るわけにはいきません。そんなの毎日何年密着すれば撮れるのですか。だから今までに撮れた画を総動員して、あるいは必要な映像を買ってモンタージュして作り出すのは、つまり別撮りでしのぐのは動画の必然です。それをヤラセだなどというのは、映像文化を否定していることにしかなりません。どこまで許されるのか許されないのかは「視聴者をだます意図があるかないか」、「伝えたいことそのものが真実かウソか」ということなのですが、結局はケースバイケースであり、程度と加減の問題です。だから経験で覚えるしかありません。

ただし、いかにも視聴者が誤解しそうだと思われる場合には「資料映像」とか「再現映像」などと端っこに小さくテロップを入れて対処します。でも、いつでも出せばいいというものではありません。視聴者にとっては迷惑であり、先に言い訳をしているのですから**不必要なテロップは信用をなくします**。いつ出すべきなのか、どんな時には出してはいけないのか、これを判断できるようになることも編集テクニックのうちといえばうちなのです。

さて、ここでは主人公の置き方の重要性を説明しました。次は、主人公

がいるのといないのではどう違うのか、いる場合といない場合の編集のしかたとその表現の違いを説明します。

主人公がいるかいないか

主人公がいる場合。

主人公がいない場合。

　実際にはこんなぶっきらぼうで雑な編集はないですよ。これは例題のために極力簡略化している、つまりモデル化しているだけです。もう少していねいに描くならば、葬儀場ヒキの後、男がちゃんと登場し紹介され、ひとしきり棺をのぞき込んだりしたあと出棺されていく、それを男が見送っている……、などという描写になるはずです。簡略化されているところは頭の中で補完しながら読んでくださいね。

　前者では、第1カットは状況説明で、次に男の紹介が先に来ているので、この男がこのシーンの主人公（テーマ）となっています。それはつまり「このシーンはこの人がどうなのかを描いているシーンですよ」と宣言している、ということです。主人公とはそういうことです。だから、この男が霊柩車を見ていますが、ただ霊柩車を見ているのではなく、同時に悲しんでいるのです。このシーンは「悲しんでいる男の気持ちを表すシーン」であり、悲しんでいるのだから亡くなったのはこの男と関係のある人、死なれたら悲しむような間柄の人だということになるのです。この男がほぼ無表情であっても、クレショフ効果が発動して悲しんでいることになります。また、第3カットはこの男の主観になっていますね。視聴者がこの男の目を通して棺を見ることで、男と同じ気持ちを感じることになります。感情移入というヤツですね。だからこの第3カットは、この男が全体の主人公である場合は主観にし、脇役の場合は客観にすることが多くなるでしょう。基本文法（動作の主+動作→対象）に沿っていることを確認してください。このシーンを言葉で表すと「**男は悲しみの中、出棺を見送った**」になります。「男」が主語であることに注意してください。このような感情を伴う表現の

しかたを「叙情的な表現」とか「主人公の主観的表現」といいます。普通、映画やドラマはキャラクターを描くものですから、この表現が主流になります。

一方、後者は「霊柩車が亡くなった人を運んでいきました。それを男が見ていました」というだけの葬儀場の状況・様子を表しただけのシーンになります。男が主人公として紹介されていないので、テーマは出棺ということになり、**男のアップは「状況説明の一部」になってしまう**のです。**「棺は、男が見ている中、霊柩車で運ばれていった」**という状況を示しただけのシーンになり、だれの気持ちも表してはいません。男と故人の間柄は、第3カットの男の表情（演技）からしか知る由はありません。ほぼ無表情であるなら、今度は主人公ではないからクレショフ効果は発動しないので「冷静に見送った」ということになり、2人の間柄については別にその死を悲しむような間柄ではないということになります。棺が主語になっていることに注意してください。このような表現のしかたを、「叙事的な表現」とか「客観的表現」といいます。淡々と事実だけを描いていくやり方ですから、感情移入が起きず、無機質なシーンになりがちです。極めて記録映像的な編集で、当然ニュースで葬儀の様子を写す場合には、このようにつながなければいけません。映画やドラマでは、このようにつなぐのは極めて特殊な場合だけでしょう。棺の中の人が全体の主人公で、霊柩車が走り去ってエンド・マークが出るといった叙事的に終わりたい場合とか、実は死んでおらず、死んだと見せかけただけの場合とか。

主人公（テーマ）をきちんと扱えるかどうかは、感情を表現できるかどうか、キャラクターを描けるかどうかの根本となるところです。これができなければおもしろい動画を作るのは難しいでしょう。「事実関係（ストーリー）は同じなんだから、順番なんてどうでもいいんだ」ではないこと、順番が違ったら「通じない」とか、あるいはニュースと映画では編集が違うということがわかっていただけたでしょうか？

244　❷ 主人公の紹介

　ここで男が大いに泣きわめけば、男が悲しんでいるということはわかりますね。でもそれは「演技での表現」なのであって、「編集での表現」ではなくなります。「霊柩車は、男が泣きわめく中、故人を運んでいった」という状況を示しただけのシーンであることに変わりはありません。この男の気持ちを表したシーンにはならないのです。感情移入はまったく起きないので、視聴者からはせいぜい「かわいそうに」という客観的な同情を引くに留まります。これがあとでお話しする「臨時の主人公」です。どこまで派手に演技しても「プチ主人公」であり、「本当の主人公」にはなれないので、視聴者に深く共感してはもらえないのです。

主人公の扱い方あれこれ

▶ わき役を先に出す

> でも主人公が最初に出てこない映画とか、いっぱいあるじゃん！

「最初に」というのは、例によって基本ルールなのであって、「主人公より先にわき役を出す場合は、主人公がはっきりわかるようになにか手を打ちなさい」という意味です。

　逆に、本当に主人公が最初に写っている場合には、それほどしっかりはっきりくっきり見せなくても大丈夫です。たとえば作品中に登場人物が主人公1人だけで、なおかつ基本文法に沿っているのならば、だれも主人公を間違えようがないから、なにも心配はいりません。それでも主人公の顔は一度はちゃんと見せるのが普通です。顔をちゃんと見せないのは、それが「だれでもない（だれかに特定したくない）」ときです。イメージ映像に多いですね。

　では、わき役を先に出す例をお見せしましょう。

　見覚えが？　デジャヴじゃない？　この場合、BさんもAさんもフィックス（カメラ固定で、パンとかズームじゃないよという意味）で4秒のカットだとしましょう。被写体の大きさ（サイズ）も同じくらいです。これだと基本ルールに従ってBさんがこのシーンの主人公になります。

　ところが、Bさんをフィックスで（しかも少しヒキ目がいい）3秒ほど見せてから、Aさんのカットは足元から顔のアップまでのティルト・アップで8秒だとしましょう。ティルト・アップに5秒、アップを3秒です。するとあら不思議。このシーンの主人公はAさんになりました。このようにBさんをあっさりと、Aさんをじっくりと見せてあげるとAさんを主人公にできます。これを言葉で表すと「ボカッ！　→　Bさん鼻血ピュー、バタン（倒れた）　→　殴ったのはなんとAさんだった！（信じられない。あのおとなしいAさんが人を殴るなんてェェェ!)」という感じになります。Bさんをあっさり描くことで「鼻血を出して倒れたBさん」を「状況説明の一部」に格下げしているのです。

 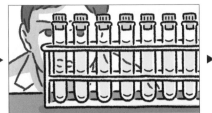

　とあるアメリカのドラマに出てきた1シーンを再現してみました。このシーンの主人公はスパイですが、かなりシーンの後半に出てきます。前半はずっとちょい役の名もない研究員が出ていますが、一切顔がわからないように写しています。アップもありますが試験管越しにすることで顔をはっきりとは見せていません。試験管越しのほかにも「顔にピントを合わせない」などの手もあります。主人公の描写は普通ですが、それよりも先に出てくるちょい役研究員を徹底的にはっきり写さないことで、「この人は主人公ではありませんよ」と伝えているのです。

　また、主人公の「紹介」のしかたで参考になるものに、刑事コロンボがあります。タイトルこそ刑事コロンボですが、あれ、本当の主役はコロンボではありません。犯人のほうです。まず犯人が出てきて殺人を犯します。

一見完全犯罪のようですが、コロンボの活躍により犯人が馬脚を現していく様を描くドラマです。とはいえ、コロンボだって主役であることに間違いはありませんよねぇ。まぁ、主役が2人いるというのが一番納得がいくでしょうか。

そこでコロンボをどう紹介するか、という問題が出てきます。だって、かなり後から出てくるわけですから「この人がもう1人の主役です」ということを映像でわかってもらうのは並大抵のことではありません。普通、主人公は1人ですから、もう1人主人公がいるなどということは異常事態です。視聴者は予想していません。「コロンボを見る人は後からコロンボが出てくることを知っているだろう」という考えは通りません。まったくなにも知らず、初めて見る人でもわかるようになっていなければ、映像作品として失格です。

そこで、毎回コロンボの登場シーンはかなり手間暇をかけて、コロンボを紹介しています。顔やあのヨレヨレのレインコート姿をしっかり見せるだけではなく、殺人現場であくびしながら眠い目をこすってみたり、部下にコーヒーを要求してみたり、遺体そっちのけで葉巻の灰を捨てるところを探し回ってみたりと、彼の風体や人柄を余すところなくしっかりと描写します。その手間暇のかけっぷりは、本当の主人公である犯人を超えている場合もあります。今度コロンボを見る機会があったら、そんなところにも注意して見てみてください。

物語全体であれ、1つのシーンであれ、「後から出てくる主人公は手を焼かす」ものなのです。

▶ 物を主人公にする

物を主人公にするのはちょっと手間がかかります。「かじられるリンゴの気持ち」を映像で表してみましょう。リンゴに目鼻口をつけて擬人化するという手もありますが、それではマンガです。

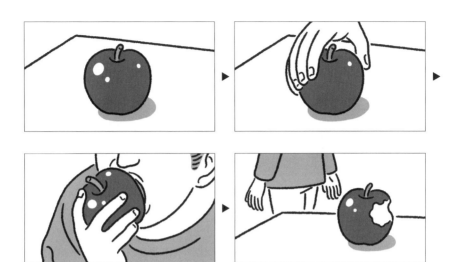

　人とリンゴだとふつうは人が主人公に決まっています。人と物が一緒に登場するにもかかわらず物のほうが主人公である場合は、このように圧倒的な差をつけて紹介することでリンゴが主人公であることをわからせます。特に人の目を出してしまうと人に持っていかれてしまうので気を付けましょう。

▶ 臨時の主人公
　突然、一瞬だけ主人公を変えるという高等テクニックです。

「構文」のところで出てきたシーンです。最後の第7カットに注目してく
ださい。

　この女の子のアップは、3秒くらいであっさり見せるのが普通のやり方
です。次のシーンの第1カットがこのシーンの第6カットと似たようなサ
イズになる場合などは、このやり方でシーンが変わったことを強調したり、
同ポジ感を避けたりします。第7カットはそれだけのためのカットで、こ
の女の子はただのチョイ役、特になんだという存在ではありません。

　もし、ものすごく心配そうな顔をして、ほんのちょっと長め（4秒くらい、
サイズももうちょっと詰めたほうがより効果的）にしたならば、おかあさんの容態
の深刻さを暗示するカットになります。まだ女の子が主人公になったとい

うところまではいっていません。

　あるいは、このシーンに至るまでのストーリーで、女の子がなにか悪いことを企んでいて男の子を早く家に帰らせたい、罠にかけたい（おかあさんが倒れたというのはウソ）というような場合は、この第7カットで女の子をほくそ笑ませます。サイズもウェスト・ショットからアップ（肩口までのショット）くらいヘズームさせ、尺もちょっと長め（5〜6秒くらいでしょうか）にします。するとこの1カットだけ「女の子の気持ち」を表すカットになり（シーンではない）、このシーンの一部分でだけの「臨時の主人公」というか「プチ主人公」となります。1カットだけで「気持ち」を表すには表情を見せるしかないので、サイズは自動的にアップになります。1カットだけなので編集での表現ではなく、演技での表現です。この「シーンの主人公」ではなく、この「カットの主人公」なのですが、このシーンからはすでに主人公が退場しているので、この女の子がこのシーンの主人公を乗っ取った状態です。

　このシーンは元来「男の子の心情の変化」、「いかに男の子がおかあさんを心配しているか」を表すシーンです。しかし、女の子をほくそ笑ませることで、「男の子の未来の波乱を暗示」しながら「女の子のしてやったりの気持ち」を表すことになります。しかし、どこまでいっても「状況説明の一部」なのです。男の子が全体のストーリーの主役で、女の子は敵役の片腕的手下であるなど、チョイ役よりは少し重要な役の場合に使われる手法です。きっと家に帰るとおかあさんは病気ではなく人質になっていて、敵役が待ち構えているのでしょう。

　試しに、女の子をこのシーンの主人公にしてみましょう。

　第2カットまでは同じです。第3カットで女の子登場。ここまでが状況説明ですが、女の子はアップなのでこのシーンの主人公であると宣言されています。その後のストーリーは同じ。1つのシーンが「女の子のシーン」になったわけですから、物語全体の中での女の子の役の重要度が増しています。女の子が全体の主役である場合はこうなります。もし男の子が全体の主役であるなら、その男の子が脇役になってしまっているのですから、映画全体の中では主役が入れ替わってしまっているトンチンカンなシーンということになります。脇役が主人公のシーンに本当の主役を脇役として出す場合、そのシーンだけではなく、そのシーンが含まれるエピソードごと主役を替えたほうが無難です（シャアのエピソードにアムロが脇役として出てくるようなことです）。

　役の重要度によって見せ方が変わるという例でした。「だれをそのシーンの主人公（テーマ）にするのか」は編集するうえでとても重要なことですから、常に慎重に考え、はっきりと意識していなければなりません。

まとめ

- **先に紹介された人物が主人公**
  ⇒後から出てくる主人公は手を焼かす
- **役の重要度によって見せ方が変わる**

シーンの内訳

核となるカットと装飾的カット

シーンの中のカットは、ストーリーを直接つづっている「核となるカット」と、ストーリーをつづっているわけではなくその時の状況を見せる「装飾的カット」の2つに大きく分けられます。「核となるカット」は、これの順番を変えてしまうとストーリーそのものが変わってしまいます。ルビを振るのがあまりにも面倒くさいので（笑）、今後は「コア・カット」と呼ぶことにします。文法の話はすべてこの「コア・カット」の話です。一方、装飾的カットはストーリーをつづっていないので、直接は文法の影響を受けません。装飾的カットには「周りの状況カット」と「代理カット」の2通りがあります。

▷ 周りの状況カット

「周りの状況カット」は、状況を見せるカットのことで、コア・カットと代理カット以外のすべてのカットが該当します。構文で出てきた「状況説明のカット」もこの一種ですし、回想の画などの「頭の中の映像」もこれの一種です。状況を表すカットですから本来の冒頭部と最後に入れるのは当然として、シーンの途中どこでも好きなところに挟み込むことができます。装飾的カットもシーンの中のカットですから、当然そのシーンの時間軸に合わせたものでなければいけません。途中に挟んだ場合は、状況変化の途中経過を見せるカットになります。ふむ、言葉だけではややこしくなってきましたね。例を見せましょう。

　この第2カットと第3カットの観衆の画は、「みんなが注目している」「みんなが期待している」という状況を表したカットです。あってもなくてもストーリーは変わりません。同じシーン内のカットですから当然モンタージュされたものですが、新たなストーリーを生み出してはいません。

　その時点での「主人公の周りの状況」を表しているのが、第2カットであり第3カットです。これはストーリーに応じた周りの状況変化を見せているのですから、その時の状況に応じた、つまり時間軸に合わせた画でなければいけませんよ、ということです。「おおっ!」とか「出たーっ!」が「カメハメ」の前に来てはいけませんよね。もし「カメハメ」の前に観衆の画を入れたいのならば「出たーっ!」とか言っているはずはなく、「固唾を飲んで見守っている」という画になるはずです。こんなに当たり前の簡単な話も文字にするとこんなにややこしく、難しそうになるのです。だからこの本全部、ちょっと斜め読みしてひらがなで「むずかしそー」とか思わないで、しっかり読んできっちり理解してください。理解しちゃえばすべてバカみたいに簡単なことです。「周りの状況カットはどこにでも挟めるけど、時間軸だけは合わせなきゃダメよ」と、これだけのことです。

「周りの状況カット」はどこにでも挟めるのですから、順番の決め方などはありません。つまり文法はありません。よかったね。最初と最後には入れるのが基本形（構文）になっているくらいのことですね。もちろん1つのシーンに挟み込むわけですから、1つのシーン内の編集であり、モンタージュ編集になります。5つの条件が一致していなければいけないということです。

「挟む」とはこの場合「挿し込む（インサート）」と同じ意味です。コア・カットがつづるストーリーに「周りの状況カット」がインサートされているのです。ですから、（著者の知る限り）編集の現場では「インサート・カット」といえばもっぱらこの差し込まれた「周りの状況カット」のことを指します。撮影の用語と編集の用語を混同してはいけません。「シーン」だって、撮影と編集の現場では指しているものは必ずしも一致しませんし、1つのシーンが複数のカットに割られていることを撮影用語では「カット割り」というのに対し、編集用語では「モンタージュ」といいます。また、代理カットのことはインサート・カットとは呼びません。本来のインサート・カットも、それがコア・カットである場合にはインサート・カットとは呼ばれません。もちろん、呼んだら間違いというわけではありませんが、用語などは時代や現場によってもいろいろと変わったり違ったりするものだということは知っておいてください。

▶ **代理カット**

 ▶  ▶

　第1カットは状況の説明、第2カットは主人公を紹介するためのアップです。続く第3カットは、第2カットと同じ被写体を別方向から写しただけのカットで、変化がなくストーリーをつづってはいません。これが「代理カット」です。これも新たなストーリーをつづってはいませんが、同じシーン内の編集なので「モンタージュ」です。

　このシーンは文章にすれば「イチロー選手が打つ」シーンということになりますが、その「イチロー選手が」の部分に当たるのが第2カットです。そして第2カットと第3カットは1つのカットを2つに割ったものなのです。第3カットは「その時のイチロー選手の状況を別の角度から示したもの」です。第2カットだけでは長くて退屈と感じられたり、素材に必要なだけの尺がない場合などに、なんの変化もないカットを第2カットの代わりとして入れてあるのです。第3カットを手で隠してみてください。基本形通りにちゃんと成立していますね。このカットは第2カットに意味を付け足してサポートすることもありますが、絶対に第2カットと矛盾してはいけません。矛盾したら代理になりません。第3カットは第2カットの一部を代理するものなので、本書ではこれを「代理カット」と呼ぶことにしますが、「その時の（本人の）状況を示すカット」なので「周りの状況カット」

の仲間でもあり、装飾的カットの一種です。

　第2・3カットはそれぞれ2秒ずつ、2つ合わせて4秒だとしましょう。本来は第2カットが4秒あれば、第3カットはなくてもストーリーとしては成立するのですが、それだとバッターがアップのままバットを構えることになり、構える動作がよく見えませんよね。だから第2カットの後半2秒分を別アングルの画にして、紹介も続けながら構えるという動作が見えやすいようにしているわけです。あるいは、第2カットだけでは素材の尺が足りないという特殊な理由がある場合もあります。本当はアップを4秒入れたかったのに、素材が2秒しかない。しかたがないから別アングルの画を2秒足して「イチロー選手の紹介部分を4秒にしました」ということです。尺を詰めるのではなく、伸ばしているのです。複数のカットで1つのシーンを……ではなく、1つのカットを作っているのですから、（1つのシーンの中での編集なので当然ですが）これもモンタージュです。

　この代理カットは、基本的には当然「あえて見せたいものを見せる」ために入れられます。代理カットは複数続く場合もあります。別の例を出しましょう。西部劇で、遠くから馬に乗った保安官がやってくるとします。

 ▶  ▶

 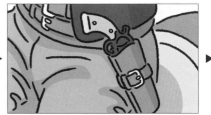

第2〜4カットが「代理カット」。

　第1カットは、遠くだからドン引きです。広い砂漠の中をカウボーイハットを被った男が馬の背に揺られています。これは状況説明のカットでありながら、主人公も写っていますし動作（馬に乗って歩いている）も写っています。だから、ただ「男が馬でやってきた」ことだけを伝えたいのなら、この1カットだけでことは足りますね。でも、それだとこの男がだれなのかもよくわからないし、保安官なのかどうかも、なにをしに来たのかもわかりません。だから第2カットとして、アップで顔を見せてあげます。通常、これは主人公の「紹介のカット」であり、コア・カットと考えられます。でもよく考えると、第1カットにすでに「動作の主」も「馬に乗って歩く」という「動作」も写っていますので、絶対必要というわけではありませんね。ただ顔を見せるためだけの代理カットとも考えることができるのです。

　映画全体の流れの中で"紹介"すべきところであるなら第2カットは「紹介のカット」ということになり、"紹介"する必要がないところなら代理カットだということになりますが、そこには明確な境界線はありませんし、どちらかに断定する必要もありません。

全体のストーリーとしては、第2カットをコア・カットと考えるなら「馬に乗ったイーストウッド（保安官であり銃をぶら下げている）が、この地点を通過した」となります。第2カットが「このシーンの主人公はイーストウッドです（「だれが」に当たる）」というコア・カットになり、第3・4カットは代理カット（イーストウッドを補足説明しているだけでストーリーは語っていない）、このシーンのメインの動作（事件：「どうした」に当たる）は紹介のカットのあとに来た動作である「この地点を通過した」になります。

一方、第2カットを代理カットと考えるなら全体のストーリーは「馬に乗った男（イーストウッドみたいな精悍な顔つきをした保安官で銃をぶら下げている）が、この地点を通過した」となります。このシーンの主人公は馬に乗った男で、第2〜4カットは代理カットです。第2カットで「やって来たのは、こんな顔の男です」と説明し、第3カットでは胸のバッジを大写しにして「保安官だぜ」と、さらに第4カットで腰にぶら下げた拳銃を見せ「犯人を追って、一戦交える覚悟だ」ということを表しています。第5カットは、ちょっとヒキ画で歩き去っていく後ろ姿でこのシーンは終了です。メインの動作（事件）は第1カットでの動作「馬に乗って歩いて来た」になります。基本的な形として「紹介の次に来た動作がそのシーンでのメインの動作」になります。

さて、第2カットを代理カットだとするならば、第2〜4カットは、別段ストーリーをつづるのに必要なわけではありませんね。この男は「顔はこんなで、保安官で、銃をぶら下げているよ」と、この男の説明をしているだけです。「第1カットでは見えないところ」を見せてあげたというだけで、状況もストーリーも第1カットからまったく変化はなく、ずーっと第1カットだと退屈だし、細かいところがよくわからないから代わりに入れたカットということで「代理」なのです。エヅラ的には特に意味がない場合もありますが、今回のように代理元のカットを補足説明する役割を持つこともあります。

「代理カット」はあるカットの代理ですから、そのカット直後に入れるのが基本ですが、まれに先に入れることもあります。「代理カット」を短く2〜3連発して「なんの画だろう?」と思わせておいて、最後に本カット（答え）を見せるみたいな、もったいぶった見せ方ですね。これも倒置法の一種で、絶対に多用してはいけません。先でも後でも必ず「そのカットのあるところ」です。また、元のカットがなくなる（代理カットが取って代わってしまう）ことはありません。

カットを割る意味

この西部劇のシーンをカット割りせず1カットの長回し（1ショットで撮ること）にしたら、どれだけ長い尺になるでしょう?　遠くから馬が歩いて来て、カメラの前まで来たら顔のアップになり、そのままカメラが下に行ってバッジを写し、さらに下がって銃を写し、それから引いてこの地点を通過するまでずーっと回していなくてはなりません。それを代理カットを入れてカット割りすることで、ものすごく尺を詰めていることがおわかりでしょう。

カットを割る（ここではサイズ、アングルを変えることだけを指します）意味・理由は、第一**見せたい画を見せたいタイミング、見やすいアングルで見せることであり、第二が尺調整**（テンポの調整を含む）です。尺調整は基本的には時間を詰めることですが、時間を延ばすこともあります。この内、第一の理由はカットしなくてもカメラが動くことでも解決できますね。でもそれだとカメラが動いている時間がとても長く退屈になります。カットを割れば、尺やタイミングを調整できます。見せたい画があるわけでもないのに、尺を調整するためにカットを割ることもあります。監督が、意味もなく気分しだいでデタラメにサイズやアングルを変えているのではありません。間違っても感性などではありません。ちゃんとすべてのカットに論理的な意味があるのです。無ければいけません。芸術であれ、そうではないものであれ、作品というものには「意味のないもの」は絶対にあってはい

けません。特に編集は「あるコンセプトに基づいて素材を整理整頓すること」でしたよね。なにかが意味なくそこここに存在していることを「散らかっている」というのですよね? 意味がないものがあったのでは、整理整頓できていないということです。これらの代理カットのように、見せたいものがあり、それを見せる理由があり、そのついでに尺を調整するのです。時には尺を調整することだけが目的で入れられることもありますが、それだってそれがそのカットの存在する意味です。いや、意味のないことをやってはいけないというより、動画では意味のないものは存在することができません。制作者は意味なくやったつもりでも、意図しない意味が出てしまうからです。

　代理カットの話の「イチロー選手」の例では、第3カットは構えるところを見せたいだけではなく、テンポを出すことも目的の1つです。いやむしろ、構えるところなんてどうでもよくて、実はテンポを出すのが主目的です。勝負の直前には少し間合い（時間）があったほうが、緊張が高まりますよね。でもその間カットが変わらないと、逆にダレてしまいます。1つのカットをいくつかに割ることで、尺を変えずにあるいは伸ばして緊張感を盛り上げることができます。このように、カット目の間隔だけを短くしてダレるのを防ぐことを「テンポを出す」といいます。このためだけに、特に意味のない画を使う場合もあります。「特に」どころか、真っ白や真っ黒を使うことさえあります。そのような例外もあるにはありますが、基本的には西部劇の例のように「この画を見せる必要があるから」「長回しにすると尺が長く／短くなってしまうから」カットを割るのです。意味のない画を使う「例外」の場合にも、画に意味はない[*]というだけで、カットを割ったこと自体にはちゃんと「テンポを出す」という意味があります。

　先に「どこにでも自由に入れられる」といった「状況説明のカット」で

---

[*] 厳密には、真っ白であることや真っ黒であること、なにも見せないことにも意味はあります。そこに挟んだのがなぜ白なのかにも理由があるということです。

も同じです。入れたいところに入れたいものを時間軸に合わせて入れれば
いいのですが、当然不必要に入れてはいけません。ではどんなところに入
れたいのかといえば、強調したいとか、印象に残したいところです。上の
「カメハメ波」のように、ストーリー展開を遅くして、もったいぶりたいと
ころにも入れたりします。これも強調の一種です。画そのものには大した
意味がなくとも、「入れること」には意味があるのです。時間を引き延ばし
たり、逆に退屈な時間を詰めたりします。そしてそういう場合には、この
画でなくともいいということになります。「なにを強調したいか」「どう伝
えたいか」によって装飾的カットを入れる必要が出てくるわけです。そし
てなにを強調するかで、そのシーンの意味は違ってきます。意味は違って
きますが、ストーリーが変わるということではありません。逆に、いらな
いところにいらないカットを入れれば、なにを伝えたいのかがボケてしま
うことになります。蛇足ですが、エフェクトも同じです。いらないところ
に長いOLを入れるなんて、なにを伝えたいのか、自分はなにをやっている
のかをわかっていない人のやることです。ちなみに、短いOLはつなぎ目の
ショックを和らげるなど、エフェクトそのものに意味はありませんが、役
割はあるのです。

カット割りと感情表現

　カット割りそのもの（サイズ、アングルを変えること）で感情表現はできませ
ん。サイズもアングルもそれそのものは「見せ方」ですから、人の顔を割
と詰めたサイズで煽って（カメラを下から上に向けて写すこと）写せば偉そうに
見えるとか希望に満ちているように見えるといったように、感情をサポー
トすることはあります。ただし、サイズやアングルを"変えること（ダイナ
ミズム）"で感情表現をすることはできません。

　カットをこう割れば（サイズやアングルをこう変えれば）楽し気に見えるとか、
こう割れば寂し気に見えるということはありません。ましてや「楽しいシ
ーンはこうカット割りすべき」などといったことは一切ありません。カッ

トごとのサイズのダイナミズム（大きさの差）を大きくすれば、これも必ずとはいいませんが躍動感が出たりはします。楽し気なシーンでは躍動感のあるカット割りが合うかもしれませんし、反対に寂しいシーンではサイズをヒキ目（周りの空間を広め）にして、サイズのダイナミズムは抑えたほうが合いそうではあります。そういったことはなくはありませんが、それこそ監督の感覚しだいですし、これらはサイズやアングルが「感情を表している」ということではありません。

　カット割りとはあくまでも「どのタイミングでなにを見せたいか」であって、サイズは「見せたいものすべてを収めたうえで最大限詰めたサイズ」になるのです。それが風景であっても見せたいところまでをフレームに収め、見せたくないところはフレームに入れません。被写体の周りの空間を広く見せたい時には、被写体の周りの空間を入れたいだけ入れたうえで、最大限詰めたサイズにします。つまり**空間も被写体である**ことを忘れてはいけません。常にサイズはそのように決定されます。サイズのダイナミズムは常に意識してはおくべきですが、優先度は低く、同ポジは避けるようにするものの、ヒキにしろアップにしろ同じサイズが続いてはいけないなどということは一切ありません。意味なく同じサイズが続くと芸がなくヘタクソに見えるというだけの話で、それはやってはいけないことではありません（ストーリーが違ってしまうわけではなく、伝わらなくなるわけでもない）からNGにする論理的理由はまったくありませんし、わかっている人がつないだものならば同じサイズがいくら続いても、それにはそれの意味と効果があるのです。アップを並べなければいけないところにヒキを入れてしまっては、映像として成立しなくなってしまいます。この話はコンセプトのところでもしましたよね。つまり、コンセプトによってもサイズやアングル、カット割りは制限されるのです。

　アングルは常に、監督が見せたいように見えるアングルです。基本的には見せたいものがそれとわかるように"よく見える"アングルです。もちろん場合によっては、わざとよくわからないようにすることもあります。

　なぜそのカットがそこにあるのか？　なぜそのカットがそのタイミングで出てくるのか？　なぜそのカットはそのサイズ、そのアングルなのか？　画には必ず意味があり、その画がそこにあることにも意味がある（それを管理するのがカットを割るということであり編集するということ）ように、サイズもアングルもその意味をキチンと把握し、それを管理することもカットを割ること・編集をするということの内です。意味を見失えば、それは存在価値のないデタラメな映像の羅列になってしまうのです。

　もう気が付いた方も大勢いらっしゃるとは思いますが、「カットを割る」ということは「1つのシーンを複数のカットにする」ということですよね。そして「複数のカットをつないで1つのシーンにする」のがモンタージュでしたね。同じことを逆から言っているにすぎません。つまり、モンタージュとカット割りはまったく同じことです。撮影の時には1つのシーンをカットごとに撮っていくので「カット割りする」といい、編集は細切れのカットをつなぐ作業ですから「モンタージュする」というだけのことです。ところが、カット割りでは感情表現はできないといい、モンタージュは感情表現できるといいました。神井は頭がおかしくなってしまったのでしょうか？　いえいえ、そうではありません、多分。これは正しくは、**サイズやアングルを変えることでは感情表現はできず、「画の順番」と「カット長」ではそれができる**ということです。

　1つのシーンを複数のカットに分けると、「サイズ」「アングル」「カットの順番」「カットの長さ」という4つの要素をどうするかという問題が発生します。でも「順番」と「カット長」は後で編集の時に考えればいいことなので、撮影の時にはサイズやアングルを考えることがメインになるのです。一方、編集の時にはサイズとアングルはもうどうにもなりませんから、「順番」と「カット長」をメインに考えるわけです。「カット割り」は主にサイズとアングルを変えることを指し、「モンタージュ（編集）」は主に順番とカット長を考えることを指すわけです。だから「カット割りに感情表現

はなく、編集では感情表現ができる」という言い方になるのです。そんなわけで「(ここではサイズ、アングルを変えることだけを指します)」という注釈が付いていたのです。ところで余談ですが、つまりこれは編集ができなければ撮影もできないということですね。もちろんそれらの作業で指示を出すこともできません。だから撮影も編集もできないディレクターなどあり得ないのです（撮影はうまい必要はありませんが）。

ま と め

◦ **コア・カット**
ストーリーをつづるのに必要な、そのシーンでの核となるカット
文法に支配されているので、順番を入れ替えると話が違ってしまう

◦ **装飾的カット**
周りの状況カット：その時点での周囲の状況を表すカット
代理カット：コア・カットの一部に代用として使われるカット

◦ **カット割り**
見せたいタイミングで見せたいものを見せる。
つまりカット割りと編集は同じこと
ただし、編集では感情表現ができるが、カット割りではできない

1つのシーンのイメージ

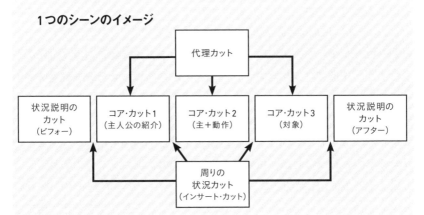

もちろん、コア・カットは3つとは限りません。代理カットも周りの
状況カットも入れたいところに入れたり入れなかったりします。

カットの順番を変えるワケ

先に見せるか、後に見せるか

　カットの順番を決めるということは、とりもなおさず「視聴者にどの順番で認識させるか?」ということです。たとえば言葉では「君はバカか?」と言うのと「バカか、君は?」と言うのとでは意味は変わりません。でも「バカ」を先にしたほうがトゲがある言い方というか、「バカ」がちょっと強調されるかな?　くらいのニュアンスの差はありますね。言葉ではその程度ですが、映像では先に認識させるのと後から認識させるのでは**意味が違ってきます**。もちろん、コア・カットの順番を変えてしまってはストーリーが違ってしまいますから、変えるのは装飾的カットの順番です。しかし、代理カットはそもそも代理なので、順番を変えても通常は大きな影響はありません。ということは、重要なのは「周りの状況カット」ですね。ここで説明するのは、これをどこにどう入れるかということです。「周りの状況カット」は、どこにでも自由に入れたり入れなかったりできるといいました。自由に入れられるのですが、どこにどのように入れるかで意味が変わってくる場合もあるということです。変わらない場合(単に間合いを取っただけみたいな時)もあります。どう見せたいか、どういう意味にしたいかによって、監督がそれぞれ独自に入れたり入れなかったり、入れる場所を変えたりするわけです。監督ごとに全然違う編集になるように見えるのは、まさにこの「周りの状況カット」をどこにどう入れるかによるものです。つまり、編集における演出の要というわけですね。ストーリーは変えずに、「周りの状況カット」の順番によって意味を変える方法を解説しましょう。

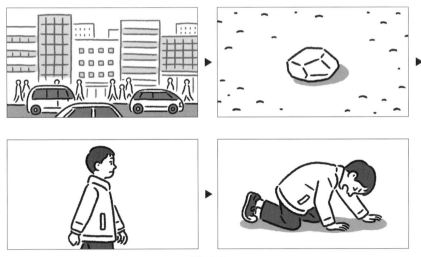

パターンA。

パターンB。

　ストーリーはこうです。「とある街。道路は舗装されているはずなのに、歩いてきた男が石につまづいて転んでしまいました」　パターンAもパターンBも事実関係は同じですが、違いは石を先に見せているか、後に見せているかだけです。

ではこの２つ、意味はどう違うのでしょうか？

「こんなところに石がある」ということは状況の一部ですから、石のアップのカットは周りの状況カットです。また、最初の状況の一部を示しているのですから、「状況説明のカット」の１つでもあります。ですから基本構文通りにつなぐとパターンAになります。

では、パターンBは基本構文通りじゃないから間違いなのか？　というとそうではありません。まだ、この時点では。パターンBでは状況説明の一部であるはずの「石」を後ろに持ってきています。石があるということは前もって設定された状況なのに、それを後出ししているわけですね。なので、これは「倒置法」の一種であることがわかります。

倒置法は強調したいときによく使われます。つまり、パターンBは、石を後ろに持ってくることで、「石がここにあるよ」ということを強調しているのです。「基本文法」の項では、強調したいときは前に持ってくると書きましたが、あれはアクションをアイ・キャッチとして強調したいときのことです。前に持ってこなければアイ・キャッチにならないですよね。今回のようにストーリー的に強調したいときには後ろに持ってきます。それをふまえたうえで、パターンAとパターンBを文字で書き表すならばこうなります。

パターンA：「とある街。ここに石がある。このため男が転んでしまった」

パターンB：「とある街。歩いて来た男は突然転んだ。なんと、こんなところに石があったのだ!」

パターンAでは、事実関係を淡々と普通に伝えています。報道のようですね。なんの演出もありません。このシーンは「男が転ぶシーン」という

ことです。それはつまり、監督がこのシーンで伝えたかったことは「男が転んだということ」だけであり、石は単なる転んだ理由でしかないということです。別にバナナの皮でもなんでもいいわけです。

　パターンBでは、「こんなところに石がある」ということが強調されています。転んだことは、男が石を認識するきっかけにすぎません。このシーンは「こんなところに石があるということ（男と石の出会い）を描いたシーン」ということになります。このシーンの主人公は「男」ですから、「答え（監督が伝えたかったこと）」は「男はこんなところに石があることを知った」ということであり、転んだことはどうでもいいのです。

「演出」は必ず「答え」の前に来ます。すべてを「答え（石）」の前に持って来た＝「答えを後ろに持ってくる」、これが「演出」というものです。乱暴な言い方ですが、「演出とは答えを後ろに持って行くこと」です。だからそこには時間が必要になり、だから動画がおもしろいのです。答えがすぐに出てくるということは、演出がされていないということですよね。だからおもしろくないわけです。推理小説で犯人が先にわかっちゃったらおもしろくないでしょう？　小説はおもしろいものだけど、データベース（辞書や新聞）はおもしろいものではないでしょう？

　パターンAとBでは、もう意味が違ってきていることはわかってきたと思います。さらに続けます。

　この後のストーリーはどうなるのでしょうか？　それを考えてみましょう。

　ストーリー1「悪者が現れ男と戦いになるが、足が痛くてうまく戦えない」

　ストーリー2「悪者がオートバイで現れ、男と戦いになるが、相手がオートバイに乗っているために男は手も足も出ない。そこで悪者をさっきの路

地に誘い込み、石につまづかせて見事にやっつけた」

　ストーリー1の場合には、パターンAとなります。パターンAは、「足が痛いこと」の伏線になっているのです。足が痛いのは転んだからであって、なんで転んだのかはどうでもいいことです。

　ストーリー2の場合には、パターンBとなります。パターンBは「石につまづかせたこと」の伏線になっています。そこに石があることが大事で、男が石と出会った時に転んだかどうかはどうでもいいことです。

　ということで、台本がストーリー1ならば石を後ろにつないだら（パターンB）、はっきりと「編集間違い」となります。パターンBはわざわざ基本形から外れる倒置法を使っていますが、それが見事に空振りに終わっています。見ている人は「え？　石は？　あの石をあれだけ強調しておいて、なんだったの?」となってしまいます。これでは倒置法を使った意味がありません。無駄で余計なことをしているのです。だから「間違い」です。

　では、パターンAからストーリー2に行くのは間違いか、というと……間違いではありません。基本通りにやっただけで、やっちゃいけないこと、意味のないことをやっているわけではないからです。でも、なにかがちょっと足りないことも事実なわけですから、うまい編集だとはいえません。編集のうまい・ヘタってなにが違うんだろう？　って思うでしょう？　こういうところが違うのです。編集には「順番とカット長しかない」わけで、その「順番」で差が付くのは必ず「装飾的カットの順番」です。代理カットの順番は影響が小さいのでやはり「周りの状況カット」こそが編集のうまい・ヘタを決める一番の要素ということになります。コア・カットの順番が違っていれば、ストーリーが違っているということですから、ヘタなのではなく「問題外」「編集ができない」ということです。パターンAは、ストーリー2の伏線としては石の存在感が薄すぎるのです。だからここでは正解ではないのですが、あえて石の存在感を薄くしたいという時もありま

す。石の存在感が強すぎるとオチを読まれてしまう危険性が高くなるからです。そんな時はあえてパターンAで行くこともあります。あくまでも「わかっていて（理由があって）あえてやる分には間違いでもヘタでもない」ということです。

　パターンAをストーリー2につなぐためにちょっと改良してみましょう。

　パターンBのように、転んだ後に「石のアップ」をもう一回持ってきます。これでやっと、「男が石と出会った」ということをしっかりと描けました。

　すると今度は、第2カットの「石のアップ」は最後の「石のアップ」と

重複しているのでいらなくなります。第2カットの「石のアップ」は最後の「石のアップ」とまったく同じ画だったら完全に重複するので省かなければいけません（同じ画を何度も使うのは、あえてそうする狙いがあるとき以外は、NGではありませんが手抜きと思われる、みっともない行為です）。が、第2カットに石のカットがあること自体は基本通りですので、石のカットがあってはいけないわけではありません。両方に石のカットを置きたい場合は、第2カットの方はアップではなくヒキ画にします。ここでは石をアップにすればするほど観客に石を強く認識させることになるので、男が登場した時点で転ぶことを予測されてしまうのです。ヒキにすればそれは「石の画」ではなく「石のある道路の画」になりますね。もっと引けば「道路も石も写っている風景」になり、石があることに気が付かない人も出てきます。引けば引くほど石への認識は薄くなっていくわけです。薄くなるほど男が転ぶことを予測できる人は少なくなっていきます。そして、なくしてしまえばもうだれも男が転ぶとは予測できません。だから転んだ時に驚きます。そして「なんで転んだんだろう?」と思いますね。それはもう、男とまったく同じ気持ちになっているわけです。そこで男と同じ気持ちで石を見る（最後のカット）ことになるわけですから、石が強烈に印象に残るのです。

　第2カットで石をどの程度の大きさで見せるのか、もしくはまったく見せないのかで、このシーンの伝えるべきこと「こんなところに石があるよ」ということを、どの程度強く認識させるのかが変わってくるのです。言い換えれば、**監督は、視聴者に「この石がここにあるよということをどの程度の強さで印象付けるか」を、この第2カットの石の大きさでコントロールするわけ**です。大きくすればするほど、最後のカットの石の印象が弱くなり、小さくすればするほど最後のカットの石の印象が強くなります。このストーリーとカット割り（ここにあるカットだけを使うならということ）では、**この第2カットでしかコントロールできません**。だからここでの石の大きさは監督によってまちまちだったり、このカットがなかったりするわけです。このシーンは視聴者に石の存在を印象付けるためにあるシーンです。どの程度の強さで印象付けるか、ということを「どう見せるか」とか「(石

の）見せ方」などといいます。ラスト・カットをズームやエフェクトで強調する手もありますが、それは特殊効果であって編集ではありません。エフェクトの類は、編集だけでは効果が足りないときに効果を補足するものです。つまりエフェクトに頼るのは編集がヘタだということです。

　監督によっていろいろな編集があるのは、このような理由です。決して、監督ごとに文法が違うわけではありません。もし監督ごとにルールが違ったら、だれにも解釈できない映像作品がちまたにあふれ返ることになりますよね。ルールを知らない人が作った映像は正しく伝わりません。例え監督が伝えようとしていることがおもしろいことであったとしても、正しく伝わらない、あるいは伝わりはしても引き込まれないからつまらないのです。

　さてここでは、最も強く印象付ける方法を取りましょう。つまり、第2カットの石は省きます。するとパターンBになるわけです。さらに、最後の「石のアップ」の前に「なんで転んだんだろう」と思って男が振り返るところを見せます。これはもうおわかりでしょう、最後の「石のアップ」を男の主観にするための手続きです。主観のほうが観客は男により深く感情移入するため、「男が石の存在を認識した」ということがより強く印象に刻まれるのです。これも演出です。これを入れることで印象がさらに強くなるわけですが、「答え（石）」がさらに後ろへ行ったことにも注目してください。といったわけでパターンBが正解、それに「振り返り」を入れたパターンB'が大正解となります。

 ▶  ▶

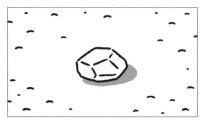

パターンB'。

いかにして基本を外すか

　さて、この機会に、もう1ランク上の話をしたいと思います。なんの世界でもそうですが、初心者には基本形を教えます。でも、上級者には180度逆のことを教えるということがよくあります。クリエイティブな仕事というのは常に新しいものを作り出していかなければならないのに、基本通りのことをやっていてはみな同じになってしまうからなんですね。上級者、特にプロは常に「いかに基本を外すか」が永遠のテーマであるともいえます。もちろん、基本を外すためには、どこをどの程度外すかが大事で、それがわかるためには基本が体に十分にインストールされている必要があります。

　たとえば上の例のストーリー2では、基本を外したパターンBが正解になるわけですが、基本形を理解した今だからこそ理解できたでしょう？ これ、基本形を知らないでいきなりこの項だけを読んだ人は、きっと全面的になにも理解できないと思いますよ。

　時折初心者が上級者向けの言葉を聞きかじり「あの人とこの人はまるで反対のことをいっている。どっちが正しいんだろう?」と混乱してしまうというのは、よくあることです。1つの例として、ストーリー2とは180度反対の「上級者の手口」をご紹介しましょう。

　180度反対なのですから、ストーリー2なのにパターンAが正解となる例ですね。もちろん、まったくこのままのストーリーでは答えが逆になったりはしません。そこで上級者向けの魔法をかけます。

　ピピルマ　ピピルマ　プリリンパ……。

　……。(汗)

　それはどんな魔法かというと、ストーリー1とストーリー2を合体させるという魔法です。

　つまり、ストーリーを変えるわけです。ストーリーが変わらなければ編集も変わりません。同じストーリーなら、監督や編集者が変わってもコア・カットの編集は同じになるはずです。**監督ごとに編集が違うのではないのですよ!**　もちろん、監督によって第2カットの石の大きさが変わるように、なにからなにまでピッタリ同じになるわけではないですが、それはサイズやアングルが違うとか、周りの状況カットや代理カットの数が違うとか、強調したいことが違うといった、撮影の部分で違いが出ます。もし、2人の「わかっている人」にまったく同じストーリーとコア・カットだけの素材を渡せば、まったく同じ編集になります。まぁ、違ったとしてもカット長が数フレ違う程度です。カット長があまりに違うなら、それはカットの価値をわかっていないということですからね。

　ストーリー1+2「悪者がオートバイで現れ男と戦いとなるが、男は足が痛くてろくに戦えない。そこで悪者をさっきの路地に誘い込み、石につま

づかせて見事にやっつけた」

　どうでしょう？　オチはストーリー2ですね。このストーリーだと、パターンAであってもパターンBであってもどちらでも問題ありません。が、パターンAのほうがベターなのです。

　どちらであっても二重の伏線になっていることはわかりますよね。パターンAは「足が痛い」ことの伏線ですが、一応「石がそこにある」ということも描かれてはいるので、「石につまづかせる」ことの伏線にもなっています。パターンBは「石につまづかせる」ことの伏線ですが、一応「転んだ」ことも描かれているので「足が痛い」ことの伏線にもなっています。

　パターンAは「転んだこと」を強く印象付けています。ですから「足が痛い」というところで、視聴者は伏線が消化された、と思うわけです。つまり、「さっき転んだのはこのためだったのね」と納得して、忘れてしまうのです。だから最後のオチを予測できません。そして敵がつまづいたときに「ああ、さっきのあれかぁ！」となるわけです。一度消化させることによって、意外性を演出しているのです。

　パターンBは「石があること」を強く印象付けています。ですから、「足が痛い」では消化されないのです。視聴者は、「足が痛い」ことは「さっき転んだから」で納得はするのですが、「あれだけ強く石があることを印象付けたのだから、あの石がキーポイントになっていなければおかしいよな?」とオチを予測できてしまうのです。両方の伏線になってはいますが、二重にした効果はなく意外性は演出できていません。だからこの場合は、パターンAが大正解なのです。ただし、子供向けの作品だったらパターンBが大正解です。だれに見せるのかによっても編集は変わります。常に見る人のことを考えて編集しましょう。

　編集とは演出なんだということがわかっていただけたでしょうか？　編集

が演出のすべてではありませんが、演出の一種なのです。コラージュ編集は、あまり演出の要素はありませんよね。だからだれでもできます。でもモンタージュ編集は、演出するということとイコールなのです。そして、演出は編集マンの仕事ではなく、ディレクターの仕事です。おもしろい・つまらないに直結していることであり、ちゃんとわかっていないとおもしろいものは作れないのです。

まとめ

- 印象に残したいカットは後ろへ持っていく
- 伏線はしっかり印象付ける
- 印象付けの度合いをコントロールするカットを意識する

カットの長さの決め方

実作業の手順

カットの長さの決め方を説明する前に、まずは一般的な編集作業の実際の流れを見ていただきます。もちろん、こうしなければいけないというわけではなく、あくまでも一例です。今はカットAをつないだところです。次のカットBをつなぐために、カットBのイン点＝カットAのアウト点をカットA内の適当なところに決めようとしているところだとします。

▶ 1.カットAの一応のアウト点を決める

まず、カットAより2〜3カット前あたりから再生して見てみます。マウスポインタを「OUT点の設定」（もしくは「IN点の設定」：停止ボタンでは反応が数フレ遅れる）ボタンの上に置いておき、いつでもクリックできる態勢で、モニター画面を視聴者の気持ちになって見ます。いくつかカットが変わり、カットAになります。カットAをしばらく見て、ここでカットBに変わりたいという瞬間に、目はモニターを見たままマウスを左クリックします。これでカットAのアウト点が一応決まりました。アウト点より右側を切り落とします。

▶ 2.カットBのイン点を決める

カットBのイン点はカットB単独で決めます。こちらは、この辺かな？ というところをジョグって（1フレずつ動かして）決めます。イン点はもちろんそのカットによっていろいろですが、たいていは「動作が始まる1フレ前か5フレ前」です。イン点を決めたらそれより左側を切り落とします。

▶ 3.カットAの長さを確定する

　カットBをカットAの次に置けば、カットAの後にカットBをつなぐことができました。

　でも、ここで終わりではありません。またカットAより3〜5カット前あたりから再生し、カットBに変わるタイミングがこれでいいかを確認・調整します。これでカットAの長さが確定しました。ただし、全体を通して見てみるとやっぱり長いやとか短いやということも普通にありますので、本当に確定するのは、全部（長編なら1シーンや1コーナー）の編集が終わってからもう一度全体を通して見てみてからだと思いましょう。

　さて、今では編集機もノンリニアになったために、イン点などは「マウスでクリックする」のでしょうが、昔のリニア編集機だった頃は編集機にある「MARKIN」というボタンを叩くことでイン点を決めていました。ここから、イン点を決めることを「イン点を叩く」といいます。ちなみにボタンを押すことすべてを業界（著者の周りだけかも？）では「叩く」といいます。スタジオ本番中に、スイッチャーさんに2カメ（カメラ2号機）の映像にカットで切り替えてもらうのも「2カメ叩いて!」と言います。スイッチャーさんは、OLはレバーで操作しますが、カットは「C2」と書かれたランプボタンを押すので「叩いて!」と言われたら必ずカットになります。OLは叩くとはいいません。

　なぜ手順を見てもらったのかというと、カットの長さというものは秒数やフレーム数で決めるのではないことをわかってほしかったのです。実際に試写をして、見た感じで決めるのです。それぞれのカット単独でイン点アウト点を決めてから並べるのでは、一連の流れがスムーズになりません。いろいろな意味でつながったものになりにくいのです。その理由は後で説明します。そのようにやる場合もなくはないですが、基本的には上のようなやり方をお勧めします。

慣れてくれば、何回やり直してもまったくズレないか、ズレても数フレ程度というところまで精度が高まります。この「次のカットのイン点を打つべき場所」＝「カットＡのアウト点」は著者の場合「一番早いタイミングのイン点（これ以上カットＡを短くできないというところ）」「早めのタイミングのイン点」「通常のイン点」「ゆっくり目のイン点」といった風にたいてい4〜5カ所くらい発生します。一番早いタイミングのイン点以降、無段階に無限にあるのではありません。ここで切らないのならば次はここ、さらにそのあとならここ、というように、節目というかポイントが決まっているのです。それぞれのタイミングのイン点の間隔は、その都度いろいろですが、だいたい10フレくらいでしょうか。写っている動作の速度とタイミングの関係だったり、単に被写体の動作の節目だったりします。「カットの節目」については、相当やり込んだ人しか理解できない話かもしれませんし、理解しなければいけない話でもありません。著者だけの独特な感覚、やり方なのかもしれませんが、カットには切るべきところ「節目」というものがあるということだけは頭の片隅に入れておくと、いつかそれがわかるようになったとき、自分の進歩に感動するでしょう。

カットの長さを決める2つの要素

　カットの長さは見た感じで決めるといいましたが、なにをどう感じればいいのか、その感じ方を説明します。……「感じ方」を説明してくれる本なんて今まであった？　カットの長さにはきちんと理由があります。頭の中ではそれを考えて……、いや、考えるのではなく感じるのです。

▶ ①カットの認識度
　カットの長さを決めるために、最初に知るべき要素は、そのカットの**認識度**です。カットには、視聴者に認識してもらうべきものが3つあります。「被写体そのもの」「画面全体の状況」「カットの意味」の3つです。

1. 被写体そのもの

　画面が暗いとか、被写体が複雑なもの、一般の人に馴染みの少ないものなどなら当然そのカットの長さは長めにしなければいけません。そこになにが写っているのか、あなたはすでに知っているでしょうが、視聴者は知りません。初めて見て、それがなにかがわかるまでには、結構時間がかかります。動画、特にテレビでは、基本的に動作そのものや被写体を画面の真ん中で捉えるようにします。視聴者はそのカットをどのくらいの時間見せてもらえるのかを知りません。だからどんなカットでも、カットが変わって1／3秒から1／2秒くらいの間にそこに写っているものを認識しようとします。そのため、視聴者は真ん中周辺しか見ていません。だから、被写体を真ん中からずらしてしまうと視聴者が認識するのにすごく時間がかかるようになります。だから被写体をセンターからずらした場合はカットの長さをちょっと長めにしなければいけません。また逆に、早く認識してほしいものや動作は、コンテの時点で画面の真ん中に撮るようにしなければいけません。

2. 画面全体の状況

　被写体はそれを取り巻く状況の中にあるわけですから、その状況を認識できるだけのカットの長さが必要になります。動作の時間・スピードもそのカットの認識度に関わってきます。一瞬で終わってしまうような動作ならスローモーションにすることも必要です。「被写体がなんであるか」を認識するまでには通常10〜20フレ（0.3〜0.6秒）くらいかかりますが、状況を認識するまでには少なくとも3秒程度かかります。だから、原則として1つのカットは3秒以下はあり得ないのです。装飾的カットの中には、認識してもらわなくていいというものもたまにあります。そんなカットは3秒以下にすることもありますが、あまり短くするとサブリミナル効果を禁止した規制に引っ掛かってくるので、気を付けなければいけません。サブリミナル効果とは「深層意識に働きかけるような効果」のことであって、フレーム数の規定はありません。「なにが写っているのかよく認識できないけど、○○をなんとなくイメージさせる画」などは、何秒あろうがこの規制

に引っ掛かる場合があります。もちろん、催眠術の類もこの規制に引っ掛かります。

3. カットの意味

　被写体にしろ状況にしろ、それを見せようとするのには意味があるはずです。場合によってはその意味がわかるまでちょっと時間がかかることがあるので、その場合はカットの長さを長くする必要があります。たとえば、拳銃が写っているカットがあったとしましょう。ただ「拳銃があります」だけではなく、「この拳銃が犯行に使われた拳銃です」という意味がある場合、まずそれが拳銃であることが認識できるまでの0.5秒くらいと、その拳銃が排水溝に捨ててあり、泥や落ち葉に半分埋もれているという状況を認識できるまでの3秒くらい、さらにそれが「犯行に使われて隠ぺいするために排水溝に捨てられ、泥や落ち葉に半分埋もれているのは少し日にちが経っているためだ」という画の意味を理解するための1秒程度、合計で4秒から5秒くらいが必要になるということです。もちろん、3秒半なのか5秒半なのか、それとももっと長くなるのかは、全体のバランスやその時々の状況、エヅラによって変わってきます。

　これら3つの要素がもうすでに視聴者にわかっている場合、たとえば同じカットやシーンが何度も出てくるような場合は、当然カットの長さも短くなります。つまり、まったく同じカットでも、1度目は長めで2度目以降は短めになるのが普通です。

　映画やドラマは構図も凝ったりします。凝った構図のカットは認識されるまでが長くなるので、カットの長さも長めになります。このため、映画やドラマはその他の多くのテレビ番組よりカットが長め、テンポが遅めです。

　番組の冒頭部分のカットが短いと視聴者は加速します。加速するとは、無意識に体内時計を速めて見ているということです。視聴者は早く認識しろ

と急かされているということでもあります。15秒や30秒の番宣やCMは、ある程度一つ一つのカットが短くても大丈夫なんですが、長尺番組で短いカットが続いては、視聴者はくたびれてしまいます。くたびれるだけではなく、ずーっと急かされているわけですから不愉快になります。番宣やCMなどのように番組自体が極端に短いものは、一つ一つのカットの長さが短めでも許されるのですが、実はそれは宣伝としては利口な手ではないのです。視聴者の不快感を増すだけでなく、単純にカット数が多いほど、あるいはカットが短いほど、1つのカットが印象に残りにくくなります。また、CMが長く続くと視聴者はチャンネルを変えるか電源を切ります。もちろんそれは、CMを見たくてテレビを見ているわけではないというのが一番の理由ですが、CMはカットが短いので、立て続けに見せられると疲れるというのも大きな理由なのです。

　とにかく最近はカットを短くしすぎです。編集する人間は映像に入り込んでしまっているので、視聴者の比ではないほど加速しています。いくら15秒や30秒だからといって、あまりに短いカットが連続すると視聴者はもはやついていけません。しかも編集者はその1本だけを見ているのですが、視聴者は続けて何本も見せられるのです。上の3つの認識についても、編集者は事前に「わかっちゃっている」わけですが、視聴者はわかっていない状態で見るのです。自分だけわかっちゃっているから、ヘタな人はカットが短くなるのです。15秒や30秒に入れられる情報量は限られています。カットをそこまで短くしなければ入らないなんていうのは、企画・構成・コンセプトの段階ですでに間違っているのです。無理に詰め込んだって視聴者にはなにも伝わりません。編集者は自分の動画なので一生懸命見ていますが、視聴者は他人の動画なんて一生懸命には見ません。自分が編集した映像を試写するときには、他人の動画を見るような気持ちで、客観的に見ることが重要です。

▶②カットの価値
　カットの長さを決める2番目の要素に「カットの価値」があります。考

えるべき優先度としては2番目ですが、重要度としては1番目です。本当のことをいうと、上記の認識度も価値の内なのですが、別々に説明したほうがわかりやすいでしょうから、分けて書いています。しかしこれはかなり上級者向けの話なので、わからなかったら今はまだ「そんなこともあるんだ」くらいに頭の中に入れておくだけで結構です。しばらく経験を積むうちに、だんだんうまくできるようになってくるはずです。

　音楽では音の長さのことを音符の「価値」といいます。それと同じように、カットにはその長さに影響を与える「価値」があります。とても簡単に別の言葉で表すならば「見応え」だと思っていただいてもいいでしょう。ストーリー上のカットの「意味」とは違うものですので、混同しないように注意してください。「意味」のほうは、その画がなんの画なのか、どんな状況・意味なのかさえわかれば、つまり認識さえすればそれ以上見続ける必要はありませんね。しかし、見応えのある画像はそれがなんなのかがわかった後でも、しばらく見続けていたいですよね。逆に見応えがないカットは、いつまでも見ていたくはありませんよね。初心者にありがちなこととして、そのカットを撮るのにどんなに苦労したのかをそのカットの価値と勘違いしてしまうことがあります。最近の例でいえば、ドローンで撮ったカットだから長く見せたいなどといったことです。ドローンで撮ろうが、クレーンで撮ろうが、リモコンヘリで撮ろうが、スーパーマンに撮ってもらおうが、ただの俯瞰映像であることに変わりはなく、視聴者はそんなことに価値を見い出しません。なにを使って撮ったのかなんてわかりもしないし、興味もありません。ドローンで撮ったなどということや、どんなに苦労して撮ったかなどということには、なんの価値もありません。カットの価値とは**「視聴者にとって、どのくらいの時間見ていたいか」**ということです。繰り返しですが、あなた（制作者）にとっての価値ではないことを肝に銘じてください。

　カットの価値は、漫画のコマ割り（コマの大きさ）に似ています。漫画でもじっくり見せたいコマは大きくして、しっかり書き込みますね。たとえ

ば状況を示すコマならば大き目にして、全体の状況、背景がしっかり書き込まれます。また、主人公の表情を見せたい、しかもその表情がストーリー上重要なのであれば、やはり大きめにして、表情がしっかりと書き込まれます。でも、背景はスクリーントーンなどで適当にごまかされているでしょう。見開き2ページ使ってみっちり書き込まれた大ゴマは、時間をかけてじっくり見るでしょう？　……いいえ、と答えたあなた。これからはじっくり時間をかけて見てあげてください。入魂して書いた大ゴマをあっさり流し見されたときの漫画家の悔しさときたら……（著者は大学時代漫研にも所属していました）。逆に、ストーリーを進ませるためだけの途中経過のようなコマならば、小さめにして、背景などは書き込まれていませんし、表情だって丸と点くらいの簡単な絵になっていたりしますよね。

　動画ではコマの大きさを変えるわけにはいかないので、カットの長さで対応します。状況説明のカットならば、必要な状況を観客がすべて認識・理解できるだけの尺を与えてあげなければなりませんし、意味のある表情ならばその表情の意味までをしっかり認識・理解できるだけの時間を与えてあげる必要があります。それが素敵な笑顔だったら、視聴者は少し見とれていたいとも思うかもしれません。

　長過ぎれば退屈でテンポが悪いということだけはだれでもわかっているので、カットの認識度と価値をわかっていないと、どんどんカットを短くしてしまうのです。また、認識度だけはわかっている人は、カットを認識するまでの時間なんてそんなに違いはないので、どのカットも同じような長さにしてしまうのです。カット長を割り算で出したりね。割り算で出していいのは、価値のない「気のせい映像」だけです。

　ちょっとカッコよくいうと、カットの長さは「そのカット自体が要求してくる」のです。「カットの声」を聞けるようになり、その声に従って必要な尺を与えてあげます。「カットの声」とは、実は視聴者の声です。「このカットはもうちょっと見たいよ」とか「このカットはもういいや。早く次

のカットを見せてよ」なんて言葉が視聴者の頭に浮かばないような編集こそがうまい編集です。だから編集とは「自分はこうしたい」などという独り善がりなものではなく「視聴者が見たらどうか?」を常に考えなければいけないものです。だから芸術ではないのです。

カットの価値は変わる

　さて、実はここからが「価値」の話の本番です。えっ?　もう十分わからないって?　いやいや、もうちょっとがんばろうよ。ここからが本当に映像の、モンタージュのおもしろいところなんだから。この「カットの価値」は、同じカットであっても編集によって変わるという話です。

「美しい彫刻ですね」というだけの画。

　今ここに彫刻を写した画があると思ってください。この画をただいきなり見せるのでは、どんなに美しい彫刻であってもそれ以上の価値にはなりません。

ラスト・カットが「彫刻家が心血を注いで彫り上げた彫刻」という画になる。

　でも、彫刻家がその彫刻を一生懸命に彫っているところをその画の前につなげば、その彫刻の画の価値は上がります。たったの2カットですが、「彫刻家がこのような努力をして」→「できあがったのがこの彫刻です」というストーリー（?　因果関係といったほうがいいのかな）ができるからです。ただいきなり見せただけでは「綺麗な彫刻でしょ」というだけの画ですが、まるで修飾語のように、前にカットをモンタージュしてあげただけで「この彫刻家の努力の結晶がこの彫刻です」という画になるのです。ですから、この場合は彫刻の画だけを単独で見せるのより少し長く見せる必要があります。視聴者は少し長くじっくり見たくなるのです。

　繰り返しになりますがもう一度説明します。腕時計を見せびらかすときに「いいだろ?　この時計」といっても、相手はチラッとしか見てくれませんよね。でも「いいだろ?　この時計。オレが作ったんだぜ」と言ったらどうでしょう。相手は「へぇ、自分で作ったの?　すごいね」といって、もっとじっくり見ようとするでしょう。上の彫刻の話も同じです。「いいだろ?　この彫刻」だけより「いいだろ?　この彫刻。この人がこんな風に作ったんだぜ」ということを見せたほうが、相手はじっくり見ようと思ってくれるわけです。これを「**付加価値を付ける**」といいます。付加価値を付けることを別の言葉では「演出する」といいます。付加価値を付ける映像は必ず前に来て、後ろの画に付加価値を付けます。だから強調したい、印象に残したい画は後ろに持ってくるのです。ほ〜ら、今までのいろいろな話が1つにつながってきたでしょう?　そしてそれはみんなキチンと辻褄があっているでしょう?

　ストーリーができるということは、モンタージュ編集だということですよね。他の部分はほとんどコラージュ編集でできているイメージ映像だとしても、この2カットだけはつながっていなければいけません。この2カットが、コラージュ編集になってしまっていては「だれかがなにかを彫っている」+「今彫っていたものとは関係のない彫刻」ということになってしまい、ストーリーにならないので、価値は上がりません。この2カットが

「つながっている」か「つながっていないか」で彫刻の画の価値が変わり、必要なカット長も変わるということです。

　つまりモンタージュ編集でストーリーをつづるということは**「変化の結果（答え）」である映像に、ストーリーによって付加価値をつける**ということでもあるわけです。だからこそ、動画はより強く印象的に伝えることができるのです。動画が"最強のメディア"なのもこの力のおかげです。上の例でいえば、彫刻の画がただいきなり見せるのよりずっと印象的になったということがわかりますよね。彫刻の物撮り画像なんて、ただいきなり見せただけでは動画でも写真でもまったく違いはありません。それがこのように、モンタージュしたカットが修飾語のような働きをして価値を高めることで、彫刻だって時計だって相手の記憶にずっと深く確かに残るものになるのです。だから動画はおもしろいのです。

さらに上級の話　　～モンタージュするとは演出するということ～

「付加価値を付ける」の「付加」とは、「付け加えた」ということですね。それってつまり「その画には写っていない価値」だということに気が付いています？　今まで「映像は写っているものがすべて」といってきましたが、モンタージュすることで、画には写っていない価値を感じてもらうことができるのです。だからモンタージュという概念がとてもとてもとても大事であり、編集という言葉と同義語として使われているのです。まさにモンタージュこそが動画の真骨頂なのであり、モンタージュされた動画だけが訴求力が強いのです。動画ならなんでもいいのではないのですよ。

 ▶

「クレショフ効果」を思い出してください。画面が食事に変わった時に、もう無表情な男の顔は見えていません。見えていないからこそ「うまそう！」という演技をしていたと思い込んでしまうのでしたね。ほら、どこにも写っていない「心情」というものを感じてもらうことに成功しています。つまり、クレショフ効果とはモンタージュすることで生まれる「写っていないものを伝える力」の大元、一番原初的なものを指しているのです。だから映像論の中で極めて重要なことなのです。これをもうちょっと発展させた話をしますよ。

　ピエロが笑っています。この画が表していることは楽しいとかうれしいといったことですよね。ところが、この画の前にストーリーをモンタージュしましょう。「ピエロはある女の子に惚れ込み、献身的に尽くします。でもその女の子に振られてしまいました」　そのリアクションとしてこの画が来たらどうでしょう？　このピエロはなぜ笑っているのでしょう？　それは彼女を傷つけないためと男のプライドのためですね。人を笑わせるピエロが泣いていてはいけないわけです。この男のやさしさと切なさが表されていて、泣き顔を見せるよりもよっぽど深い悲しみを強烈に、印象深く感じてもらうことができます。このように、写っていないものを感じさせるこ

と、つまり付加価値を付けること、これも「演出」です。ストーリー作り
や撮影でも演出はありますから、これが演出のすべてではありませんが、編
集の上での演出はこれがすべてです。前項の男が石につまづいてすっころ
ぶ話も、石を最後に持ってくることによって、石のカットに付加価値を付
けることで印象深くしているわけですし、悪者を石につまづかせるオチも
伏線によって付加価値を付けているわけです。編集する者にとっての演出
とは「モンタージュすることによって、写っていないものを感じさせるこ
と」に他ならないということです。つまり、番組系動画では編集すること
と演出することは同じことです。演出は監督・ディレクターの仕事です。で
すから、演出のできない監督はいないように、編集ができなければディレ
クターではありませんし、逆もまたしかり、演出ができなければ編集がで
きるとはいえません。

「禁じられた遊び」という映画はご存知でしょうか？　5歳くらいの女の子
が、戦火を逃れてフランスの田舎にやってきます。11歳くらいの男の子の
いる家族に引き取られ、すぐに仲良くなって一緒に遊ぶようになります。子
供というのは、大人のまねごとをして遊びますね。いわゆる「おままごと」
というやつです。彼らは「お墓ごっこ」をして遊びます。犬や鳥などいろ
いろな動物の死骸を拾ってきては、お墓を作って埋葬して遊んでいるので
す。大人たちが毎日お墓を作っては埋葬ばかりしているからです。これが
彼らの「おままごと」なのです。無邪気な子供たちが楽しんでいるところ
を写していながら、訴えかけていることは「戦争っていやだろう？」という
ことです。写っていないこと、特に写っていることと反対のことを伝える
のが、ひと際強力であり上級の演出とされています。笑顔で悲しみを、怒
りで愛を伝えるといったことですね。少なくとも、泣き顔を見せて悲しみ
を、笑顔を見せて喜びを表していたのでは、そのまんまですね、だれでも
できます。そのまんまのものを見せる映像を記録映像といいます。「モンタ
ージュは、映画を記録映像から表現手段に昇華させた」と言ったのはこう
いうことです。

　記録映像は「写っているものがすべて」です。その映像を使って「写っていないもの（ストーリーとか心情とか）を表現する」のが動画の編集というものです。それこそが本当の意味での動画であり、そのような動画を本書では「番組系動画」と呼んでいます。そしてそれをできるのは「つながっている編集」だけです。「つながっている編集」を使いこなし、ストーリーの力＝モンタージュの力を存分に引き出せることこそが「編集ができる」ということなのです。そしてそれができて初めて動画は「最強のメディア」となれるのです。

コラージュ編集でのカットの長さ

　イメージ映像などのコラージュ編集主体の映像の場合、カットには意味がほとんどなかったり、価値もモンタージュで高めるということができないので、意味や価値はあまり考える必要がないことも多くなります。そんなとき、カットの長さを決めるのにはテンポや雰囲気が優先されます。つまりなんのルールも法則もないということで、編集者の気の向いたところで切ればいいわけです。ただし、テンポといっても同じタイミングでカット目が来るのは単調になりますので、あえてタイミングを変えるのが基本です。ただし15秒までに短くなると、たった15秒間では単調さを感じる暇もなく、できるだけ多くのカットを入れたいので、テンポなど考えている場合ではありません。また、アマチュアには関係のない話ですが、プロであれば依頼主の社会的立場も考えて編集しなければいけません。たとえばCMであれば、情報の発信者は広告主であるわけですね。なのに、あたかも情報発信者がテレビ局であるかのような作りにしては絶対にいけないわけです。スポーツの番宣などで出場選手全員の顔を見せてあげる場合などは、公平を期すために同じサイズ、同じカットの長さに統一しなければならないといったこともあります。特にNHKは受信料でやっているのですから、たとえば野球の巨人阪神戦の番宣で、巨人の選手のほうが写っている時間が長いなどということは絶対にあってはなりません。阪神の選手だって受信料払っているのですよ！

また、紙芝居編集の場合は、そもそもコメントが主体で映像はおまけなので、価値はほぼまったく考えられず、コメントの都合でカットの長さが決まることがもっぱらです。

　必ずカットに意味も価値もあり、カットの長さがストーリーの展開スピードに直結するモンタージュ編集に比べれば、コラージュ編集はずっと簡単お気軽な編集なのです。

まとめ

- カットの長さは認識度と価値で決まる
- （上級）モンタージュ編集はカットの価値を高めることができる
- 編集＝写っていないものを表現する＝演出

Chapter **4**

カメラの都合

イマジナリー・ライン

イマジナリー・ラインとはなにか

　AさんとBさんが向かい合って話をしているとします。Aさんはカミテ（右）向き、Bさんはシモテ（左）向き。次のカットで、いきなりアップでAさんがシモテを向いて話していたら、一体どこを向いているのか、だれと話しているのか、2人がどういう位置関係にあるのか、視聴者には訳がわからなくなりますね。こんなことが起きないように、撮影の際に頭の中で設定する線が「イマジナリー・ライン」です。

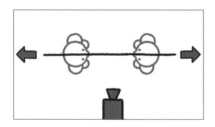

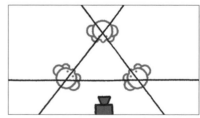

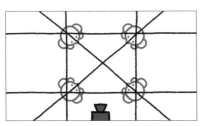

イマジナリー・ラインのイメージ図。上から見ればラインですが、
水平の視点からは面として考えてもいいでしょう。

　すべての登場人／物同士を直線で結びます。そして、カメラは常に（一番手前の）この線を越えないように撮影すれば、編集の時に出演者の向きがおかしいということにはまずならない、という便利な想像上の道具です。一般的にはこう考えられているし著者もこう教わりましたが、もう少し考えるともっと映像を理解するのに役立ちます。それは後ほどお話するとして、今のところは簡単にこのように考えていてください。実際には線ではなく、面として考えたほうがイメージしやすいかもしれません。厚みはまったくないイラストのような面を想像してください。

　カメラはこの線を「飛び越える」ことができません。カメラが「飛び越える」というのは、編集でいうとイマジナリー・ラインの反対側から撮った画につなぐ、ということです。専門用語ではこれを「イマジナリー・ラインを破る」といいます。映像としては、カミテ向きだったAさんが次のカットでいきなりシモテ向きになってしまうということで、それではBさんは一体どこにいるのか、Aさんは一体だれに話しているのかがわからなくなってしまいますね。そうならないように、そのシーンの登場人／物の向きを管理するための想像上の線（面）がイマジナリー・ラインです。そのシーン内でだれがどこにいるかを記録・保存するものですから、1つのシーン内の各カットはイマジナリー・ラインを共有する（変化すれば変化したなりに保存される）ことになります。当然、登場人物が移動すれば一緒に動きますし、カメラとの関係を設定し直すこともできます。

イマジナリー・ラインは登場人物の位置・向きを説明するヒキ画のときに、視聴者の心の中にも自動的に設定されることを忘れないでください。このイマジナリー・ラインを視聴者に設定させるために、登場人物の位置・向きを説明するヒキ画＝状況説明のカットを先に見せなければいけないのです。このときに視聴者は、BさんはAさんの左側（シモテ）にいる、CさんはAさんの右側（カミテ）にいる、という風に「向き」を覚えます。それ以降このシーン内では、Aさんが左向きでしゃべれば、視聴者は「Bさんに話しかけているのだな」とわかり、反対に右向きでしゃべれば、「Cさんに話しかけているのだな」とわかるのです。ところが、Aさんが突如あらぬ方向を見ながら話し始めたら、一体だれに話しかけているのかわかりませんね？　これも「イマジナリー・ライン違反」なのです。これ、カメラがラインを破ることだけがイマジナリー・ライン違反だと思っている人が多いと思いますが、破ること自体は違反ではありません。イマジナリー・ラインとは「『向き』を管理する道具」なのですから、破っていても破っていなくても、被写体がだれに向かって話しているのかわからない、あるいはわかっても向きに違和感があるのならば、すべてイマジナリー・ライン違反です。映像表現として「向き」がおかしいものはすべてイマジナリー・ラインの問題なのです。

イマジナリー・ラインの越え方

　イマジナリー・ラインは破るか破らないかが問題なのではなく、大事なことは「**だれに向いているのかが、見ている人にわかるかわからないか**」ですから、破る際には「**違和感を押してでも破る必要があるか**」を考え**なければなりません**。破れば、左右が逆になるのですから必ず違和感はあります。それを押してでもカメラをそちら側に行かせる理由がなければ、破ってはいけません。また、破っていなくてもわからない、わかりにくい、違和感があるのなら、破る破らない以前の問題でNGです。編集の段階では、編集マンが勝手にイマジナリー・ラインを破った編集をすれば、絶対にNGです。もちろん例外はありますし、あえて破ることも、しかたなく破るこ

とも実際にはあります。でも、文法と同じで、破れば原則として「通じなくなる」のです。映画などの"芸術"では通じるか通じないかは二の次ですから、監督がどうしてもこうしたいと思えばその意思が優先されますが、芸術ではない動画全般ではただの「わかりにくいカット」で「ヘタな編集」にしかなりません。見る人が混乱しないことを前提に、狙いがあってあえて破る以外は、破ってはいけないんだと思っていたほうがいいでしょう。ましてや破ること自体にはなんの価値もありません。破ったこと自体を自慢したいかのような意味のない「どんでん（真反対のカメラの画につなぐこと）」をプロの動画で見かけることがありますが、そんなものはただのヘタなカット割りでしかありません。

では同じシーン内で反対側からの画には行けないのか、というとそうではありません。越えたいときは、手続きが必要だというだけです。

AさんとBさんが向かい合って話しているヒキがあるとしましょう。AさんとBさんを結ぶ直線がイマジナリー・ラインです。次に、Aさん、もしくはBさんの真正面のショットを想像してください。するとカメラはイマジナリー・ラインの上に乗っかった形になりますね。このショットが、「まさにいま、イマジナリー・ラインを破っています」というカットになります。正面のショットには、カットで変わっても、ドリー（カメラが横に移動すること）でカメラが回り込んでも構いません。とにかく正面のショットを入れれば、反対側へ行くことができるのです。人が川を渡るところと同じです。川を渡る前のカット（川が人の前にある）と川を渡った後のカット（川が人の後ろにある）はいきなりはつながりませんよね。ジャンプ・カットになってしまいます。川を渡る前のカットと渡った後のカットとの間には、まさに今、川を渡っているカットが必要になりますよね。正面のショットの後はラインの反対側のカメラにカットで変わることもできますし、ドリーで反対側へ回り込んでいくこともできます。もちろん正面ではなく、真後ろからのショットも、イマジナリー・ライン上のショットですから理論的にはOKなのですが、ドリーならいいけど、カットで真後ろのショットを挟むのはや

めたほうがいいでしょう。真後ろからだとBさんはAさんの影に隠れて写りませんよね。Aさんの後ろ頭だけ写しても、とても上手な編集・カット割りだとはいえそうもありません。まぁとにかく、ライン上からのショットを入れればいいのです。**イマジナリー・ラインを越えるにはラインをまたげばいい**、と覚えておけばいいでしょう。もしカメラに足が生えているのなら、ライン上からのショットは必ずラインを「またぐ」ことになりますよね。飛び越えられないけど、またぐことはできるわけです。イマジナリー・ラインを国境だと考えれば、検問所を無視して飛び越えたら不法入国ですが、国境をまたいでいる検問所で正しい手続きをすればあちら側へ行けるのです。正面のショットを挟むか、ドリーで回り込むのがイマジナリー・ラインを越える正しい手続きです。

🎬 Memo

イマジナリー・ラインを破ったときの違和感は、実はジャンプ・カットの違和感です。イマジナリー・ラインを破ると対象がいるべき方向の辻褄が合わなくなるので、対象が変わったように見えるわけです。対象が変わったということは動作がつながっていないということですから（Bさんに話しかけるのとCさんに話しかけるのは違う動作です）、「動作を切り替えました」という画を飛ばしたジャンプ・カットになるわけです。カットというものは、たいてい時間を多かれ少なかれ端折っているものです。つまり、ほとんどすべてのカット目は厳密にいえばジャンプ・カットであるわけで、その中でも時間／動作の飛び方があまりに酷くて違和感があるもの、特に動作の切り替え部分を飛ばしたものがジャンプ・カットと呼ばれNGになるのです。そしてイマジナリー・ラインを破ったときは必ず「今まさにラインを破っています（向きを切り替えました）」というカットを飛ばしたジャンプ・カットとなり、だから違和感が発生してNGなのです。また、イマジナリー・ラインを破っていてもジャンプ・カットの違和感が酷くなければNGではありません。破ったらNGなのではなく、酷いジャンプ・カットがNGなのです。「イマジナリー・ラインは、絶対に破ってはいけないというわけではない」などといわれるのはこういうわけです。

イマジナリー・ラインの再設定

　シーンの途中で状況が変わったらどうするのか？　当然、イマジナリー・ラインをヒキ画でもう一度設定し直さなければいけません。

イマジナリー・ラインをもう一度設定し直した例。

　第3カットを「どんでん」といいます。「どんでん返し」の「どんでん」で、ほぼ180°反対のカメラ位置からの画につなぐことです。これはイマジナリー・ラインを破っていますが、同時に登場人物が増えたためイマジナリー・ラインを設定し直したのです。シーンの途中で状況（位置関係）が変わったのですから、**新たに状況説明の画を入れなければならない**のです。もちろん、設定し直す際にはイマジナリー・ラインを破らなければいけないということではありません。破っていなくても、状況が変わったのならば（視聴者が混乱しそうな状況になったら）設定し直さなければなりません。この例の場合はあくまでも、Cさんを見せるためにイマジナリー・ラインを破らなければならなかっただけです。状況が変わったうえに破ったのだから、もう二重に位置関係がわからなくなってしまったはずなので、破ったそのカットで直ちに設定し直しているのです。いってみれば、これが正しいイマ

ジナリー・ラインの「破り方」ということであり、**破った場合には必ず再設定が必要**だということです。要は、他の登場人物も一緒に写っている画で破る分にはたいていの場合は大丈夫そうだ、ワン・ショットでは気を付けようね、ということです。あらためて状況説明の画を入れてイマジナリー・ラインを設定し直すなら、いつでも破っていいということではあるのですが、状況が変わっていないときに破るのはあまりお勧めできません。理由は、破る必要がないからです。なんでも、イレギュラーなことは理由や意味がなくやるべきではありません。*

　第3カットでは、Cさんの顔を見せつつ、イマジナリー・ラインを設定し直すためにAさんとBさんも写っているか、最低限どこにいるかがわかるようになっていなければいけません。フル・ショットより引いてしまうとCさんの顔がわかりません。といって、CさんのアップではAさんBさんの位置がわかりません。だから、Cさんはフル・ショットからフトモモ・ショットくらいで、AさんとBさんの後ろ姿がニー・ショットからウェスト・ショット（AさんとBさんは半分くらい画面からはみ出している）くらいで写っているという画が最もオーソドックスでしょう。

　Cさんの顔をもっと大きく見せたい場合は、AさんBさんの体の一部が入っている（ナメルといいます）画にすることもありますが、その場合どちらがAさんでどちらがBさんかがはっきりわかることが大事です。そのためにわざわざAさんとBさんの服装をはっきり違う色にしていることもよくあります。2人の見分けが付きにくいような場合は、できるだけどんでんを使うのは控えたほうが無難です。

　Cさんの顔をはっきり見せるために、どんでんのヒキのあとにワン・シ

＊　狭い室内で3人が三角形になって話をするシーンなどは、長くなると非常に画が単調になりがちです。そんな時は後程説明する「わざとイマジナリー・ラインを破るオシャレ技」を使ってアクセントを付けたりします。単調さを避けるという理由があるからオシャレなのであって、理由なくやればセンスが悪いということになります。

ョットのアップへ行くのもよくある手です。倒置法を使って、どんでんでいきなりCさんのアップを先に見せてからヒキに行くこともできます。いずれにしても、イマジナリー・ラインの再設定のためにヒキは必ず見せなければいけませんし、ヒキをこれ以上後回しにするのはお勧めできません。

イマジナリー・ラインを
もう少し深く考える

AIL

　イマジナリー・ラインとは「出演者の向きを管理するツール」です。「登場人／物同士をつなぐ」というのは簡易的な設定方法で、たとえば出演者が互いに向き合っていない場合には話が違ってきます。

　このようなときは、2人の出演者を結ぶ線を設定してもあまり意味がありません。主となるイマジナリー・ラインは、手前（カメラに近い方）の人と夕陽を結んだものになります。主となるイマジナリー・ラインを「メイン・ライン」と呼ぶことにします。

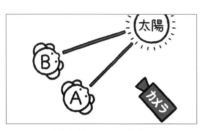

2人と太陽とカメラの俯瞰図。

あれ？　それじゃあ、1人でいいんじゃ?

　あっ、気付いちゃいました?　そうなんです。実は一台の走っている車や電車にもイマジナリー・ラインがあるように、出演者が1人の場合でもイマジナリー・ラインはあるのです。従来の一般的なイマジナリー・ラインの考え方はいろいろとカバーしきれていない部分が多いのです。そこで、著者流のイマジナリー・ラインの考え方を紹介しましょう。従来からイマジナリー・ラインは、出演者が複数の場合に出演者同士を結ぶ線として考えられてきましたが、一方で、走っている車や電車にもイマジナリー・ラインはあるんだといわれて来ました。著者の考え方はこの2つの考え方を統合したもので、被写体が1人だろうが複数だろうが、人だろうが物だろうが、被写体同士を結ぶのではなく、**被写体が「方向性を持つ動作」をしているときは、イマジナリー・ラインが常にその被写体の動作の方向に設定される**、と考えます。「動画は動作を写すもの」ですから、イマジナリー・ラインも動作由来のものであるべきなのです。この"新しいイマジナリー・ライン"は、頭文字を取ってAILと呼ぶことにします。……だれですか?　今「ナメんな、コラッ」って声が聞こえたような気がしましたが?　Aはアドバンスド（上級の）とかアクション（動作）のAですよ?　動作によって発生するイマジナリー・ラインですからね。今回特に従来のイマジナリー・ラインと区別するために命名しただけですので、普段は普通にイマジナリー・ラインと呼べばいいと思います。まぁ、イメージ的にいうと「目線ビーム」を想像するとわかりやすいかもしれません。目線だけがAILではありませ

んが、AILとは「動作の方向を示すもの」であり、「見る」ことも動作の1
つなのですから、目線もAILなわけです。そしてたいていの場合、たとえ
ばAさんがBさんに話しかける時にはBさんの方を見るものですよね。だか
ら、目線はメイン・ラインと一致することが多いのです。目線とメインの
動作の向きが違うときだけは気を付けましょう。

　方向性のある動作とは、「歩く」「走る」「見る」「話しかける」「物を投げ
（付け）る」などです。**対象を必要とする動作**ですね。「歩く」「走る」の対
象は目的地です。方向性のない動作は、「歌う」「踊る」「独り言をいう」
「その場でジャンプする」などです。もし動作が対象を必要とするなら、つ
まり相手がいるなら、相手は必ずイマジナリー・ライン上にいるはずです
し、いなければいけません。目線ビームは必ず相手に当たっているはずで
す。いや、現実には当たっていないこともあるでしょうが、映像の上では
必ず当たっていなければいけないのです。言い方を変えると、映像の上で
は**方向性のある動作は必ず対象や目的地に向いていなければならない**、と
いう当たり前の話です。東京から大阪に向かって走っている車は、映像の
上では常に大阪の方を向いていなければ大阪に向かっていることにならな
いのです。現実には道が曲がりくねっていて、北を向いたり東を向いたり
するかもしれませんが、映像の上ではシモテを大阪方面と決めたら、常に
シモテを向いて走っていなければ、どこに向かっているのかわからなくな
ってしまいますよということです。もちろん例外はありますが、その場合
には例によって手続きが必要です。この場合なら、「今からはカミテが大阪
方面とします」と宣言する「カメラがラインをまたぐところ」が必要にな
るということです。この、**被写体がどこ**（だれ）**に向かって動作しているの
か**をその向きで**表現する**ということは、ルール以前の映像の大前提であり
依って立つところですから、これを破れば映像として成立しません。従来
のイマジナリー・ラインは「破ってはいけないわけじゃない」などとあや
ふやなものでしたが、**メイン動作のAIL**（つまりメイン・ライン）**は絶対に破
ってはいけません**し、破りたいときには手続きが必ず必要です。……そう
構える必要はありません。簡単にいえば、**常に対象がどっちにいるのかは**

明確にしていなければいけない、というだけのことです。漫画にもイマジナリー・ラインはあるはずですが、吹き出しや作画の都合などで簡単にイマジナリー・ラインを破ってしまう漫画とは訳が違うんだ、ということだけは頭に刻み付けてください。映像ではイマジナリー・ラインは依って立つところであり、簡単に破っていいような軽いものではありません。

　出演者が2人で向き合っているときには、2人のAILがたまたま一致しちゃって1本の線（面）になっているのです。

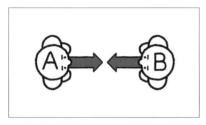

**AさんはBさんに話しかける。BさんはAさんに
話しかける。すると2人のAILは一致する。**

　なにかを「見る」のも「話しかける」のも「方向性のある動作」です。Aさん、Bさんはお互いを対象としてそれぞれのAILを発生させています。この2本は当然一致して1本になり、お互いの対象はAIL上にいることになります。Aさんの「話しかける」という動作はBさんの方を向いているわけですから、「AILは従来の登場人物同士を結ぶイマジナリー・ラインに沿っている」ということです。映像上では、**AILは必ず従来のイマジナリー・ライン**（出演者同士を結んだ線）**のどれかと一致して**（沿って）**いなければいけません**。じゃないと、見ている人には対象がわかりません。言葉にするとややこしいかもしれまんが、きわめて当たり前の簡単なことですから、難しく考え過ぎずにしっかり理解してください。AさんとBさんが話し合っている場合「Bさんは、Aさんが向いている方にいる」、「Aさんの話しかけるという動作は、Bさんの方を向いている」に決まっていますよね。そしてお互いの目線ビームはお互いに向き合っているに決まっているわけですから、

AさんとBさんとをつないだ線と一致して（沿って）いるに決まっています。そうじゃなければ、AさんはBさんに話しかけていることになりません。当たり前すぎて今まではだれも文章にしなかっただけのことです。現実にはソッポを向いて話すこともあるでしょうが、映像でそれをやったら見ている人は大混乱に陥ります。映像は現実とは違うのです。だから現実を伝えるだけの「報道系動画」しか知らないのでは、映像の上級者にはなれません。もしAさんに夕陽の方に目を逸らさせてBさんに話しかけさせたいのならば、「Bさんから目を離し、夕陽の方を向きました」というところをはっきりと**見せなければ**いけません。それが「手続き」です。「Bさんを見ながら話す」という動作から「夕陽を見ながら話す」に動作を切り替えたのだから、その"動作を切り替えたところ"を見せなければ動作がつながらないジャンプ・カットになるわけです。その瞬間、「見る」という動作による、Aさんから夕陽へ向かうAILが発生します。すると「見る」という動作とそのAILはA-夕陽ラインに沿うことになり、「話しかける」という動作とそのAILはA-Bラインに沿うことになります。このように目線ビームの対象とメイン動作の対象が一致しない場合もありますが、それはまぁまれなことで、基本的には顔の向いているほうがメイン・ラインだと思って差し支えありません。

　Aさんも夕陽もこのシーンの初めから登場しているので、A-夕陽ラインは最初から存在しています。AILは動作によって発生しますが、従来のイマジナリーラインはシーンの最初から最後まで写っているかいないかに関わらず存在はしています。

　このように、イマジナリー・ラインは最初から対象となる登場人／物の数だけ存在していますが、AILは方向性のある動作の数だけ発生します。動作が2つ以上ありその方向が一致していない場合にも、必ずAILはどれかのイマジナリー・ラインに沿っていなければいけません。アサッテな方を向いて動作してはいけないということです。そしてそのイマジナリー・ラインの対象がそのAILの動作の対象になります。これを簡単にいうなら、「映

像の中では、動作は必ず対象の方を向いていなければいけない」というだけのことです。

　夕陽のシーンではAさんは映像上は空に向かって話しかけているわけですね。だからファースト・カットがAさんのワン・ショットだと、Aさんは「空に向かって話しかけている頭のおかしな人」になってしまいます。先に「隣にはBさんがいるよ。空には夕陽があるよ」という画が見せられているから、Aさんは頭がおかしいのではなく、「夕陽を見ながらBさんに話しかけているんだ」ということがわかるわけです。これが「状況説明のカットを最初に入れなければいけない」というルールの理由です。だからインタビュー映像でインタビューされている人が、写されてもいないインタビュアーのほうを向いてしゃべっているのは、映像の文法上はNGなのです。でも報道は"取材映像（取材者が取材した映像のこと……まんまだな）"しか扱わないので、取材者がいることは暗黙の了解となっているうえ、映像作品を作っているわけではないので体裁はどうでもいいわけです。さらに時間も極力切り詰めるためになくてもいい映像は省かなければいけません。だから、報道（ニュース）では「インタビュアーも写り込んでいる状況説明のカット」を省略してもいいことになっているのです。これは報道（ニュース）だけの特別ルールであって、他の動画では真似してはいけません。

メイン・ラインとサブ・ライン

　登場人／物がたくさんいるときはイマジナリー・ラインもたくさんできます。複数できたときには1本のメイン・ラインとその他のサブ・ラインに分かれます。メインの動作のAILがメイン・ラインで、その他はすべてサブ・ラインです。同じシーンの中でもどれがメインかはコロコロと変わります。メイン・ラインになることを「アクティブになる」という言い方をすることにしましょう。また、その時々で今現在（一時的に）アクティブになっているラインを「アクティブ・ライン」と呼ぶことにします（アクティブ・ラインとメイン・ラインは同じものです）。

カメラは、メイン・ライン（その時アクティブになっているライン）を越えることができません。俗に破ってはいけないといわれているのはメイン・ラインのことです。サブ・ラインは、自由に越えることができます。たいていは越えてもさほどの違和感はないはずです。でも、まれに違和感が出る場合もありそうですので、注意は必要です。先の例でいえば、Aさんが夕陽を見ているときはA-夕陽ラインがアクティブですが、AさんがBさんのほうへ顔を向けた瞬間にABラインがアクティブに切り替わります。だから、カメラがABラインを破りたいときには、Aさんが夕陽のほうを向いているときを見計らって破る必要があります。頻繁にAさんが夕陽を見たりBさんのほうを見たりしているのならば、Bさんのほうを向いているときにカットしてABラインを破ってはいけないということです。左（Bさんのほう）を向いたAさんが次のカットでは右を向くことになってしまいますね。Aさんが夕陽を見た瞬間にカットしてABラインを破る分には、右（夕陽のほう）を向いているAさんは次のカットでも右を向いていることになりますね。だからOKなのです。つまり、簡単にいうと「メインの被写体（たいていの場合そのシーンの主人公）が顔を向けている方のラインを破ってはいけない」のです（例外はあります）。

　イマジナリー・ラインが複数ある場合は混乱を防ぐために、まずイマジナリー・ラインを越える必要が本当にあるのかどうかを考えるべきです。あなたがわからなくなっているときは、視聴者はもっとわからなくなっています。そしてわからなくなったときの対処法の第一は、常に一番手前（カメラから近い）のイマジナリー・ラインを越えないようにすることです。撮影範囲を舞台の上だと思って、観客席から撮っていると思えばいいというオーソドックスな回避法です。越えたいときはドリーなどの長回しで一気に回り込んで越えれば間違いありません。第二の対処法は、ヒキ画で設定し直すことです。怪しいなと思ったらちょっと引いて、リセットしてしまえばいいのです。あるいは、2人目をナメたり、奥にちょこっと入れてあげてワン・ショットを続けるのを避けさえすれば、そう深みにはまるよう

なことにはならずに済むでしょう。よくわからなくなるのは、カメラが登場人／物たちの間に潜り込んだときです。たとえばABCさんの三角形の真ん中にカメラが潜り込んだときですね。潜り込んだということは、AB、AC、BCのうち、どれかのラインを破ったということです。せっかく潜り込んだんだからワン・ショットのアップを続けたくなるところですが、そういうときはいったん三角形の外へ出て、ヒキとまではいかなくてもそれぞれの位置関係がわかる（イマジナリー・ラインを把握できる）画を入れれば、混乱することもありません。だいたい、特別な狙いがある場合以外は、同じシーンの中でずっとワン・ショットが続くこと自体があんまりオシャレなカット割りだとは思えません。それとなく他の人をナメたりして純然たるワン・ショットは極力減らしたほうが、他の人の存在感が感じられていいでしょう。ワン・ショットばかりだとなんとなく寂しい感じがするものです。

　メイン・ラインとサブ・ラインの判別を間違った例（正確には小さい字で書いたオシャレ技の失敗例）を、先日ハリウッド製のテレビ映画の中で発見した（陰険な視聴者ではある）ので、サンプルとして紹介しておきます。ハリウッドのプロでもやっちゃうんですね。

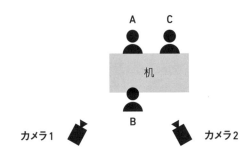

カットした瞬間はまだメイン・ラインがABなので、イマジナリー・ラインを破っています。

　上の図は、高校生3人が食堂でランチを食べながらおしゃべりをしているところを上から見た図で、Aさんがこのシーンの主人公です。第1カットは、カメラ1の画で、AさんがBさんに話しかけています。第2カットはカ

メラ2の画にカットで切り替わり、その直後Aさんは Cさんの方を向き、C さんに話し始めます。この第2カットはアウトです。アウトとは違和感バリバリで理論的にはNGではないものの、著者が監督だったら間違いなく作り直すということです。あまりにも違和感が酷かったのでこのシーンを覚えているのです。

　解説しますね。このシーンでは、Aさんが主人公で、イマジナリー・ラインはABラインとACラインとBCラインが考えられますね。BさんとCさんは話をしないので、BCラインは忘れてください。第1カットではAさんがBさんに話しかけているので、メイン・ラインはABラインです。ACラインはサブです。第2カットではAさんがCさんの方を向き、Cさんに話しかけるので、ACラインがメイン・ラインになります。この監督は第2カットのイマジナリー・ラインはACラインであり、それを破っていないのでセーフだと思ったのかもしれません。でも違います。AさんがCさんの方を向き話し始めるのは、第2カットに切り替わってから1秒後くらいです。**Aさんが Cさんの方を向いた時点でACラインがアクティブになる**のであって、カットが変わった瞬間にはメイン・ラインはまだABラインなのです。第2カットのメイン・ラインは最初の1秒くらい、AさんがCさんの方を向くまではABラインのままです。イマジナリー・ラインは保存されるのです。どのラインがメインなのかも保存されます。ヒキ画だから混乱することはないのでNGだというほどではありませんが、恥ずかしい編集（カット割り）ではあります。このことからも、**本当に重要なイマジナリー・ラインは出演者を結ぶ線ではなく、メインとなる動作の方向（AIL）**であることがわかります。「動画は動作を写すもの」です。だから動作の方向が重要なのです。動作が始まって初めてAILがアクティブになるのです。この例だと、Aさんの動作の方向が変わった時点でメイン・ラインが切り替わっているのがよくわかりますよね。1から2へのカメラ・ワークがしたければ、これはドリーしなければいけませんでした。もしくはAさんがCさんの方を向いてからカットするのなら、かなり違和感を軽減できたはずです。正しい一例は、まずABラインを破らない位置からAさんをアップにします。Bさんをフレーム・ア

ウトする（画面から追い出す）ことでABラインの存在感を薄くするのです。それからAさんがCさんの方を向いてメイン・ラインが変わるところをしっかり見せます。これで、Bさんは動いていないけどこのシーンからとりあえず退場したことになります。それからカメラ2の画になるならば、ABラインはもうほとんど消滅しているに近いので違和感はないはずです。このときカメラ2の画ではもはやBさんは退場しているので、登場人物の1人ではなく1人のモブ（その他大勢・背景）になってしまうのです。

⁝⁝ Memo

　ところが実はこれ、イマジナリー・ラインを破っているからダメなのではなく、先に小さい字で書いたオシャレ技をやろうとして失敗している例なのです。イマジナリー・ラインが三角形や四角形の場合に、「メインのABラインを破っておいてから即座にアクティブ・ラインをACに切り替える」という技があるのです。「イマジナリー・ラインの再設定」のところでも書いたように、破ったときには直ちに設定し直す必要があります。この技ではヒキ画のカットで再設定するのではなく、即座にアクティブ・ラインを切り替えることで再設定するのです。そしてこの例はその通りにやっているのですが、ひょんなところで失敗しているのです。第2カットでも3人が写っているので、だれもイマジナリー・ラインを見失うこともありません。だからNGではなくセーフではあるのですが、ではなにを失敗しているのかというと、ABラインを破ったときの画角の変化が小さすぎるのです。「ドリーしなければいけませんでした」と書いたように、普通ならドリーする程度にしかカメラ角度が変わっていないうえサイズはほぼ一緒なので、まるでドリーで撮ったショットからカメラが移動している部分だけを切り取ったかのようになってしまっているのです。実際ドリーで撮影して、あとから間合いを詰めるために移動部分を切ったのかもしれません。カメラ1から2への移動距離と角度の差が小さ過ぎ、特にサイズの差がないのが問題です。構図がほぼ同じでBさんが右にいるか左にいるかだけの違いしかないので、同ポジの違和感が出てしまったのです。この違和感は、イマジナリー・ラインを破った違和感（ジャンプ・カットの違和感）ではなく、同ポジの違和感です。カメラ1と2は、大きく構図（特にサイズ）を変えてあげる必要があったのです。

破ってなきゃいいってもんじゃない

　次に、メイン・ラインを破っていないのに成立しない例をご紹介しましょう。

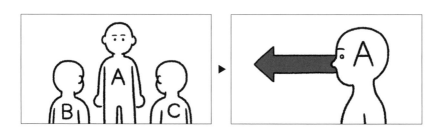

　AさんとBさんとCさんの3人が三角形の形で話をしています。Aさんが主人公で、Bさんに話しかけています。だからメイン・ラインはABラインです。次のカットでAさんのワンショット、シモテ向きの真横の画になりました。これはどうでしょう？　これはサブ・ラインであるACラインは破っていますが、メイン・ラインは破っていないのにも関わらずNGです。なぜなら、AさんがBさんに話しかけているのか、Cさんに話しかけているのかがわからないからです。ACラインを破ったせいでBさんのみならず、Cさんもさんのシモテになってしまい、Aさんがシモテを向いているだけでは、どちらに話しかけているのかわかりません。まあ筋道からいえば、第1カットではBさんに話しかけていたのですから、第2カットでもBさんに話しかけているはずで、BさんはシモテにいるしさんがモブであるならばNGじゃない気もします。でも、今回はモブという設定ではないですし、なにもわざわざわかりにくいことをする必要もありません。大事なのは一番には「だれに話しかけているのかがちゃんとわかること」であり、次は「違和感がないこと」です。この場合は第2カットにAさんだけでなくBさんとCさん、せめてどちらかだけでも写り込むなどして、Bさんに話していることがはっきり目でわかる必要がありました。このような例は、ACラインを破ったからNGなんだと思っていた人もいるかもしれません。もちろんそう

考えてもいいですけれども、サブ・ラインは破ったら直ちにNGというわけではありません。むしろサブ・ラインは破っても問題ないことのほうが多いでしょう。あくまでも、第2カットがどっちに話しかけているのかわからないからNGなのです。

イマジナリー・ラインの限界

　多数の人が輪になって（円周上にいて）内側を向いて話している時には、イマジナリー・ラインが役に立たなくなるようです。多数というのはたぶん、5〜6人くらいだと思います。たとえば10人だと、もはや視聴者はAさんがだれに向いているのかを認識するのをあきらめてしまうようです。この場合極端な話、右真横からの画と左真横からの画をつないでも、たいして違和感がない……わけではないけれども、少なくとも見失うということはありません。だれに向かって話しているのかなんて、この人数だとどうでもいいでしょう？　特定のだれかに向かって話しかけるという動作は方向性がありますが、大勢に向かって話しかける＝演説しているという動作は、方向性がないわけではありませんが弱いというのか薄いというのか。さすがにその時々の映像を実際に見てみないとはっきりしたことは言えないのですが、ケース・バイ・ケースで違和感がどの程度なのかがすべてなのだと思います。

　こんな場合は、やはり演説している人にもAILは発生しているので、AILをメイン・ラインとして、それを破らないようにするのがいいでしょう。また、破る時にはちゃんと正規の手続き（正面のカットを入れるなど）をするべきです。演説でよく使われるのは、演説者の後ろから聴衆を写しながらイマジナリー・ラインの向こう側へドリーしていく方法です。聴衆の多さや様子を見せるフリをして自然に反対側へカメラを持って行けるわけです。「演説している人」を右撃ちから左撃ちへどんでんしたもの（映画かドラマ）を見たことがありますが、そうするべき理由が見当たらず、ただ不自然でヘタクソなカット割りだとしか思いませんでした。「演説をしている人」は

割とどの角度からでも自由に撮れるはずなので、正規の手続きを省略しなければならない理由がわかりません。なにもヘタなことをして、自分の無知っぷりやセンスの悪さを披露する必要はありません。理由がないのならば、不自然なことはするべきではありません。

ピン（物なら1つ、出演者なら1人）の場合のイマジナリー・ライン

背景はすべて黒ホリ（真っ黒でなにもない）とします。

今、1人のアナウンサーがカメラ目線でしゃべっているとします。カメラ目線でしゃべるということは「視聴者に話しかけている」わけです。「話しかける」ことは方向性がある動作なのでアナウンサーから対象（視聴者）に向かってイマジナリー・ラインが発生します。

一般番組を撮る際は、カメラは視聴者の目になっているものと設定されています。視聴者はカメラがどう切り替わろうが、必ず「今アクティブなカメラの中」にいます。写ってはいませんが、出演者同様、対象（聞き手）として視聴者もこのシーンに**登場している**のです。なのに、もしアナウンサーがアサッテの方を向いてしゃべっていたら、「わざわざ目の前にいる視

聴者を無視して、だれもいない方へ大きな声で話しかけている頭のおかし
な人」になってしまいます。映像上、視聴者に話していることにはなりま
せん。頭はともかくとしても、お客さんに対しソッポを向いて話している
のですから、どれだけ無礼な人間かということです。従来のイマジナリー・
ラインである「アナ-視聴者ライン」とAIL（目線ビーム）が一致していませ
ん。話しかけるという方向性のある動作が対象に向かっていないわけです。
だからコメント映像でソッポを向いて話していたら、イマジナリー・ライ
ン違反なのです。

　では第2カット。ここでもし、右でも左でも、横からのショットに行っ
たら、これはどうでしょう？　カメラはイマジナリー・ラインの上にある状
態から横撃ちに行ったのですから、この瞬間はなにも問題はありません。そ
してアナウンサーがカメラの方へ向き直りしゃべり始めるのならば、まっ
たく問題はありません。しかし、横を向いたまましゃべりだしたら、その
途端に横向きのAIL（目線ビーム）が発生してしまい、だれに向かって話して
いるのかわからなくなるので「イマジナリー・ライン違反」になるのです。
「対象は必ずイマジナリー・ライン上にいなければならない」のです。視聴
者であるあなた（カメラ）はカットの瞬間にアナウンサーの真横の位置に移
動したのですから、「アナ-あなたライン」も一緒に移動しています。視聴
者という登場人／物はとても特殊な存在で、画面に写りもしなければ、カ
ット目では瞬間的にワープもするのです。なのに、アナウンサーは相変わ
らずあなたがさっきまでいた方に向かって話し出したら、頭がおかしいか
目が見えないかのどちらかです。繰り返しになりますが、イマジナリー・
ラインとは、ただ出演者同士をつないだだけの線でもなければ、破ったの
破らないのが大事なのでもありません。被写体の**方向を管理する**ツールで
す。

　続いて第3カット。話しかけるという動作には方向性があるので、その
方向に向かってAILが発生します。そのため、第2カットから第3カットへ
の切り替えは、完全にイマジナリー・ラインを破っています。これはOKな

のでしょうか？　NGなのでしょうか？　まぁ、そもそも視聴者に話しかける
のにソッポを向いている時点でNGなのですが、それは置いておいて、この
どんでんの切り返しがOKなのかどうなのか?という話です。

　これは、破ることに意味がないのでNGです。こういうカット割りをする
人は、被写体が1人のときにはイマジナリー・ラインがないと思っている
のでしょうね。スタジオで歌手が1人で歌を歌っているところは、イマジ
ナリー・ラインなど関係なく、ぐるぐるといろんな角度から写しますよね。
それと状況が似ているので、同じようにやっていいと思うのでしょう。と
ころが、歌を歌うという動作は、実は独り言に節が付いただけなので、相
手を必要としません。しゃべる（話しかける）のは相手を必要とする動作な
ので、歌を歌っているのとはわけが違うのです。

違和感の理論的解説

オレは違和感を感じないからいいんだ!

　あなたにはなくても、見ている人には違和感があるからNGなのです。で
も、こういうカット割りを平気でしているということは、その違和感がわ
からないということですよね。違和感なんて人それぞれだから、違和感が
あるということをだれも論証できないから指摘もされないだろうなどと思
ったら大間違いですよ。「アクションつなぎ」の理論でも、「シーンの構造」
の理論を使っても論証できます。

▶ ジャンプ・カットになっている違和感
　この例の第2カットから第3カットの場合、シモテ向きでしゃべってい
て、次のカットでカミテ向きになったわけですから、向きを変える描写を
飛ばした「ジャンプ・カット」です。アナウンサーが逆を向いたというの
なら、逆を向くところの描写がジャンプされているわけですし、カメラが

イマジナリー・ラインの反対側に移動したというのならば、イマジナリー・ラインを破る際の手続きである「正面のカット」がジャンプされているということです。ジャンプ・カットなら違和感を否定できませんね。

　ところがこれには恐ろしく奇妙な反論ができます。まず、ジャンプ・カットであるなら、時間軸がつながっていないということになりますよね。シモテ向きとカミテ向きでは、イマジナリー・ラインも共有していません。また番組の中の「MCが視聴者にしゃべるコーナー」は、映像的にはMCが視聴者にしゃべってさえいればよく、ずっと場所が同じである必要も1つのシーンである必要さえありません。たとえば第2カットの背景が遊園地で、第3カットの背景は宇宙でも一向に不都合はないわけです。だから第2カットと第3カットは、シーンが違うんだ！　コラージュ編集なんだ！　とも言えるのです。1つのシーン、つまりモンタージュ編集だという前提だから違和感があるのであって、第3カットは場面転換をしているのだからなにも問題はない、という言い分も筋は通るのです。

　しかし、この言い訳も通用はしません。シーンが違うにしては被写体が同じ、服装も同じ、背景も同じ、状況も同じ、どう見てもシーンが違うようには見えないので、今度は「場面転換として」違和感があるのです。コラージュ編集唯一のルール「つながっているように見えてはいけない」に抵触しているため、コラージュ編集としても成立していません。全然場面転換しているように見えない画で、場面転換しているんだといわれたら、それはそれでめちゃくちゃ違和感ありますよね？　だから、いずれにしても違和感を否定することはできないのです。ちなみに、第2カットの背景が遊園地で第3カットの背景が宇宙であるならば、確かにイマジナリー・ラインを破ったことにはならず、はっきりと場面転換もしているようには見えるので、映像理論上はNGではありません。ただし、演出的にそれがいいかどうか、そうする必要があるかどうかは……、まぁその時々です（繰り返しますが、「MCが視聴者にしゃべるコーナー」なのに横を向いている時点ですでにNGなのですが、それは置いておいての話です）。

▶ シーンの構造からみた違和感

　今度はこの件をシーンの構造から解説してみましょう。まずは編集法の確認です。この例題は、モンタージュ編集でしょうか？　コラージュ編集でしょうか？　「MCが視聴者にしゃべっているコーナー」は、普通いくつものシーンに分ける必要はありませんので、1つのシーンと考えれば編集法はモンタージュ編集のはずです。ですが実際にはつながっていないのでモンタージュ編集として成立していません。といって、コラージュ編集としても成立していないので、どちらでもない"編集ミス"でしかありません。まず第1〜2カットを見てみましょう。一見、なんの問題もなくつながっているように見えますよね。イマジナリー・ライン上から横撃ちに行くのは、編集法のうえではなんの問題もないはずです。エヅラの上でも、完璧につながっているように見えます。でも実はつながっていません。第1カットと第2カットでは動作の対象が違っているので動作がつながらない、つまり「画の意味」「道理」がつながっていないのです。また、第2〜3カットもさっき説明した通り、まったく第1〜2カットと同じことで編集ミスです。この「画の意味」も当然つながっていません。

　では、具体的にシーンの構造を見てみましょう。まず第1カットで基本構文通りに、スタジオでアナウンサーがしゃべっているという状況を説明しています。ヒキ画ではないけれど、必要な状況はすべて写っているので、ヒキ画にする必要がありません。背景は真っ黒でなにも写っていませんが、これは「ここはどこでもない」「設定がない」ということで、なにもないのですからそれをヒキ画にして見せる必要もありません。特殊な省略法の一種です。さらに主人公の紹介もしています。このアナウンサーがこのシーンの主人公です。「事件」はだれかの動作ですから、「視聴者に向かってしゃべる」ということが事件です。変化は、映像での変化はなく、ここでは音波が変化しています。そして変化後の状況はこの人が黙るということです。ということで、このシーンの映像ストーリーは一応、「スタジオでこのアナウンサーがしゃべり始め、しゃべり続けて、しゃべり終わりました」

　❷　イマジナリー・ラインをもう少し深く考える

ということになります。ですが、これは見た目での変化がないので、この
シーンだけでいうならば動画にする必要はない、動画になっていないとい
うことになります。ユーチューバーの動画はたいていこういうことですね。
だから本人たちも「ラジオだ」と言い、視聴者のことを「リスナー」と呼
びますよね。まぁそれは置いておいて、とにかくちゃんと形式的には1つ
のシーンとして成立しているわけです。でも、状況説明も主人公の紹介も
事件も結果もすべて第1カットだけで見せることができるので、カットを
割る必要はありません。だから、この第1カットだけがストーリーをつづ
るコア・カットです。そして第2・3カットは本来必要はないけど、エヅラ
が長時間同じだと退屈だからという理由でコア・カットの代わりに入れら
れているのですから、代理カットということになります。ならば、第1カ
ットと同じ役割をしなければいけません。情報を付け足すことはできます
が、代理なんだから画の意味が第1カットと食い違ったり変化していては
いけません。なのに第2カットは「このアナウンサーは、シモテにいる視
聴者ではないだれかにしゃべっている」という画です。これが第2カット
の「画の意味」です。そして第3カットは「このアナウンサーは、カミテ
にいる視聴者ではないだれかにしゃべっている」という画です。どちらも
動作の対象（聞き手）が第1カットと違ってしまっています。違うアクショ
ンをしている、意味が食い違っている画を代理にしようとしたということ
です。これでは、第1カットの代理の役を果たせませんね。だから、第2カ
ットも第3カットもNGなのです。

　シーンの構造を論じました。こういうのが「モンタージュ論」です。「モ
ンタージュ論」なんて言葉は聞いただけで難しそうと思いがちですが、こ
の程度のものなのです。なにもビビることはありません。だって編集なん
て、カットの順番と長さとつながっているかつながっていないかしかない
のです。それをあーでもないこーでもないといっているだけのことです。難
しそうだと思われているのは、つながっているものが見えるものではない
からですね。それを疑似的に見えるものだけでつながっている編集ができ
るようにしたものが「5つの条件」のところに書いた方法です。

　せっかくモンタージュの話になったのですから、ここでちょっとモンタージュ編集の復習をしましょうか。この2つのカット目のところは、モンタージュ編集をしたつもりが、つながっていないので編集ミスになってしまったわけです。ここで、画の意味が食い違っているのは上記の通りですが、見た目のうえでもつながっていないものはないのでしょうか? 被写体もその服装も背景も同じで、映像上のあらゆるつながるための条件は揃っているように見えますよね。なのに、なぜわかる人には一目でつながっていないことがわかるのでしょう? どこに違和感があるのでしょうか? 5つの条件を思い出してください。時間軸と空間の2つは問題なさそうですよね。登場人物は、3つのカット共アナウンサー1人しか写っていないので、ぱっと見は問題なさそうです。でもよく考えると第1カットで登場していた「視聴者」が第2・3カットではいなくなり、謎の人（目線の先にいるのであろう聞き手）が登場しています。だから登場人物は保存されていません。でもそれは写っていない登場人物の話ですから、ぱっと見ではなかなかわからないでしょう。アクション（動作）は上記の説明のように対象が違うことを説明されればわかるでしょうが、見た目では対象は写っていませんし「しゃべる」という同じ動作に見えますよね。だからこれもぱっと見ではわからないでしょう。

　では、答えは残ったものしかありません。最後、5つ目のポイント、イマジナリー・ラインです。上級者にはこのイマジナリー・ラインがちゃんと見えているのです。見えているラインが、突然なくなったり、違うものになったりしてしまうので、即座に「これ、おかしい!」とわかるのです。イマジナリー・ラインにしても動作の対象にしても「道理」にしても、それらは写ってはいないもの、目には見えていないものですよね。表面的なものだけでなく、「道理」のようにその裏側にあるものが見えている、それが上級者ということです。この本の冒頭では「写っているものだけがすべて」だと言いました。それは基本で、初心者はそこから出発します。そし

て上級者には「写っているものだけがすべてじゃない」と、まるで反対のことを言うのです。

　ところで、ここでちょっとおもしろい話をしましょう。今説明したシーンをドラマの1シーンだとしてみましょう。すると第1カットのカメラ視点は視聴者の主観ではなく、他の登場人物、仮にAさんの主観ということになります。そしてこの時のイマジナリー・ラインは当然「アナ-Aライン」です。第2カットのカメラ視点はドラマの通常の視点である神様の視点（客観視点）として横から撮ったカットということになります。この時のイマジナリー・ラインもやはり「アナ-Aライン」のままですから、第1～2カットは同じラインを共有していることになり、ちゃんとつながっていることになります。アナとAさんが向かい合ってしゃべっているところを、第1カットはAさんの主観で、第2カットは横から撮ったというだけのことです。実はこれ、ドラマとドキュメンタリーであればなんの問題もない、まったく普通のカット割りなのです（当然、事前にアナとAさんが向かい合ってしゃべっているという状況説明のカットがある前提です）。でも第3カットはイマジナリー・ラインを破っているので、ジャンルに関わらず成立しません。

　後ほど動画の種類の項を見ていただけばわかりますが、動画には主に4つの種類（ジャンル）があり、その中でカメラが視聴者の主観になるのは「一般番組」だけです。つまり、この第1～2カットは、一般番組だからつながっていないだけで、他の種類の動画であればつながっているのです。ドキュメンタリーと映画・ドラマでは問題なく、報道と一般番組ではやってはいけない編集なのです。このように、動画編集のルールは動画の種類によって違います。基本は一緒ですが、細かいところは違うのです。だから第1～2カットは、だれだってちょっと見ただけでは違和感は持たないはずで

＊ 常に客観でなければいけない報道（ニュース）では「登場人／物の主観」は許されず、常に視聴者の視点で撮る一般番組では「神様の視点」は（特にコメント映像では絶対に）許されません。「コメント映像」とは、要はビデオレターのことです。「神様の視点」で撮ったらビデオレターにならないでしょ？

す。エヅラには違和感はなく、道理に違和感があるのです。しかし、第2
〜3カットはイマジナリー・ラインを思いっきりブチ破っていますから、こ
れは映像をちょっと知っている人ならばだれでも違和感を持ちます。この
イマジナリー・ラインを破ったとき特有の「違和感」＝「つながりの悪さ」
だけは感じられるようになってほしいと思います。このつながりの悪さを
逆に利用した手法があるのでご紹介しましょう。

▶ コラージュ編集のつながりの悪さを利用した編集

「来る日も来る日も会社に歩いて通いつづけた……」をこんな編集で表す
ことがあります。1カットごとに日にちが違うのですから、時間も空間も
つながっていないコラージュ編集です。イマジナリー・ラインはそのシー
ンの中でだけ（つまりモンタージュ編集の場合だけ）保存されることを逆利用し
て、わざとイマジナリー・ラインを破っているかのようなつなぎ方にする
ことで、日にち（シーン）が違うんだ、コラージュ編集なんだということを
強調しているつなぎ方です。服装や天気を変えているのも日にちが違うこ
とを強調しています。

　だから、アナウンサーの話のように同じシーンに見える状況（被写体も背景も服装も同じ）でこれをやるとコラージュ編集特有のつながりの悪さだけが目立ってしまうのです。「同じシーンのはずなのにつながっていない」と感じられ、違和感となるのです。

イマジナリー・ラインがない場合

　歌を歌っている歌手にイマジナリー・ラインはありません。踊っている人にも、独り言を言っている人にも、縄跳びしている人にもです。これらの動作には「対象や目的地がない」から「方向性」がないのです。だから「逆向き」のカットをつないでも問題はありません（だれも混乱はしません）が、くれぐれも意味なくやるのはやめたほうがいいでしょう。エヅラのつながりがいいかというとケースバイケースですので、両手放しにやっていいというものでもありません。エヅラのつながりがいいとか悪いとかということは感覚の問題なので、この本では扱いません。結論としては「方向性がない動作をしている人は『逆向き』のカットをつないでもNGではない」となります。

　テレビの現場では、理論的に通用していないものはNGになります。個人の感覚の問題はNGにはなりません。「こういう風に変えてくれないか」とお願いされることはありますが、NGではありません。番組はディレクターの感覚で作られるものであって、周りの人間はこれに対して口を出してはいけません。周りがNGを出していいのは、理論的におかしい部分だけです。NGにするにはNGにするだけの正しい論拠が必要なのです。司会者がソッポを向いて話しているようなものが民放で流されていることがあるのは、担当CPがおかしいとは思ったとしても、なぜNGなのかを理論的に説明できないからNGにできないのでしょう。「よくわかんないけど、オレの感覚に合わないからNG!」などと言った日には、完全にパワハラで訴えられてしまう昨今です。NHKでは「明確な根拠なく作り直しを命じるのはパワハラである」旨、明文化されています。制作に携わる人間ならば、自分で編集

しないとしても、理屈だけはわかっていなければいけません。編集する人についていうと、感覚の違いは問題にはなりませんが、理論的なNGを連発すると「あいつは仕事ができない。映像をわかっていない」と言われてしまいます。

中継映像でのイマジナリー・ライン

　スポーツ中継はたいていマルチカメラ（複数のカメラ）で行われますね。このときにも当然イマジナリー・ラインはあります。ありますが、中継では編集作品のようには重要視されません。中継のスイッチング（カメラの切り替え）と編集では違うのです。

　まず、スポーツ中継は報道局の管轄です。記録映像です。ですからそもそも映像作品ではありません。なによりもそこで行われていることをそのまま、できるだけわかりやすく伝えるだけです。心象の悪い言葉ですがわかりやすいので使わせてもらうと、情報を垂れ流す（演出してはいけないということ）のが報道の仕事なのです。視聴者が混乱しない範囲でならば、できるだけ大きく写すことのほうが優先されるのです。

　サッカーを例にします。日本代表がカミテ（右）に向かって攻めているとします。奥のタッチライン際のプレーだと小さくしか写りません。なのでそのライン際のハンディカメラの画に切り替えることがあります。そうすると左右が逆になるわけですから、これはイマジナリー・ラインを破っています。ですが「混乱する人も多くはないだろう」という判断から中継ではそうします。ただし、ボールと足元のアップというような方向がわからないような画には行きません。必ずある程度回りが写っていて、カミテとシモテが入れ替わったことがわかるような画に行くはずです。だからカメラを切り替えた途端に、選手が後ろ（自陣）に向かってドリブルしだしたりすると、ディレクターは泣きます。見ている人はどっちに向かってドリブルしているのだか完全にわからなくなるからです。

　野球の場合はすべての選手の向きが決まっているので、あるいはゲームそのものに方向性がない（自軍が右に敵軍が左に攻めるといったことがない）ので、イマジナリー・ラインを気にしなくても混乱することがほとんどない（違和感が大したことない）ような気がします。単に著者が中継映像で見慣れてしまっているせいかもしれません。下のような例はスポーツ・ニュースでは許されそうですが、その他の番組や映画・ドラマではダメそうです。編集論としては本来はダメです。

イマジナリー・ラインを破っているけど、あまり違和感がないのはなぜ?

　事実、野球の中継を見ていて、しばらくアップが続くと「この人、どっち向いてんだ?」とわからなくなることがしばしばあります。ランナーなしで打球がサードゴロなら、サードはファーストへ投げるに決まっています。だからイマジナリー・ラインがどうだろうと混乱することはありません。投げている方向にファーストがあるのでしょう。でも、内野手でボールを回しているときにアップを続けられると、ショートがセカンドへ投げているのか、サードに投げているのか、はたまたピッチャーにボールを返しているのかわからないことがよくあります。でも、ボール回しはゲームの合間に練習をしているだけですから、どっちに投げているのかなんてどうでもいいことなので、選手の顔を見せてあげることの方を優先しているのです。もちろん一般番組やドラマの中では、このようなカットは絶対にNGです。これが中継と編集は違うということです。

　撮影の時に最もポカをしやすいのがイマジナリー・ラインです。ちゃん

とコンテを書いて注意していても、突然思い付いたカットとか、追撮とかでうっかり間違えることがありますから、十分に注意してください。間違えると編集ではどうにもなりません。絶対につながらなくなってしまい、撮り直すしかありません。撮影時のポカは、イマジナリー・ラインを破ってもいい正当な理由にはなりません。

イマジナリー・ラインは「破っていなければ絶対OK」とか「破ったら絶対NG」ということではなく**「視聴者がわからなくならないための目安」**にすぎません。だから、イマジナリー・ラインを破っていようがいまいが、どこを向いているのかわからないとか、相手がだれなのかわからないのは絶対NGです。結局は「視聴者が混乱しなければいい」のですが、わかっていて破るのとわかっていないのとでは大違いです。破る場合でも「破っているということ」と「その違和感の度合い」はわかるようになってください。そしてこれは、独学では無理です。「これはNG、これはセーフ」というように、わかっている人から教えてもらうなかでしか、その程度や限度というものは覚えていくすべがありません。「他所でやっているからやっていいんだと思った」などというのは言い訳にもなりません。動画の種類が違えばやっていいこと悪いことは変わります。ここでも書いたように、中継でやっているからといって、編集でやっていいとは限りませんし、映画でやっていても一般番組ではやってはいけないこともあるのです。

まとめ

- **イマジナリー・ライン**
  同じシーン内で被写体の向きを管理するための線（縦の面）

▶ **従来**
被写体同士を結ぶ架空の線（面）

▶ **アドバンス（AIL）**
被写体が方向性のある動作をしている場合に
その方向に沿って設定される線
AILは、必ず従来のイマジナリー・ラインの
どれかと一致していなければならない
（外したい場合には、別の対象との間に新たなイマジナリー・ラインを
結びそれと一致させる）
　　＝方向性のある動作は必ずイマジナリー・ラインに沿って行われる
　　＝対象は必ずイマジナリー・ライン上にいる
　　＝目線ビームは必ず対象に当たっている
　　（視線とメイン動作の対象が同じ場合）

▶ **破り方**
ライン上からのショットを入れる
ヒキ画で設定し直すことができる
　　＝ヒキで破ればたぶん大丈夫

MCに横を向いてしゃべらせるのは
クビになるほどの案件です

　近年はMCに横を向いたまましゃべらせる映像をしばしば見かけますが、視聴者を混乱させ、違和感を抱かせてでも強引に横撃ちに行く理由はなんでしょう？　なんの得があるのでしょう？　うまい編集とは「違和感のない編集」だと言いました。なんのプラスもないことをすると、映像に対する知識とセンスを疑われます。

　そのようなことをする人たちは、インタビュー映像とコメント映像の違いがわからないのでしょう。インタビュー映像は当然聞き手に話しているのですから、被写体は聞き手のほうを向いてしゃべるわけです。一方でコメントというのは「見ている人へのトークメッセージ」のことですから、当然見ている人のほう、つまりカメラに向かってしゃべるものです。ビデオレターがまさにそれですね。小学生に「ビデオレターを撮って来てください」と言ったら、ソッポを向いて撮って来る子がいるでしょうか？　「だれだれ（タレント）のコメントもらえることになったから、コメントもらって来い」なんていうことはテレビの世界ではしょっちゅうあります。その時ソッポを向いてしゃべっている画を撮ってきたらアウトですよ？　それ一発でクビになりかねません（ex.番宣コメント）。

　事実、著者のいた現場でも、後輩のプロデューサーが担当していたスタジオ生番組でこれ（キャスターがソッポを向いてしゃべる）をやって部長に呼び出され、みんなの前で吹き飛びそうなほどどやしつけられていました。その後この番組は、これだけが原因ではありませんが、この部長によって番組ごと潰され、仕事を切られたこの後輩

◆ 電子書籍・雑誌を読んでみよう！

技術評論社　GDP	検索

と検索するか、以下のQRコード・URLへ、パソコン・スマホから検索してください。

https://gihyo.jp/dp

1 アカウントを登録後、ログインします。
【外部サービス（Google、Facebook、Yahoo!JAPAN）でもログイン可能】

2 ラインナップは入門書から専門書、趣味書まで 3,500点以上！

3 購入したい書籍を 🛒カート に入れます。

4 お支払いは「**PayPal™**」にて決済します。

5 さあ、電子書籍の読書スタートです！

◆ Software Design も...

くわしく
「Gihyo
のトップ...

🎁 電子書籍をプレゼント...

Gihyo Digital Publishing でお買い求めいただける特定...品と引き替えが可能な、ギフトコードをご購入いただけるようにな...りました。おすすめの電子書籍や電子雑誌を贈ってみませんか？

こんなシーンで…
● ご入学のお祝いに　● 新社会人への贈り物に
● イベントやコンテストのプレゼントに　………

◉ ギフトコードとは？　Gihyo Digital Publishing で販売している商品と引き替えできるクーポンコードです。コードと商品は一対一で結びつけられています。

> くわしい**ご利用方法**は、「**Gihyo Digital Publishing**」をご覧ください。

は会社を出ていくことになりました。映像の根本をわかっていないという証拠ですから、弁護の余地はありません。ソッポを向いて話したほうがカメラ目線で話すより勝る点をまったく思い付くことさえできないので、弁解のしようもありません。この後輩は「部長は感覚が古いんだ」などと言っていましたが、感覚の問題でもないし、新しい古いの問題でもありません。動画の依って立つ根本原理の問題です。方向の問題ですから、天は上に、地は下にあるというのと同じことです。意味なく上下を逆さまにつないだら"新しい"ですか？　みんながやっていないから"新しい"？　みんながやっていないのは思い付かないからではなくて、やったらバカだからやらないだけです。

「人の目を見て話せ」と子供の頃よく言われたはずです。相手を見て話すのとソッポを向いて話すのでは訴える力・説得力が全然違いますから、演出の面から見てもソッポを向いて話すことは視聴者に対して失礼なだけで利点がありません。その上、アナウンサーやキャスターは毎日発声やしゃべり方の訓練をして説得力を磨いているのに、それをソッポを向いて話しているように撮ったのでは、磨いた説得力も台無しです。出演者に対してもたいへん失礼なことです。

「被写体がカメラ目線」であるからこそ視聴者に生々しく訴えることができるのです。これは写真や他のメディアにはない動画の強みの1つであり、これこそが動画が「最も説得力の強いメディア」となっている要因の1つでもあります。漫画でも"カメラ目線"はできますが、静止画では生々しさ（臨場感）が動画にはるかに及ばないので、説得力では動画にまるでかなわないでしょう？　カメラ目線を正しくうまく使いこなせないのでは、動画を作る意味も半減です。

サイズ、アングル、リズム、テンポ?

サイズとアングル

　1つのシーンの中でのサイズの流れは、基本構文の通り、ヒキで始まった後詰めたサイズが続いて、ヒキで終わるのが基本形です。基本的にシーンの中ほどには、ヒキは来ません。来るとしたら、「周りの状況カット」をインサートするか、イマジナリー・ラインの設定のし直しでヒキが入るくらいでしょうか。あとは随時、ヒキじゃなければ見せられないもの（大きなものとか）を見せたいときですね。いずれにしても大きなヒキはまず来ることはありません。

　サイズは、フレームのサイズと考えがちですが実際は被写体のサイズです。あなたのテレビだって、画面のサイズは決まっていますよね。大きくなったり小さくなったりするのは画面のサイズではなく、画面の中の被写体です。そして第1カットにどんな画が来るかは、ストーリーで決まります。舞台が「日本」であることから始めたければ、「舞台は日本なんだ」とわかる画が来ますね。それは地球儀の日本の部分のアップかもしれませんし、日本の象徴として富士山のアップを見せるかもしれません。なにをどんな風に見せるのかは監督しだいです。ここでなにを見せたいかはストーリーによって最初から決まっているので、サイズは勝手に決まるじゃないですか。常に、その見せたいもののアップです。たとえば、下の例では、最初のカットで「校舎とグランドと森と富士山と青空」を見せる必要があったのです。だから第1カットは「校舎とグランドと森と富士山と青空のアップ」になるわけです。いつだって必要なものを全部入れたうえでの**一番**

詰めたカットです。ぶっちゃけ、アップが続いちゃダメだとか、画の内容ではなくサイズのことだけをぐちゃぐちゃいう人って、画の意味やコンセプトというものをまったく理解できていない証拠です（それらをわかったうえで、サイズのダイナミズムを効果的に利用するのはありです）。日本のアップとか富士山のアップって、アップなんですか？　ヒキなんですか？　アルプス山脈のアップは？　地球や月のアップは？　……以下永遠に続く。

　第2カットだって同じです。普通はドン引きからフル・ショットあたりまでを「ヒキ」というのですが、第2カットだって、これ以上詰めたら見せなければならないものを見せられなくなってしまうという、一番詰めたカットだといえます。このカットで見せたいものは「男の子」ではなく「廊下」です。「男の子が歩いているのは学校の廊下です」というカットなのです。だから、学校の廊下であることが十分にわかるサイズでできるだけ詰めたサイズであることが必要で、それは必然的にこの程度の大きさの「ヒキ」と呼ばれるサイズになるわけです。今回は説明のため、ヒキであることがわかりやすいようにフル・ショットにしていますが、このシチュエーションの場合はニー・ショットくらいまで詰めてもよさそうです。とにかく状況説明のカットなんだから、状況がわかるサイズならばなんでもいい

のです。

　ただし、この「見せなければならないもの」の中には「すき間」も入ります。第2カットでは、男の子は真ん中にはいません。少し左に寄せてあります。進行方向である右側の空間を少し広くするのは常套手段です。進行方向側を広くするのには、その時々や監督によって、希望や明るい未来を表すとか、いろいろな理由があったりなかったりするのですが、今回の場合は単にバランスがいいからくらいのことです。人物を右に寄せると息苦しい感じがしますし、左に寄せすぎると空虚な感じがします。人間不思議なもので、右に動いているものに対しては、右に未来位置の残像みたいなもの、いうなれば「行きしろ」みたいなものを感じながら見ているせいで、ど真ん中に置くと右側を狭く感じ、息苦しさを感じるものなのです。これも動画ならではのことですね。今回の場合はイラストという静止画ですから「行きしろ」を見ているのではなく、右に扉があるため人物を真ん中にすると画の重心が右に寄ってしまうので、やや左に寄せてバランスを取っています。「すき間」も適度に入れたうえでの一番詰めたカットということになりますが、この「すき間」の大きさには多少の「許される範囲」があることも頭に入れておいてください。アップというのは表情を見せるサイズのことですが、アップといってもウェスト・ショットくらいからドアップまでいろいろあるよ、ということです。また、映画では空間の意味を重く見ることと、上映される画面が大きいということもあり、さほど詰めた画は基本的に使いませんし、余白を大きめに取る構図が主流です。それに対しテレビでは短い時間に多くの情報を入れるために、余白は取らずになるべく大きく（わかりやすく）写してカットを短くできるようにするのが普通です。当然ジャンルによって、あるいは作る作品によってサイズや構図に対する考え方は変わってきます。超短尺の番宣やCMなどはアップばかりになるのは必然です。ついでにいうと、素人は被写体に寄り切れずに無駄な空間が多くなる傾向があります（日の丸構図なんてまさにその例です）。

サイズ・アングルの決め方

　同じシーンの中でまったく同じ構図の画が続くことを「同ポジ（同じポジション）」といい、やってはいけない編集の代表みたいにされていますが、これだって「ヘタクソに見える」というだけの話でNGではありません。

　同じサイズ、アングルが続くのはそうする特別な理由がない場合には芸がないというだけで、続いてはいけないなどというルールはありません。むしろコンセプトによっては続けなければいけないこともあります。たとえば、出演者の顔を1人1人全部見せてあげるというコンセプトの場合、アップが続くのは当然です。しかも公平性を保つためには、サイズとカット長がほぼ同じになるようにしなければいけません。もちろんこれは、公平中立の場合です。映像を放送・配信する主体（放送局など）や番組の立ち位置に合わせた編集をしなければいけません。

　対比させて見せたいときなども、あえて同ポジにしたりします。ビフォー・アフターを見せたいときなんかが、まさにそうですね。すべてのカットには役割（＝画の意味）があります。その役割によって、つまりなにを見せたいかでサイズは勝手に決まります。それをコンテで並べてみて、同ポジや同じサイズが続くのが**気になるようなら**「許される範囲」の中でサイズとアングルを調整すればいいだけです。同じサイズが続いてはいけないなどという決まりなどまったくありませんし、続いたところで不都合も一切ありません。基本的には、カットを変えるということは意味があってカットを変えているわけですから、サイズもアングルも**許される範囲内**でできるだけ大きく変えるのがいいでしょう。そのほうが、カットが変わったということが強調されるからです。

　まずそのカットの役割を満たしながら一番詰めたサイズでコンテを書く、もしくは頭の中でつないでみます。サイズとアングルは被写体や動作がもっともよくわかるということが最優先事項です。それで同ポジの嫌味があ

るところは修正します。同ポジの修正法としては、単にサイズを変えるのは最終手段で、基本的にはまずアングルを変えることを考えます（撮影前の場合）。番宣のように使える素材が限定されている場合は、シーン全体的にカットの順番を変えなければ修正できない場合もあります。その結果コンセプト自体を変更せざるを得ない場合まであります。コンセプトが変わったのならば当然台本も書き直しになるわけで、つまり全部1からやり直し、ということもしばしばあります。

　次に単調で退屈に感じられた場合は、許される範囲内でサイズを変えます。たとえばアップのカットなら、引くといってもせいぜいウェスト・ショットくらいまでが許される範囲でしょう。アップにするべきカットをヒキにしてしまって表情がわからないようでは、まさに本末転倒です。そのうえで、サイズやアングルでアクセントをつけることを考えま……。いや、アクセントなんて特別には考えませんね。ここにはアクセントが欲しいなというところになにか工夫をするくらいでしょうか。「基本構文」の章の時代劇の例題で、最後狭い長屋から天神池に場面転換しますよね。そんなところはうんと狭い画と広い画のダイナミズムでアクセントをつけてあげるわけです。まぁ、そんな演出もあるよ程度のことでしょうか。音楽ものでもいつもイン・テンポでカットを変えていればいいというものではありません。わざと外したり、裏テンポでカットしたり、その時その時ですねぇ。テンポ（カット目の周期）はカットの長さで決まるわけですから、これはコンテの段階では決めることはできません。「この辺は緊迫したシーンなので、アップ・テンポでいこう。だから、カットの長さは短めになるので、シンプルな構図にしよう」といったことはコンテの段階で決めておきます。

　また、構図Aから構図Bへ行って、すぐにまた構図Aに戻る、というのはいけません。構図に限らず「あっちへ行ってすぐ戻る」ことを「行って来い」といって、基本的にはNGです。

　カメラの高さはちょっと背の低い人の目線の高さくらいが基本です。高

さが変わると、普段我々が見ている世界と違ってきます。この違いが大きくなるほど、見る人は感情移入をしにくくなります。たとえば俯瞰なんて、建物の配置などを説明するにはいいですが、そこでなにが起きているかはまったくわかりませんよね。視聴者は、普段見慣れている世界のほうが入り込みやすいのです。逆に、普段見慣れないアングルの画には目新しさがあり、視聴者の興味を引くことができるので、アイ・キャッチとしてシーンのファースト・カットに使われたりします。見慣れないアングルの画だと、場面転換したということもよくわかりますよね。

　上級者がよく使う手として、カットを必要以上に細かく割る方法があります。「使い分け」の項で話した「代理カット」というやつです。そしてその本来は必要のないカットをかなり思い切ったクローズアップなどにします。すると1つのカットの長さが短くなるので見た目が派手になり、構図のダイナミズム（大きくなったり小さくなったり）で迫力を出せます。カットが変わるということは視点が変わるということですから、視聴者が退屈しにくくなるのです。下手な1シーン1カットは退屈でしょ。でも反対に、視聴者に大きな負担を掛けているということもわかっていなければいけません。また、カット目で時間をつまむことで尺を短くすることも、視聴者を退屈させないための重要な工夫です。いかに「退屈させないこと」が重要であるかを頭に入れておいてください。実は、この本の冒頭でお話しした「編集の3つの目的」は、すべて視聴者を退屈させないためなのです。代理カットを多用する方法は、ストーリーを変えてしまう心配もなく、本来は1つの長いカットを短く視点を変えたいくつかのカットに割っているわけですから、互いに補完しあうので、視聴者が認識できないということもありません。本来は必要のないカットというのは、不要なのではなく、このような効果を出すために必要なのであり、それがそのカットの存在理由です。

1カット長回しの例。ちょっと退屈?

同じシーン、同じストーリーを細かくカットを割ったもの。見た目派手になり、迫力は出るかも。
でも逆にいえば、うるさく、見ていてくたびれる編集ともいえる。

　この2つは同じシーンを1カットで表したものと、カットを細かく割った
ものです。慣れてくればこれをいっぺんに頭の中でイメージすることが
できるようになります。が、最初は同ポジを避けるためにどのアングルで
もいいからただアングルを変え、サイズは広い画と詰めた画が交互に来る
ようにし、カットの長さはタイミング（テンポ）だけで決めるといいでしょ
う。このような編集は長尺物ではタイトル部分（コーナー・タイトルとかアイ・
キャッチとか）などの限られた部分でしか使いません。こんなの番組中ずっ
とやられたら見ている方は目を回してしまいます。

🎬 **Memo**

　第2カットはイマジナリー・ラインを破っているように見えますが、セ
ットポジションというのは静止しているので、AILがまだ発生してい
ません。投げるという動作からAILが発生します。と考えてもいいし、セッ
トポジションでもキャッチャーを見ているのだから、AILは発生していると
考えてもいいです。その場合は、野球は方向性がないゲームなので、イマ
ジナリー・ラインを破ってもあまり違和感がないからOKと考えましょう。違
和感があって許せないと思うのなら、あなたはこのようにつながないこと
です。これ、実際にはNGではないけれど、完全にクリアというわけでもな
いです。混乱する人もいないし、どんでんを楽しんでいるのであって、わ
かっていてわざとやっているから問題ないのです。代理カットを頻繁に入
れるやり方では、イマジナリー・ラインをわざと破ることも多くなります。
代理カットを入れるということ自体が、視点が変わることを楽しんでいる
のですから、わざと反対からの視点を入れたりするわけです。肝心の動作
をするところでは元の視点に戻っていれば混乱することもありません。イ

マジナリー・ラインはあくまでも、動作の対象との関係性の問題なのです。この例でいえば、ピッチャーとバッターとの関係性の問題ですから、投げるカットと最後の三振するカットのつなぎ目がイマジナリー・ラインを破っていなければ、おかしな編集にはならないでしょう。

リズム・テンポ?

　引いた画と詰めた画を織り交ぜてつなぐことで、リズムやテンポが出るんだという主張もあります。

　こうして並べてみると同じサイズが続くと「単調」なのがよくわかると思います。それに対して下のものは多様ですね。この違いをいきなりリズムとかテンポといってしまうのは、ちょっと乱暴です。これを写真の状態で、リズムがいいとかテンポがいいとは思いません。

　リズムというのは「アクセントをつける」という意味でいっているのでしょう。確かにカットごとの被写体のサイズの差を効果的に利用することでアクセントをつけることはできます。カットAとその次に来るカットBのサイズを大きく違うものにし、アングルも変えれば、カットが変わったことが強調される、ということです。逆に上のものは連続写真みたいで、カットが変わっているようにさえ見えませんよね。だからといって、なにも悪いわけではなく、NGというわけではありません。

　映像にあまり意味のない「気のせい映像」やコラージュ編集のイメージ映像においては、サイズもカットの長さもどうでもいいわけですから、カット目が訪れるタイミングによって、一定の周期（テンポ）を作り出して楽しむということもできます。そのときにサイズの差でアクセントをつけてあげれば、作り出した周期を強調することができます。それをリズムといっているのでしょう。そういう手法もありますが「そんなこともできる」くらいに知っておけば十分です。

　一般番組やドラマ・映画といった番組系動画（創作系動画）は、ストーリーを映像でつづるものなのですから、テンポといえばストーリーの進行速度であるはずです。テンポがいい編集とは一定間隔でカット目が来ることではなく、余計なカットがなく、それぞれのカットに無駄なフレームもなく、長すぎず短すぎず、カットの長さと価値がきちんと一致していることをいいます。カット目がずっと同じタイミングで来ると気持ち悪いので、カット長が一定にならないようにするのが定石です。全部カットの長さが同じなどというのは、カットの価値をわかっていない証拠だし、ヘタな編集でしかありません。緊迫したシーンなどで、ここはテンポ・アップしていきたいということはありますが、極めて部分的なことであり、そういうときにはほとんど意味のない「軽い」画を使います。あまり見る価値のない画（主に代理カットか周りの状況カット）をいくつか短く入れることで緊迫感を出し、盛り上げることができます。短いカットにしたいのだから、その短さに合った価値の少ない画を使うということです。価値の方をカット長に合わせてあげるわけです。

　特殊な手法として、同じようなシチュエーションを繰り返すときに、同じテンポでリズミカルにするという手法はあります。3人の友達同士でプレゼント交換をしたとしましょう。1人目が包みの中身を見て驚く、2人目が中身を見て驚く、3人目が中身を見て驚く、といったことを同じ構図、カット長にしてリズミカルに繰り返すとコミカルな見せ方ができます。「ラッ

プ」に似た見せ方ですね。特殊な場合にだけ使う手法の1つでしかないので、特に覚えておく必要はありませんし、編集をするのに必須の知識でもありません。

テンポ（ストーリーの展開速度のことではなく、カット目の周期の方）やリズムは、確かにコンテを割るときには考えに入れなければならない要素ではあるのですが、必須のことでもなければ、優先順位が高いことでもありません。特に事前から狙いがある時（ミュージックビデオなど）は別にして、現実的にはまずコンテを書いてみて、サイズが単調なのが気になるようなら、サイズを調整する。編集のときに、カット目が来るタイミングが気持ち悪いと感じたらなにか対策を考える、といったところでしょうか。カットの価値というものをわかっていれば、カット長がリズミカルになることはまずないのですが……。そこをあえてリズミカルを狙う手はアリですが、それは特殊な例外です。

「単調」なのは悪いことではありません。静かでゆったりした作品はカットが派手（サイズが激しく変わるとか1カットの尺が短くカット数が多いなど）にならないようにわざと「単調」につくります。その作品に合ったテンポや派手さ地味さにすること、何よりもなにを見せたいのか、どう見せたいのかというコンセプト（意図・狙い）が最優先です。

また、ここが一番大事なことなんですが、サイズやアングルのためにストーリーやコンセプトを変えるようなことがあっては絶対にいけません。サイズを変えたいから伝えるべきことを変えちゃったりして、そのために伝わらなくなったりしたら本末転倒にもほどがあります。

構図について

構図を決めるときは、まず上の縁と下の縁を決めます。「紹介の画」で顔をしっかり見せたいのならば、上の縁で頭をちょっと切ります。基本的に

頭の上に空間を作ることを嫌います。頭の上は空けても卵1つ分くらいか、切り込む時には最大オデコまで切り込みます。顔がしっかりわかる画にしたいけど息苦しくならないように、下の縁は胸程度にしよう、といった具合です。上下を決めれば左右の縁は自動的に決まってしまい、あとは被写体の位置の左右を適切なところにするだけです。目線の向いている側を広めにするのがオーソドックスなやり方です。サイズと構図はこんな風に決まります。

　動画では被写体を真ん中で捉えることを基本にします。視聴者は真ん中周辺しか見ていないからです。特に動作を見せたいカットでは、被写体をではなく、動作を真ん中で捉えるようにしましょう。一瞬の動作を端に配置してしまうとほぼ見てもらえません。

　スチール写真では被写体を真ん中で捉えることは「日の丸構図」といって嫌い、被写体を端に寄せた構図にすることが多いのですが、これは動画では基本的にはやってはいけません。「日の丸構図」は動画でもよろしくないのですが、気になるときは被写体を端に寄せるのではなく、被写体に寄って上下の余白を少なくします。特に被写体が人の場合は、頭の上の余白を少なくして、顔がセンターではなく、画面の少し上に来るようにします。頭の先まで入れたがる人がよくいますが、頭はかなり思い切って切ってしまってもいいのです。スチール写真では「一見無駄に見える空間」も重要な要素ですが、動画では本当に無駄でしかありません。動画の視聴者は、画面の中で被写体を探してはくれません。

　被写体①と被写体②がある場合、スチールでは一緒に1枚の写真にするところでも、動画ではまず全体を写してからズームして①から②へパンするとか、ピン送り（ピント送りのこと）にするとか、あるいは3カットにすればいいのです。動画では時間差で見せるという、スチールには絶対にできない技が使えるのですから、これを有効に使わない手はありません。だから、スチール写真と動画では「構図の意味」が違うのです。静止画にして

も意味が変わらないような、たとえば物撮りとか風景といった静的なカットでは、スチール写真のような構図も使うと効果的な場合もあります。

　物撮りでは、背景にゴテゴテと物を置くと邪魔なので、目的の被写体だけをシンプルにあっさり撮るのが基本です。照明も影ができないように「被写体がなんなのか」がはっきりわかるように照らし、影になって見えないところがないようにします。不自然になっても構わないのです。でも、映画・ドラマでは不自然になってはいけません。背景に物を置いて奥行を出したり、雰囲気を出したりすることが必要です。その場に合った照明で、自然な感じに影を付けるのが基本ですが、ときには半月のお月様のように顔の半分だけ明るく、もう半分は真っ暗な影にして迫力を出すようなこともします。映画・ドラマでは照らすのではなく、影を作るために照明をするのです。このように、ジャンルによって編集のルールが違うように、求められる構図や照明も変わって来ることもありますが、編集とは直接関係ない話なのでこの辺にしておきます。（あっ、逃げた）

パンとピン送りとカミテ、シモテ

　この項でパンとピン送りの話がちょっと出たので、ここでついでに「パンしているカット」と「ピン送りしているカット」の基本的な編集のしかたを解説しておきます。パンもピン送りもまずフィックスの状態で入ります。そして一呼吸（1秒くらい）したら動き出すようにします。動き出すというのは、パンしたり、ピントを送ったりということです。そしてまたフィックスになって、つまり動きが止まって、一呼吸したらカットします。「フィックスで入って、一呼吸で動き出し、止まったら一呼吸でアウト」　これが基本です。動いている最中に入ったり抜けたりするのは、乱暴な編集です。わざとやることもありますが、そんなときは荒さを少しでも緩和するためにOLにするのが普通です。

　パンは、カメラを左から右へ（シモテからカミテへ）流すのが基本です（画

像は左へ流れていく）。ピン送りも左（やや下）手前から右（やや上）奥へ送るのが基本です。動画はなんでも「左から右」が基本です。だからこの本も横書きなのです。縦書きにするとイラストがおかしくなるのです。たとえばピッチャーがキャッチャーにボールを投げるシーンの場合、イラストはピッチャーが左にいて、右へ投げるようにすれば目線も左から右へ流れることになりますね。横書きならば文章もこれと同じになり都合がいいわけです。でも縦書きにすると右から左へ投げさせたくなってしまいますよね。動画では右から左ではちょっと塩梅が悪いわけです。もちろん、逆にしてはいけないというわけではありませんし、現代ではあまりカミシモを気にしなくなっているので、特に注意しなければいけないというわけではないのですが、カミシモを知らないと、なにかの時に恥をかくことになります。あなたはもう知ったから大丈夫ですね。

　画面に向かって左がシモテ、右がカミテで、常に画面の左から右へなにかが流れていると思ってください。これね、日本の漫画は逆で、右から左なのですよ。だから、漫画ばっかり読んで育った今時の人は動画では感覚がおかしい人が多いのです。でも、その漫画さえ欧米では左から右で、日本の漫画は左右裏返しに印刷して発行されるのです。だから欧米には右から左という流れの文化はありません。動画は「欧米かっ!?」と突っ込まれたら「そうです」と答えるしかありません。

　主人公である勇者が旅立つときは、カミテに向かって旅立ちます。行くとき、登るとき、攻めるときなどはカミテに向かうものなのです。反対に、帰ってきたとき、降るとき、逃げるとき、都落ちするときなどはシモテへ向かうものです。スクロール・ゲームもカミテに向かうものがほとんどですよね。絶対そうしなければいけない、そうしなければ間違いというわけではありませんが、やはりそうしないとなんとなく落ち着かないものです。

　勇者が王様と謁見するときは、主人公である勇者は真ん中でカミテ向き、王様はカミテにいてシモテ向き、勇者の仲間や部下は勇者のシモテにカミ

テ向きで配置されます。出演者をズラッと並べるときは、カミテから地位・立場の高い順に並べます。司会進行役は原則一番シモテなのですが、MC（マスターセレモニー）のように進行役がホストである場合はカミテになります。日本では司会者は一番下っ端ですが、アメリカではMCが主役なのです。日本でも上座・下座が同じですね。その家の主人が上座に座り、ゲストは下座に座るのです。でも天皇が来たら上座を譲るのですよ。「徹子の部屋」では黒柳徹子がホストなのでカミテにいるのです。舞台挨拶などで出演者一同を並べるときは、並び順で揉める人もいるので注意が必要です。

「画の意味」＝「このカットではなにを見せたいのか」がわかっていれば、サイズも構図も特に考える必要はないはずです。構図に凝るのも、どのカットにも凝ればいいというものではありません。しっかり見せたいカット（シーンのファースト・カットや全体の状況説明といった静的なカットがお勧め）には凝って、逆にスムーズに流したいカットはシンプルな構図にするべきです。構図の複雑さはカットの認識度にも影響しますので、カット長が変わってくることも忘れてはいけません。サイズも構図もアングルも、見せたいものが一番よくわかる、監督が見せたいように見えればいいわけです。そこにこそ、ルールなんかありません。構図には黄金比とかありますけど、そういうのはルールではなくサンプルパターンです。編集の話ではないのでこの本では扱いませんが、無用とはいいません。勉強したほうがいいですが、写真の構図と動画の構図は違うので注意してください。まぁ、意図しない同ポジは避けましょう。あとは同アングルも芸がなく見えるので、同じアングルが続くのはできるだけ避けたほうがいいでしょう。

　編集とカット割りは、シーンの構造を考えるという意味では同じものではありますが、カット割りは撮影前で、編集は撮影後なのですから、編集の段階でサイズやアングルの話をしても後の祭りですね。使える素材は決まっているのですから、サイズもアングルもすでに決まっているわけですよね。トリミングをしてサイズを変更するのは、見せたいものが小さすぎるというときだけです。あとは……、フルHD仕上げなのにわざと4Kフィ

ックスのヒキ画で撮っておいて、編集のときに動いている人をトリミング
で追い掛けて、まるでパンで撮ったかのように仕上げるといった技もあり
ます（4Kで撮っておけば、1/4まではトリミングしても画質が落ちない）が、基本的
な編集ではなくこれもエフェクトの類ですね。撮影の前から計画して、そ
うできるように撮らないとできません。

まとめ

- サイズ・アングルは役割を満たすことが最優先
- その範囲内でアクセントやリズムなどを考えるのも一興
- パンやピン送りではフィックスで入り、一呼吸で動き出し、
  止まって一呼吸でアウト
- 画面に向かって左がシモテ、右がカミテ
- 動画はなんでも「左から右」

サイズ・アングルの役割

サ イ ズ の 役 割

ドン引き	物語の舞台一帯が全部入るサイズ。状況説明のカットの一種で、環境を説明するカット。また、大勢の登場人物がいる場合、集団全員が入るサイズのこともいう。とにかく「すごく引いた画」はみなドン引き。
ヒキ	状況説明で使われるサイズ。物語を語るうえで必要な「周りの状況」がすべて入るサイズ。ウェスト・ショットより広いサイズの総称。大雑把にいえば、アップじゃないものは全部ヒキ。
フル・ショット	ちょうど全身が入るサイズ。だれであるのかははっきりとはわかりにくいため、全身の動作を見せるときに多く使われる。その人の周り半径3mくらいの状況を見せるのも大事な役割。
ニー・ショット	ひざ、もしくはひざ上で切るサイズ。風体を含めたその人そのものを見せるのによく使われる。それでいて背景も見えるので、人と状況をどちらも見せたいというときに使われる。「だれがどこにいるのか」を1カットで見せるのがメインの役割。あとは上半身の動作を見せるのにも。
ウェスト・ショット	腰で切るサイズ。つまり上半身がすべて見えるサイズ。普通感情は身振り手振りには出るが、下半身には出ないので、感情を表すカットとしてよく使われる。人がしゃべっているところなど、もっともよく使われる通常のサイズ。「人」を見せるのがメインの役割。
バスト・ショット	胸で切るサイズ。アップほど暑苦しくないから、ウェスト・ショットと同じく、人がしゃべっているところなど、もっともよく使われる通常のサイズ。緩いアップとして、表情を見せるのにも使われる。ワン・ショットで最もよく使われるサイズ。「顔」を見せるのがメインの役割で、身振り手振りを伴う場合にはちょっと狭い。
ドアップ	上は眉毛、下は唇が全部入るサイズ。表情の最大のアップ。表情というものは、眉毛から唇までであり、おでこやアゴには表情はない。だから、上はおでこ、下はアゴで切る。
クローズアップ	目とか鼻といった部品の大写し。

サイズ・アングルには役割があります。代表的なものだけを簡単に紹介しましょう。
この手の専門用語は、テレビ局や現場、人などによっても意味や使い方が違ったりします。
サイズ・アングルに感情表現はありませんが、一部感情表現をサポートする効果はあります。

アングルの役割

パン	カメラを横に振ること。上下に振ることも習慣上パンという。パン・アップとかパン・ダウンとか。でも、正しい言い方ではないらしい。
ティルト	カメラを上下に平行移動させること。
フィックス	カメラを固定して撮ること。首振りだけではなく、ピントや画角なども固定して撮ることも含めることもある。
ドリー	台車のこと。また、カメラを台車に乗せて動かしながら撮ること。荷物を載せている間は「台車」だが、カメラを乗せると途端に「ドリー」に出世する。実際使うときは結構細かい振動が出るので、地面にコンパネを敷いてその上を転がすと吉。
俯瞰（フカン）	上から見下ろしたアングルのこと。間取り図を思い浮かべてくれれば。説明に適したアングルだが、人間の目線とは程遠いので視聴者の思い入れは期待できない。そのため環境説明のカットでしばしば使われる。
鳥瞰（チョウカン）	鳥の目線。要は俯瞰と同じ。俯瞰というと真上からフィックスなイメージ、鳥瞰というと斜め上から動いているイメージはあるけど、そういう使い分けがあるのかないのかは知らない。
アオリ	低い位置から斜め上にカメラを向けるアングル。主に偉い人を偉そうに撮るときに使う。勇気や希望に満ちているとか、演説のシーンなどで熱意に満ちているように見せる効果もある。美男美女はどう撮っても美男美女だが、それ以外の人はひたすらブサイクに写るので、特に女性は要注意。だから自撮りで使うと最悪だが、素人はカメラを低いところにセットする傾向があるのでなりがち。ユーチューバーは気を付けてね。

Chapter 5

編集の禁止事項

やってはいけない編集と
その回避の仕方

ジャンプ・カットとその回避法

ジャンプ・カット

　モンタージュ編集において、時間が不自然に飛んでいるために、あるいは必要な「動作を切り替えるカット」がないためにつながっていないことを「ジャンプ・カット」といい、やってはいけない編集の代表の1つです。登場人物が突然まったく違う動作をしていたり、まったく違う場所にいたりするわけですから、ワープしたように見えるのが特徴です。単に時間が飛んでいるだけのものは「不自然ならNG、不自然でなければOK」という程度・加減の問題ですから、その判定には長年の経験が必要な難しい場合もあります。しかし、動作を切り替えるカットが欠落しているのは、これは単なる知識不足です。

登場人物がワープ！　最も単純なジャンプ・カット。

　歩いている人が3mほどワープしました。ただ不自然に時間が飛んでいる例で、これが一番わかりやすいジャンプ・カットでしょう。

　次はもうちょっと複雑になります。まずはジャンプ・カットではない正

しいものを見ていただきます。基本構文の項で出した例題を使いましょう。

　入ってきた先生（第2カット）と生徒たち（第3カット）を切り返すことによって先生が教壇まで歩く時間を削っています。教壇まで10歩くらいだとしましょう。先生が入ってきて2〜3歩くらいで生徒たちのカットになり、先生の画に戻った時にはもう教壇まで1〜2歩くらいのところに来ていて、すぐこちらを向き、お辞儀をしてからしゃべり出すのでしょう。こうして「歩いているだけの退屈な時間」を端折っています。これはジャンプ・カットではない、正しい時間の詰め方です。

　ところが……。

第3〜4カットがつながっていない。第4カットをジャンプ・カットと呼ぶ。

　最後の第4カットを改造しました。このように第4カットでカット頭から先生が生徒の方を向いてお辞儀をし、生徒たちも立ってお辞儀をしていたら不自然ですよね。「先生が教壇の前まで来て、こちらを向くところ（動作を切り替えるところ）」がないわけですから、第3カットと第4カットはつながりません。間が飛んじゃっているわけです。これが「ジャンプ・カット」です。第3カットは先生が歩いている最中に差し込まれたいわば"インサート・カット"ですから、第4カットの頭はまだ歩いていなければ第2カットとの辻褄が合わないのです。第4カットの頭では第2カットの歩くという動作が保存されていなければいけないのです。でも間に別のカットが挟まっていてその間も時間は進んでいるので、「アクションつなぎ」ほど精密につながっている必要はありません。

　他にも、教室の入り口から教壇までがすっごく遠いのに（講堂みたいな感じ）、第3カットがあまりにも短ければ「端折りすぎ」ということで不自然に感じることがあります。これも「ジャンプ・カット」になります。この場合、ちゃんと第2カットの終わりと第4カットの頭が歩いているのならば、必要な画が抜けているわけではないので成立していないわけではあり

ません。第3カットがあまりにも短いと「不自然に感じる人もいる」という程度です。実際には10秒かかるところを、6秒に詰めるのか5秒に詰めるのかといった違いだけですので、そこに確固たる境界線はありません。でも、いくらなんでも2秒にしちゃうのは詰めすぎでしょ？　というだけのことです。

　撮り方によってもジャンプ・カットになったりならなかったりします。フル・ショットだと視聴者が講堂の中での先生の位置を把握しやすいのでジャンプ・カットになりやすいのに対し、アップなら位置がわかりにくいのでジャンプ・カットにならない場合もあります。編集者目線でいえば、素材にアップがあるなら思い切って尺をつまめることもあるということです。要するに、明らかに飛んでいればジャンプ・カットですが、見ている人が気にならなければジャンプ・カットにはならないのです。大事なのは「見ている人が」というところです。編集しているあなたの感覚ではありません。だから編集者は、世間一般の人がどのように感じるか、見る人がどのように感じるかをキチンと把握できていなければいけないということです。

ジャンプ・カットの回避法① 　～代替描写～

「第4カットでカット頭から先生が生徒の方を向きお辞儀していたら不自然」なのを、不自然ではないようにする方法を紹介します。「ルールを破るための手続き」ですね。

　なぜ不自然に見えるのかというと、「立ち止まってこちらを向く」という、当然なければならない動作が端折られている（ジャンプしている）から、でしたね？　ですからこれをちゃんと描写してあげればいいのですが、「先生のその動作を直接見せたくない」というのが今の課題です。

　先生を見せたくないのだから、先生を写さずに、生徒の様子でそれを描写すればいいのです。上の例の「生徒のカット」では、生徒は先生の動き

を目で追っているはずです。入口の方から教壇のある方へと目で追っていきます。そして、その目線の動きが止まれば、「先生が立ち止まった」ことがわかります。これが"代替描写"です。では、先生が「こちらを向いてお辞儀をしようとしている」のはどうやって描写しましょうか？ 生徒を起立させればいいのです。

第3カットは生徒たちが目で先生の動きを追い、起立の声が掛かり、
立ち上がってお辞儀をする直前でカットになります。

　この「生徒のカット」は「生徒の目（顔）が先生の動きを追っていき、教壇のある方向で止まり、起立の声が掛かり、生徒たちが立ち上がる」となっています。すると、次のカット（第4カット）でいきなり先生がこちら向きでお辞儀し始めていても、話（動き）がつながるわけです。このように、

動作を別のもので描写することを「代替描写（だいたいびょうしゃ）」と呼ぶことにします。すでに他の名前があるのかもしれませんが、著者は知りません。なので、みなさんも名前なんか覚える必要はありませんよ。この本の中ではそう呼びます、というだけです。

　大事なことは「先生が立ち止まってこちらを向く」という動作は端折れない、「動作を切り替えるところ」は端折れないということ。そしてそれを見せたくない場合は、代わりのものを使って描写するという手もありますよ、という話でした。

　この代替描写を使うと尺を詰めることはほとんどできません。生徒を見せることで先生の動作をわからせようというのですから、それには実際にかかる時間とほぼ同じだけの時間が必要になるのです。代替描写は「先生を写さずに先生の動作を見せる」というシャレた見せ方として使われるのがもっぱらで、尺を詰めることが主目的であるならば最初に示した正攻法を使うのが普通です。正攻法というのは、同じ動作を繰り返しているのをずっと見せるのが退屈な場合に、その動作を最初だけちょっと見せ、後は別のものを写すことで繰り返している時間を幻惑して誤魔化すということです。今回の場合は、生徒たちの目が先生を追っていることで「代替描写」になってしまっていますが、必ずしも代替描写にする必要はありません。まったく関係のないもの、たとえば花瓶だとか吹き込むそよ風に揺れるカーテンだとかを見せてもいいわけです。こういうカットをよく、「時間経過を表すカット」などといいます。でも実際にはその画が時間経過を表しているわけではなく、問題の動作を見せないことでそれにかかる正確な時間を計らせないようにして"誤魔化している"のです。

▶ 音で代替描写する

　車が走ってきて止まります。ガチャッとギヤを入れる音がして、車はバックしだします。「バックギヤに入れる」という動作を音で代わりに描写しているのです。このとき、この「バックギヤに入れる」という動作は絶対に端折れません。ですから、「バックギヤに入れる」という動作を見せるカットが入るのが普通です。それを音だけですましてしまう省エネ手法です。ただし、この「ガチャッ」という音とそれを聞かせるだけの時間は絶対に端折れません。車が止まった途端にバックしだしたらおかしいのです。現実にはできるとしてもです。

　ところでこの話にはちょっとおもしろい続きがあります。

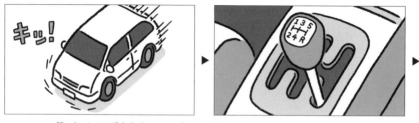

第2カットでは手を省略していますが、実際には手がシフトレバーを握っていて
「バックに入れている」カットです。

　これが代替描写をしない基本の形です。この2カット目なんですが、マニュアル車のバックギヤって車によって位置が違うんですよ。ふつうの日本車では一番右の手前なんですが、一部の外車などでは一番左の奥だったりします。つまり、車によって入れるギヤの位置が違うということですね。

　ところが、それほど車の知識がない人は、どの位置がどのギヤなのかなんてわかりません。実は、これ、映像上ではどこに入れてもいいんです。仮に、バックではなく、5速に入れたとしましょう。視聴者にはそれが何速なのかなんてわからないし、知っている人でもそこまでよく見ていません。次のカットでバックしているのを見て、「ああ、あれはバックギヤに入れたんだな」と後から思うのです。

　代替描写で「ガチャッ」と音がしているときには、何速に入れたのか、もっといえばなにをしたのか、なんの音なのかさえ視聴者にはわかりません。次のカットでバックしているのを見て「ああ、あれはバックギヤに入れたのね」と追認識（後からわかること）する……。実際には運転手はなにもしていなくても、視聴者は「バックギヤに入れるという演技をしたのだな」と思い込んでしまう……。

　これ、どこかで覚えがありませんか？　そう、これ、クレショフ効果とまったく同じ心理効果です。「視聴者は勝手に追認識する」という現象を「無表情な顔」に当てはめ「演技していたように見えるでしょ」と主張したのがクレショフ効果です。

ジャンプ・カットの回避法② 〜フレーム・イン〜

　当然なければならない動作を端折ってしまうとジャンプ・カットになります。尺がないのでどうしても端折りたいけど、時間を詰められない代替描写は使いたくない。……わがままだなぁ。でも、そんなときにも奥の手があるのです。「フレーム・イン」させるという手を紹介しましょう。

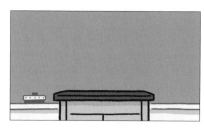

　ドアが開くのですが、先生が入ってくると歩いていることになってしまうので、ここでは歩きは見せません。本当はドアが開いた後に生徒たちの画が入ったほうが自然なのですが、それをやると「代替描写」と混同される可能性があるので、ここではあえて生徒たちのカットもなくしました。そのために第2カットから第3カットはちょっとつながりが悪くなってしま

いました（ジャンプ・カットっぽい違和感が多少ある）が勘弁してください。そして第3カットに注目してください。

　まずは教壇のカラ画（空の画：ここでは先生が写っていない画）を見せて、そこに先生がフレーム・イン（画面の枠の外から画面に入ってくること）してくるようにします。そうすると、第3カットの頭がそもそもカラ画なので動作がないのですから、動きがつながるもつながらないもないので「セーフ」ということになるのです。第2カットで歩きを見せなかったのは、この例題では「歩きという動作がつながっている」と思われたくなかったからだけで、実際には第2カットで歩いていても問題はありません。

「アクションつなぎ」という言葉に対して言葉を作るなら「アクションつながない」とか「そもそもアクションがない」とでもいえばいいのでしょうか？（笑）　とにかく、カラ画を見せることでアクションをリセットしてしまうという強硬手段です。アクションとアクションがうまくつながっていないから、あるいはキチンと保存されていないからジャンプ・カットになるのだと思えば、アクションをなくしてしまえば、つながっていないという証拠が写っていないからつながっているんだ、というトンチみたいな手法です。そして、カラ画の状態のときに、靴音だけ響かせたりしてそこそこの時間（2〜3秒）を稼いでやれば、本来10歩（7秒）かかるところを5歩分（4秒）くらいの時間にすることもできます。

　仮に、第3カットの頭で歩く先生がすでに写っていたらジャンプ・カットになってしまうこと、もうおわかりですよね？　ドアを入ってきた先生が、次のカットで教壇のそばにいたら、ワープしたことになってしまいます。でもこれを、カラ画を見せてからフレーム・インさせることで無事に処理できるのです。

　ただし、これはやはりちょっと強引な手法で、ジャンプ・カット臭が少し残ります。カラ画にすることで、本来は見せるべき動きや時間といった

「つながるべきもの」を写さないことで強引に「セーフ」にしているだけだからです。動きがつながっていないことは変わりがないのです。尺が厳しいうえ、セル画をたくさん書きたくない昔のテレビアニメでよく使われた手法です。実写で使う場合には、カラ画をちょっと長めにするとジャンプ・カット臭をかなり減らせます。でもやっぱり、カウンターとなる「生徒たちの様子」を入れるのが正攻法であり、スマートな尺の詰め方です。

まとめ

- ○ **ジャンプ・カット**
  時間が不自然に飛んでいる、
  もしくは動作を切り替えるところが写されていないこと

- ▶ **回避法**
  動画は動作を写すものなのだから、
  動作を切り替えるところは端折れないということを頭に刻み付ける
  時間が飛ぶことに関しては、程度と加減をわきまえる

- ▶ **どうしても動作を切り替えるところを見せたくない場合**
  ①代替描写：別のもので描写する
  ②フレーム・イン：カラ画で動作をリセットしてしまう

ジャンプ・カットとは、「尺を詰めようとして一部を切り落としたんだけど、落としちゃいけないところを落としちゃった」ということですよね。だから本当のジャンプ・カットの回避法は、どこは落とせるのか、どこは落とせないのかをしっかりとわかるようになる、ということです。そのためには、シーンの構造と画の意味というものをキチンと把握できるようになりましょう。それがジャンプ・カットの究極の回避法です。

Chapter 5 › 2

同ポジ

　同じポジションの略。ポジションとは構図のことです。同じ構図の2つのカットをつなげること、つまり、エヅラ上、被写体の輪郭がほぼ一致する2つのカットをつなげることです。

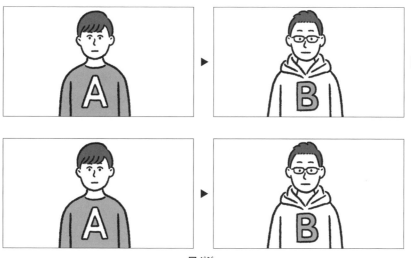

同ポジ。

　成立していないわけではないのでNGではありませんが、特別な狙いがある場合を除けば下手な編集の見本みたいなものなので、できるだけ避けたいつなぎ方です。「ショックや違和感があるから」と説明されることが多いようですが、本当の理由は「カットが変わったことがわかりにくいから」です。AさんとBさんが向かい合って話していて、Aさん、Bさん、Aさん、Bさんと切り返すとしましょう。全部同じサイズ、同じ構図だったら、い

かにも芸がないですよね。でも、つながっていないわけでもなく、ストーリーが違ってしまうわけでもなく、なにも違反はしていません。だから成立はしているのです。やってはいけないことではなく、単にヘタに見えるというだけです。

カットを変えているのは必要があって、意味があって変えているのです。なのに、変わったことがわかりにくいのであれば、カットを変えた意味がなくなってしまいますね。だからカットを変えるときには、サイズやアングルをできるだけ大きく変えるのが基本です。

たとえばAさんとBさんのアップが交互に続くとします。アップであることは、ストーリー（コラージュならばコンセプト）を語るうえでその必要があってのことなので、これを変えてしまうわけにはいきません。といって、サイズやアングルが同じであったら、視聴者は「あれ？　いつの間にかAさんがBさんになっている」と思ってしまいます。カット目なんて一瞬の出来事なので、瞬きすれば見えません。だから、できるだけ「アップではあるけれども、サイズやアングルが大きく違う」カットにして、カットが変わったということをはっきりとわかるようにする必要があるのです。

でも逆に、たとえばAさんとBさんを対比させて見せたいのならば、わざと同ポジで見せてあげます。ビフォー・アフターのように、対比させて見せたいときには同ポジのほうがいいですよね。同ポジそのものがNG（絶対にやってはいけないこと）ではないから、こういったことができるのです。

許される同ポジ

▶ 報道系動画の場合
ニュースVのインタビュー映像などでは、同ポジでもそのままぶっつないだり、6フレくらいの短いOLにしてショックをやわらげたりしてそのまま使っています。ニュースは、丁寧な編集をしている時間がないとか、素

材が限定されているからというのもありますが、「その人がなにを言ったのか」が大事なのであって、編集の様式美などは問題ではないからです。報道は「映像屋」ではなく、映像は「気のせい（正確には挿し絵）」でしかありません。だから**報道では許されるだけ**であって、ニュースでやっていたからといって一般番組でもやっていいわけではありません。いや、ニュースでもやっていいわけではなく、「ちゃんと処理する時間が惜しいからそのまま放送している」だけです。どのような状況でどのようなことが許されるのかはこれもケースバイケースであり、程度と加減の問題ですから経験の中で覚えていくしかありません。

　報道系でありながら映像屋の世界に片足以上突っ込んでいるドキュメンタリーでは、やはり比較して見せる場合以外は同ポジが許されるような場面は思い当たりません。ニュースほど急ぐわけでもなく、素材が限定されているわけでもありません。ただ、ドキュメンタリーは撮り直しができないうえ、計画して撮影しているわけではないので、「同ポジやむなし」といった場合もあるかもしれません。それでも素材は本編の、尺にして10倍くらいはあるのが普通なので、編集の時にどうとでもなりますから、プロならばまず同ポジにはしません。1人で作っているようなフリーのドキュメンタリー作家は、ジャーナリストの類であってプロの映像屋ではないような人も多いので、特に発展途上国で作られたドキュメンタリーなどには平気で同ポジでぶっつないだようなものもありますが、それは単に映像に関するレベルが低いだけです。だからよそでやっているからやっていいわけでは（略）。いずれにしても、報道系動画、特にアマチュアのものならば、さほど神経質になる必要はありません。

▶ 番組系動画の場合
　番組系動画（一般番組と映画・ドラマ）では、時間は経過したけど状況は変わっていないとか、同じ状況の中で変化があったなどの場合に「状況が同じであること」を強調するために同ポジがあえて使われることがあります。このような反則技（?）はいつでも「そうしなければならない強力なコンセ

プト（もしくは理由）がある場合だけ」許されます。状況によってはちょっとコミカルになる場合が多く、上品な編集ではありません。そのため、文芸作品といった品格が求められる番組ではお勧めできません。対比して見せたいなどの明確な狙いがあるときには映画でもわざと使われることがあります。

「待ち人来たらず」というシーン。

カットで短めにつなぐとちょっとコミカルに、OLでゆったり目にするとわりとシリアスでもいけそうな感じです。状況が変わっていないことを同ポジにすることで強調しています。状況を見せる画だからヒキ画です。ちなみにこれは各カット間の時間軸がつながっていませんので、1カットずつが別々のシーンと考えるべきです。つまりコラージュ編集であり、マッチ・カットの一種ということになります。

他にも昔、日の丸構図の集合写真のようなカットを同ポジでいくつか並べて、まるで素人が撮ったように見せることで、田舎の純朴な空気感を醸し出したCMがありました。これは同ポジを使ってわざと下手に見せた例で、いわゆる「ヘタうま」というやつですね。素人っぽく見せるために編集も

全カットがコラージュ編集になっていました。日の丸構図とかコラージュ編集でヒキ画で同ポジって、本当にまだなにも知らない入門者くらいしかやりませんからね。

同ポジの違和感をできるだけ小さくする方法

▶ コラージュ編集の場合

　ただ、同ポジは、基本的には避けるべきことですが、使わざるを得ないことも多いのです。特に番宣では使える素材が限定されているうえ、回避するための尺の余裕もないのでどうしようもなく、出演者などをずらっと並べて紹介したい場合などにはよく使われます。もちろんその場合でも、同ポジによって生じる違和感をできるだけなくす努力をすることは絶対に必要です。

歌謡ショー、今週のゲストは、歌手Ａ、歌手Ｂ、歌手Ｃのみなさんです。
BSプレミアム　あす　午後4時。

　まぁ、こんな感じの歌番組の番宣だとしましょう。第2〜4カットはゲス
トの顔を並べるところです。当然コラージュ編集になります。必ず顔がわ
かるアップでなければいけません。だから同ポジになりやすいところです。

　アップといってもドアップからウェストやや広めくらいまでサイズはい
ろいろです。また、歌手Ａを正面にしたら、歌手Ｂは左向き、歌手Ｃは右向
きにするなどして、サイズとアングルを変え、それでもカット目にショッ
クがあるようならOLにします。こうしてできるだけ同ポジは避けるように
しますが、番宣の場合そうそうアップの素材が何種類も都合よくあるとは
限りませんし、他の画を挟んだり被せたりしてお茶を濁す尺も許されませ
ん。

　同ポジがいやだからとか、詰めたサイズが続くからなどの理由でヒキ画
にするのは論外です。ゲストの紹介なのだから顔がよくわかる画であるこ
とが最優先です（コンセプト最優先）。たとえその歌手があまり有名でない人
であってもです。いや、かえって有名でない人こそ、その顔は知られてい
ないのですからよく見せてあげる必要があります。通常の番組制作であれ
ば、コンテの段階で同ポジになりそうなところに気を付けておき、撮影の
時にサイズとアングルを変えれば済むことです。でも、番宣のように素材
が限定されている場合は、コンセプトが優先なので、あえて同ポジで押し
切ることも必要です。特に歌番組はカメラも出演者の立ち位置も固定され
ているから、同ポジになりやすいのです。だから、番宣やニュースＶ、CM

　❷　同ポジ

といった（特に尺の）制約が多いものでは、他では許されない特殊な編集が許されるのです。

　この例の３つのカットはコラージュ編集ですので、つながってしまわないようにしなければなりません。ところが同じ会場で収録しているのでこれが難しい。

　同ポジの場合、被写体が同じ人だったら「ピクッ」というショックがあるのはわかりますね？　同ポジというのは似たような画だからいけないのです。ですから「同ポジやむなし」の場合はできるだけ同じ要素をなくしてやることに専念します。

　まずゲストが男２人、女１人だったら、男・女・男の順にします。これで肌の色や髪の長さがだいぶ違ったものになったはずです。さらに衣装です。選べるのならば衣装もできるだけ色が大きく違うものを使います。また、背景の色、舞台ならば照明の色をできるだけ違うものにします。第２カットが明るかったら、第３カットは暗い背景、第４カットはまた明るい背景にするといった感じです。暗い背景で女性なら肌が白いので、その背景と肌のコントラストでも男性のカットとの違いを出せます。こんなことをしながら、できるだけはっきりとカットが変わったことがわかるようにしてやれば、違和感をかなりやわらげることができます。

　同ポジであることを我慢し、ここまで苦労してでも、アップであることは守らなければなりません。コンセプトとはそれくらい重いものです。なにを伝えたいのかを考えれば当たり前のことですね。

　同ポジになりがちなものといえば、その代表はインタビュー映像でしょう。インタビュー映像の編集は、ワン・ショットで撮ったものから不要な間合いやいらない発言を抜き取る（「つまむ」といいます）わけですから、どうしたって同ポジになるわけです。先に、ニュースの一部では同ポジは許

されると書きましたが、あくまでも「急ぐことのほうが優先だから許される」というだけであって、こちらも許される範囲でいいから違和感をなくす努力はするべきです。ましてや長尺の一般番組であれば、インタビュー映像であっても同ポジは当然許されません。

インタビュー映像の編集は通常、まずは音（セリフ）だけで編集します。画はいったん無視していらない間合いや発言などをつまむという作業です。すると画は同ポジになるので、「ピクッ」ってなりますよね。これは本来NGであって、通常はこのまま出してはいけません。映像作品としては「ピクッ」となった状態では、まだ完成しているとはいえないのです。回避方法としては「ピクッ」のところに、話している内容に関連するイメージ映像（つまり「挿し絵」ですね）や、そういった画がない場合は手のアップなどの「唇が写っていない画（唇が写っているとリップ・シンクが合わないから）」といったインサート・カットを被せてお茶を濁します。同ポジのカット目に短い1カットだけを被せると「行って来い（ある構図から別の構図に行って、すぐに元の構図に戻ること）」になってしまいますので、同ポジになってしまったカット全部を（つまり、次につまんだところまでを）インサート・カットに置き換えたり、インサート・カットを2〜3カットにしたりして調整します。うまく調整しきれず「行って来い」になってしまっても「ピクッ」よりはマシです。長尺番組のインタビュー映像で意味もなく手のアップや後ろ頭、インサート・カットなどが頻繁に入るのは、このためなのですよ。そして、どうしてもインサート・カットで処理しきれない場合は、しかたがないので同ポジやむなしとなるのですが、その場合でも短いOLにしてショックを和らげます。ですから、長尺番組で同ポジをOLでつないでいたら「編集者が降参したんだな」と思って生暖かい目で見てあげましょう。

▶ モンタージュ編集の場合

モンタージュ編集では同ポジの違和感を小さくする方法はありません。同じシーン内では背景や光などを変えれば変えるほど同じシーンではないように見えてしまいます。つまりつながらなくなるということです。モンタ

ージュ編集では同ポジのカットは直接つながずに、別の構図のカットを挟むというやり方で回避します。つまり、代理カットや周りの状況カットを挟んでやるわけです。それができない（尺に別のカットを挟む余裕がない）超短尺ものでは、しかたがないので最悪のやり方ですが、画質が荒れるのを覚悟のうえでちょっとズームしてサイズを変えるしかありません。ですが、アングルを変えずにサイズだけを変えるのは、やはり芸がないというか、あまり塩梅のいいものではありません。また、画質が荒れるのは極力避けるべきことです。なので、むしろ同ポジを選んだほうがまだマシかもしれません。使える素材も尺も極度に制約される超短尺ものだからこそ、しかたなくそうすることもあるというだけの話で、長尺の映画や一般番組はキチンと計画されて撮影されているはずですから、意図しない同ポジやイマジナリー・ライン違反になるわけがないのですがねぇ……。

　モンタージュ編集では、対比で見せる場合にだけ意図的に同ポジを使うことはありますが、それ以外ではヘタに見えるだけなので一切出番はありません。

まとめ

- **同ポジ**
  同じ構図のカットが連続すること
  NGではないが、ヘタに見えるので避けるのが基本
  対比で見せるなど、狙いがあるときには許される
  特にコラージュ編集ではマッチ・カットとしてよく使われる

番外編：同ポジを切る

　禁止事項の章に書くのもなんですが、禁止事項ではない同ポジがあります。「同ポジ」という同じ名前を使っているというだけで、まったく別の事柄です。カットが変わっているのにサイズやアングルが変わっていないのが上で紹介した同ポジであるのに対し、同じカットの中でまったく同じカットをつないで、カットを延長したり、傷のあるフレームを抜いたり埋めたりすることを「同ポジを切る」といいます。

　たとえば、フィックス（カメラ固定）でメトロノームを撮ったカットがあるとします。針が右左と同じ動きを繰り返していますね。このカットが3秒しかないのに5秒間使いたい場合、この1つのカットを2回繰り返して使えばいいわけですが、つなぎ目はピッタリ合わせてやらないと針が飛んで（ジャンプ・カット）しまいますね。だから2回目のイン点は、できるだけショットの頭の方で、1回目のアウト点の次の画とまったく針の位置が同じところにします。そうするとあたかもつないでいないように見えますよね。つないでいるのだけれど、2カットではなく1カット。このように、だれにもつないでいることがわからないようにピッタリ合わせてつなぐことを「同ポジを切る」というのです。もちろん禁止事項ではありません。

Chapter 5 〉3

ダメ、絶対

　その他の編集でやってはいけないことをまとめておきましょう。ここに書いてあるのはジャンルを問わず、絶対にやってはいけないことです。

サブリミナル

　潜在意識に働きかける効果のことをサブリミナル効果といいます。特に映像の世界でサブリミナルといえば、数コマ（普通は1コマ）だけ別の映像を挟み込むことを指すことが多いです。シーンとシーンのつなぎ目でもシーンの途中でも、1カ所でも数カ所でも。しかし、それだけがサブリミナルではありません。潜在意識に働きかける、つまり催眠術のような効果を持つ、あるいは持つことが疑われるものはすべてサブリミナルです。その効果とは、たとえば映画の中にコーラの画を1コマだけ挟み込んでおくと、一般の人には認識はできないけれども潜在意識に働きかけコーラが飲みたくなり、コーラの売り上げが上がる、といわれています。

　本当にそんな効果があるのかどうか、科学的根拠はないらしいのですが、アンフェアな手法であるとしてNHKでも民放連でも禁止しています。テレビでやれば放送事故です。映画だと、法的なことはよくわかりませんが、もしかすると詐欺とかの類になるのかもしれません。

　違法ではないかもしれませんが、絶対やってはいけません。映像世界のルールです。ルールというより掟です。もはや映像表現ではないですから。芸術であっても許されません。

1コマはダメだけど2コマならいいのか？　というとそうでもありません。放送業界の規定にはコマ数は指定されておらず「通常知覚できない方法で潜在意識に働きかける方法は禁止」というようなあいまいな表現になっています。NHKでは番組ごとに担当のCPが判断しますが、3フレーム以下は確実にサブリミナル扱いされます。5フレでもダメでしょう。10フレだとサブリミナルだとはいわれませんが、カットが短すぎるからNGといわれるでしょう。許されるもっとも短いカットは、20フレからかなぁ？　それもアイ・キャッチとしてパカパカッと短いカットを入れるとかテンポを出したいといった特殊な狙いがある時だけです。20フレでは、一般の視聴者はなにが写ったのかほとんど認識できませんから、そのカットを表示した、見せたということにはなりません。

　近年のNHKにはほぼ常に「カットが短すぎる」という苦情が来続けています。カットが短いのがかっこいいと思っている人もいるようですが、実際には、カットが短いのは編集がヘタなだけです。作っている方は入り込んでしまうために、自分の中の体内時計が加速してしまい、カットが短くなるものなのです。そこをうまく調整できないのは、単に経験が浅いというだけのことです。また1カットをじっくり長〜く使うのは、編集する方としては勇気がいります。手を抜いていると思われるんじゃないかと思ってしまうからです。だからアタフタと短くカットを変えるのは、画の意味をわかっていない人や自分の編集（カットの選択と順番と価値）に自信がない人の特徴です。また、前にも出てきたように、尺とそこに入れるストーリーのバランスが悪いせいということもあります。15秒なのに、15秒には当然入り切らないストーリーを無理矢理入れようとすれば、1つ1つのカットをすごく短くせざるを得ません。それは企画・コンセプトを立てるのがヘタということです。とはいえ、15秒ではしかたのないことですけどね。

　原則として3秒以下のカットはNGだと思ってください。NHKでは、著作権表示などは3秒と決まっています。宣伝してはいけないと法で定められ

ているので、4秒以上出すと「お前は○○（権利者）の回し者か!」と言われます。昔は必ず言われました。といって2秒では「短すぎる。表示したことにならない!」と言われたものです。そんなわけで、**3秒以下ではそのカットを見せたことにはならない**のです。

画残り

えのこり、と読みます。素材のカット目をイン点やアウト点にした場合、編集機がちょっとずれて数フレーム、もしくは数フィールド、意図しない画（前や後ろのカットの画）が入ってしまうことをいいます。

今時のデジタル編集機ではずれたりしませんが、昔はもう……。M2（松下電器製の放送用テープ）編集機なんか5フレくらい平気でずれましたからねぇ。RECボタン押すのに相当な覚悟が必要だったり、プレビュー（お試し機能）通りにはなるんだからプレビューすれば大丈夫なんだとか……。でも、プレビューで画残り見えなきゃ意味ないじゃんとか。おかげで編集者は動体視力がよくなり、パチスロのメオシがうまくなるとか。……なんのこっちゃ?

現象としてはサブリミナルと一緒。わざとやればサブリミナル、わざとじゃなければ画残り。キッチリ編集ミスです。納品物では「お金取れないよ」などと脅されますが、速攻で直せば許してもらえるというのが通例です。っていうか、許して♥

ニュースでは、Vからスタジオに戻るときに、カット目にぶつかって1～2フレ見えちゃったりよくしています。たぶん一般の視聴者には見えていないけど、編集できる人にはキッチリ見えていますが、武士の情けで見なかったことにするのがギョーカイの仁義というものです。

その他

　取り立てて代表的なものはこんなところでしょうか。細かいことを言い出したら果てしなく出てきそうですが、とりあえずこの2つだけは絶対に知っていなければいけないことであり、知らなかったでは済まないことですので書いておきました。

　ああ、それから編集で絶対にやってはいけないこと。モニターの画面に素手で触るのは絶対にやめてください。カメラマンがレンズを素手で触るのとまったく同じことです。モニターはタッチパネルでもスマホでもありません。完全に映像関係者失格です。

まとめ

- **人道上やってはいけないこと**

  ▶ **サブリミナル**
  通常知覚できない方法で潜在意識に働きかけること
  特にカット目に1フレないし数フレ、別の画を入れること

  ▶ **画残り**
  意図せずサブリミナルになってしまった編集ミスのこと

  ▶ **モニター画面に素手で触る・指紋を付ける**
  死刑!

Chapter **6**

基本を超えた
編集技法

省略法

テレビのコマーシャルもVTRができるまではすべて生放送でした。さすがに15秒で生放送などできないので、そのころはコマーシャルとはいえ5分ありました。その後VTRができ、収録再生放送ができるようになって、コマーシャルは15秒になりました。極端に短くなったために、構文通りのつなぎ方をしていたらなにも入らないので、思い切った省略法が使われるようになりました。省略法とはその名の通り、構文では必要とされる要素を省略してしまう方法です。ストーリーを描くために必要なカットを、この場合は省略してもちゃんとストーリーが伝わるよね、というものが省略法ですから、そもそもストーリーをつづらないコラージュ編集には省略法などありません。この章ではこの省略法を紹介し、なぜそれが成立するのかと使い方などを説明します。

この本ではいろいろなルールを紹介していますが、結局のところ、映像の究極のルールは「わかればOK」、これなのです。

おいおい、いまさらそんな無責任なこというなよ!

いえいえ、そうではありません。「わかればOK」は裏を返せば「わからなければNG」ということです。「なんでもOK」とは大違いです。大事なのは、なにをどう省略する分にはわかるのか、です。いつだって、伝えなければいけないことは「いつ、どこで、だれが、どうした、(だれに)」です。これをすべて伝えなければ、通じるものにはなりません。それを省略しちゃおうというのですから、視点をちょっとずらさないと見えてきません。本

来は省略できないはずのものが、こういう条件さえ整っていれば省略しても大丈夫だね、ということがいくつか発見されてきました。「省略したら成立しないはずのものを成立させてしまう方法」です。まるで魔法のようでしょう?

省略法のルール

「見せなくてもわかってもらえるものは、省略することができる」 省略法のルールは、これだけです。ところが映像は「見えるものだけがすべて」なのです。ここに矛盾があるのです。見えるものだけがすべての世界で、見せずにわかってもらおうというのだから、それって考えようによってはモンタージュ以来の大発明かもしれません。モンタージュも、ストーリーという見えないものを伝える手法ですからね。

　さて、ここで問題なのは「なにを」省略できるのかと 「どのようなときに」省略できるのかの2つですね。

　まずは「なにを」から説明しましょう。省略できるのは原則として「状況説明のカット」だけです。つまり、コア・カットは省略できません。原則として、ね。ものにはなんでも必ず例外があるし、特に映像の場合はあえて例外を作ることもできるので、なにを言うにもいつだって「原則として」が付きます。バカらしいので、この本の中では付けていないこともあります。いつだって「原則として」であり、なんにでも例外はあるということはご承知おきください。

状況説明を省略する　　〜省略法の本道〜

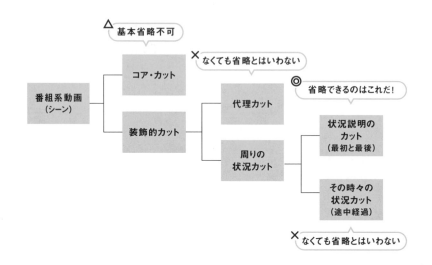

コア・カットではないものは「装飾的カット」です。「装飾的カット」は2種類あります。コア・カットの代理として入れられる「代理カット」と、その時々の状況・様子を見せる「周りの状況カット」です。「周りの状況カット」は無理矢理分ければ「状況説明のカット（構文に出てきたもの：シーンの最初（起）と最後（結）で舞台全体の説明をする）」と「その時々の状況カット（途中経過あるいは部分的な状況を示す）」に分けることができます。コア・カットは基本的に省略できません。「代理カット」と「その時々の状況カット」は元々なくてもいいカットなので、それを入れないことは「省略」とはいいません。ということは、省略できるのは「状況説明のカット」だけということになります。「状況説明のカット」を省略するにはおおよそ次の4つのパターンがありますので、それぞれ解説していきましょう。

▶ 前のシーンを引き継いで省略する　〜状況説明を省略する①〜

シーンの冒頭には状況説明が必要だといいました。ところが実際に映画や番組を見てみると、初めから終わりまですべてのシーンが状況説明のカットで始まっている訳ではありませんね。基本的には新しいシーンになるたびに状況を説明しなければならないのですが、そこで、先に書いたこと

が生きてくるのです。「わかればOK」

　たとえば、第2シーンが第1シーンの続きであるのなら、「いつ」を再び説明する必要はありませんね。場所についても同様で、並行するストーリーに移行したなどで舞台がまったく変わったのならば「そこがどこなのか」を説明する必要がありますが、同じストーリーの続きで隣の部屋に移っただけなら、わざわざ「ここは現代の日本で、季節はいつで……」などと説明する必要はないわけです。**以前のシーンで説明済みのことは、あらためて説明する必要はありません。**必要はないどころか、そんなことをすればテンポが悪くなります。これが最初の省略法です。名付けてっ！「説明済みだから省略できる」です。まぁ、力んで名付けるほどのものではありませんが。といったわけで「いつ」と大雑把な「どこで」は省略するとしても、「隣の部屋」は新しい場所ですからやはり最初に「その部屋の状況」を見せてあげることは必要です。そこで、主人公の主観で「隣の部屋」の全景を見せてあげるのも自然でよくある手です。これは省略法ではなく、まるで省略したかのようにコンパクトに見せる手法（尺の短縮法）ですが、簡単ですからついでに紹介しちゃいましょう。

 ▶  ▶

ラスト・カットからファースト・カットへ戻ればエンドレス・ムービー（笑）。

　状況説明をしてから「事件」が起きるのではなく、「事件」を描きながら状況説明も同時にしてしまう方法です。第2カットではパン（カメラを横に振ること）しながら室内の全貌と「事件」を同時に見せています。状況説明をしながらストーリーを同時に進行させることで、このシーンをコンパクトにすることができました。

　第1カットは、その次のカットを導き出すための装飾的なカット（その時々の状況カット）で、「部屋に入った」というだけの意味しか持ちません。部屋に入らないと銃をぶっ放せませんので、次のカットへ話をつなげるために必要な単なる手続きでしかありません。シルエットだから「主人公の紹介」にはなりません。前のシーンは主役が隣の部屋へ入っていくところで終わっているはずなので、「紹介」もいらないのです。このカットは、シルエットの人物が先のシーンから引き続きこのシーンでも主役であり、この部屋に入ってきたのが1人であることを示しています。このようなカットが挟まるので実際の映画などのシーンは、必ずしも最初のカットと最後のカットがヒキになっているわけではないのです。

　　❶ 省略法

　あるいは、「隣の部屋」へ入ってきて奥の棚へ歩いていく主人公をヒキ気味のパンで追いかけていけば、自然に部屋全体を見渡せることになります。このシーンのストーリーでの「変化の結果」は「書類を見つけたこと」です。このとき、部屋全体の状況はなにも変わりがないので最後にあらためて見せる必要はありません。だからこのシーンは、書類を発見したアップの画で終わることができるのです。

　このように、状況説明をストーリーと同時に、あるいはストーリーの中に織り交ぜながら描いてしまえば、シーンをコンパクトにでき、全体のテンポをよくすることができます。動画のテンポをよくするとはこういうことなのであって、それって撮影の前からそう撮るように計画していないとできないですよね。つまりこんなことからも、編集とは「ディレクターのコンテ割りの段階から始まっている」ということがわかっていただけると思います。また、この手法は「前のシーンの続き」であるとか、この例題のように変化するものが周りの状況ではないといった、状況自体は重要な要素ではなくあまりキチンと状況説明する必要がない場合にだけ使用するのがいいでしょう。それ以外では、非常にわかりにくいシーンとなりそう

です。

　また、これも当たり前すぎて普通説明されない話でしょうが、すでに一度出てきた場所・状況に戻ったときにも、もはやすべての状況説明が済んでいるので省略できます。映画でも冒頭部と初めてのシーンやかなり久々のシーン以外はほぼ全部これだといっても差し支えないでしょう。作っている方は省略しているつもりさえないでしょうね。でもこれも立派な省略法なのです。世の中の「ヒキで入っていない」シーンのかなり多くはこれでしょう。言葉にするなら「(すでに説明済みで) 視聴者がわかっているから省略できる」ということになります。これが「わかればOK」です。

▶ 「いつ」を省略する　〜状況説明を省略する②〜

　映画発祥のころからある方法なのですが、これが省略法であることさえだれも気が付いていなかったのかもしれません。**現代である場合に限り、現代であることの描写を省略することができます**。映像に限らずコミュニケーションでは、いつなのかを特定せずに話を始めた場合、現代のことであるとするのが「お約束」になっているからです。

　あなたの友人があなたに会うなり突然「ころんじゃったよ」と言ったら、それは今さっきのことに決まっています。あなたが「大丈夫?」と聞いたら「いや、10年前の話だから」と言い出したら黙ってグーで殴るでしょう?「10年前の話をなんで今突然始めるんだ?」って話です。10年前の話を始めるときには、まず「オレ、10年前にさ……」などと、いつの話であるかを明確にするのがコミュニケーションの決まりなのです。

　「いつ」を明確に知らせるのが本来の決まり、ここがミソです。よく時代劇が「時は戦国嵐の時代……」というナレーションで始まるように、現代以外の話は「いつ」をしっかり教えてくれないとわからないので、必ずしっかり教えてくれます。その裏返しで「教えないなら現代だ」と思う視聴者の心理を利用したやり方です。

「ファインディング・ニモ」という映画がありましたね。あれ、海の中の話で、魚が主役です。海の中に時代なんてないでしょうから、確か時代設定の描写はなかったと思います。途中で人間が出てきて、その服装や生活から現代であることが確認できますが、最初に時代設定を描写することはしていないと思います。少なくとも予告編にはありません。ということで、これを時代設定の描写を省略した例としておきます。

ほとんどすべての15秒のCMでも省略されています。登場人物のカッコ・服装、背景などで時代がわかるからというのもありますが、たとえば魚しか出てこないCM、ゴマフアザラシの赤ちゃんやエリマキトカゲ（古いかっ!）のCMでも時代設定の描写はありません。CMはすべて現在のものですからね。たまに時代劇にしたCMでは、ちゃんと時代がわかる描写が冒頭にあるはずです。

▶ なぜイチロー選手のアップで入れるのか？　〜状況説明を省略する③〜

ここからは、CMや番宣といった超短尺番組だけで許される特殊で強引な省略法を紹介します。

大リーグの番宣（番組宣伝）だと、いきなりイチロー選手やマー君といった主要な選手のアップで入ることが多いですね。アップで入るなんて本来はもってのほかなのですが、すっかり既成事実として定着しちゃっています。一部の古い映像関係者には未だに「あんなものは成立していない!」と鼻から煙を出している人もいるのかもしれませんが、安心してください、成立していますよ。

大リーグの中継（本編の方ね）の始まり方はご存知でしょうか。典型的な例を挙げますね。最初は球場がある街の空撮で、この球場がどんな場所にあるのかが示されます。この時に「現代」であり、「アメリカ」であり、テロップで中西部なのか東部なのかなども示されたりします。次に球場内の

ヒキ画か俯瞰になります。こんな球場ですよと舞台が示されるわけです。

 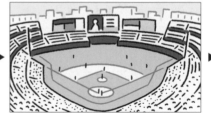

　某公共放送の場合、こんな風に律義にマニュアル通りに始まります。──
─余談ですが、某公共放送にはちゃんと番組作りのマニュアルがあります。
民放にだってあるはず……だよなぁ。──しかし、番宣はこんな感じです。

　15秒だとこんなものですね。問題は第1カットです。試しに、イチロー選手のアップであることには変わりはないのだけれども、麦わら帽子をかぶり、白いランニングシャツで、釣竿を持っている画にしてみましょう。

裸の大将？　釣りキチ三平？

　なにが始まったのだかさっぱりわかりませんよね。なぜイチロー選手ならアップで入っていいのか？　答えは、ヘルメットをかぶりユニフォームを着て、バットを担いでいるからです。そう、つまり、イチロー選手が野球をやる格好でバットを構えているからこそ、ここはアメリカなんだ、大リーグなんだ、野球をやっているんだ、ということがわかります。しかも、ピッチャーがこっちにいてキャッチャーがここにいて一塁はあっちで……（登場人物の位置と向き）ということも、わざわざ写さなくても視聴者との「お約束」で"説明済み"となるのです。

▶ 番組の「ターゲット」

　ちょっと待て！　イチロー選手を知らないようなおばあちゃんだって見ているんだ。野球を知らない人はどうなるんだ？

　は？　ガン無視ですよ？（笑）

　この番宣は、だれに対して有効ですか？　15秒では短すぎて1つのことしか伝えることができません。イチロー選手がだれで、どんな人で、どうすごいのか、イチロー選手の試合を中継することにどんな意義があるのか？

そんなことを15秒で伝えられるわけはありません。だから、イチロー選手のことを知らない人に対して宣伝したいのならば、せめて5分、10分といった長尺の番組にしなければならないのです。短尺であればなおさらですが、長尺であっても「見ている人みんなに」などというのは「ターゲット」というものをわきまえていない典型例です。近年のNHKの番宣を担当する部署では、「番宣は番組タイトルとチャンネル・日付・時間を必ずコール（ナレーションで言う）しなければならない」という残念なルールがあった（たぶん今でもある）のですが、たったの15秒だとそれだけしか言うことができません。そのため自動的に宣伝ではなく「告知」にしかなりません。「告知」というのは、「イチロー選手が出るなら見るぜ！ 今度はいつやるんだ?」と待ち構えている人（超意識層といいます）に対して、いつどこで放送するかやその商品を手に入れるための手続きといった「売り手の都合」だけを通達する広告のことをいいます。「宣伝」のターゲット層は「まったく興味のない人（無意識層といいます）」ですから、そんな人たちに「売り手の都合」だけを通達しても「宣伝（好感度を上げること）」にはなりません。だから一流どころのCMは「告知部分（最後の商品名や企業名が出るところ）」を2〜3秒程度にまで圧縮しているのです。*

　イチロー選手のアップを見ても、そこがアメリカだ、大リーグだということがわからない人は**「告知」にとっては対象外（ターゲットではない）だから説明しなくてもいいのです**。そんな人には、たかが15秒でなにをしたって見てもらえるわけがありません。「ターゲット」というものを考えたとき、そのターゲットに通じることが大切なのであり、その人たちにだけ通じればいいのです。たとえば日本語で作った動画は、日本語がわかる人にしか通じません。でもそれでいいんでしょ? こういうのを「ターゲットを絞る」といいます。「告知」はターゲットが極めて絞り込まれたものだから、

＊「告知」のターゲットは必ず超意識層であり、宣伝のターゲットは必ず無意識層なので、「告知」は広告ではあるけれども宣伝ではないという極めて特殊なものです。市場外にいる潜在的超意識層に対するリマインダーとしての機能を持ちます。

ターゲット以外には通じなくてもいいということになるのです（あくまでも「告知」だけの話であり、「宣伝」と「告知」は違います）。

　ちなみに、冒頭からきわめて一部の人たちだけをターゲットにしてそれ以外を切り捨てるのは、「告知」だからこそ許されることであり、その「告知」は必ず15秒（とまぁせいぜい30秒）の超短尺であるに決まっています。だって、大半の「ガン無視された人たち」にとっては退屈な時間になってしまうので、そんなものを長く（1分以上）放送していたらチャンネルを変えられてしまいます。人はある動画を見始めてから内容で先を見るかどうかを判断するのに17～18秒かかるということが近年報告されています。こんなことは報告されるずっと以前から、プロはみんな感覚的に知っていたことです。だから昔からCMは15秒なのですよ。しかし18秒を過ぎても、あと10秒程で終わることが見えているのならば、チャンネルを変えずに我慢してもらうことが期待できます。だから大まけにオマケして30秒までなら、訳がわからない番組やつまらない番組（つまり報道系動画）を放送しても視聴者を飛ばす（客が怒って逃げてしまうこと）ことはないだろうと言えるのです。

　15秒・30秒という、ターゲット以外の視聴者には我慢してもらえる尺であるということと、それ以前に「告知」「広告」「宣伝」というものやそのターゲットというものをキチンとわかっていて、初めてイチロー選手のアップで入るという強引な省略法を使うことができるのです。もちろん長尺番組では省略できませんし、その必要もないはずです。くれぐれも省略法は省略する必要があり、その条件が整っている時にだけ許されるのであって、必要がない時、省略してはいけない時には超短尺だろうとなんだろうとやってはいけないということを忘れてはいけません。

▶ なぜ唇のアップで入れるのか？　～状況説明を省略する④～

　もう50年くらい（?）大昔の話です。口紅のCMで、第1カット、女性の唇のクローズ・アップで入るという大胆不敵なものが放送されました。映

像関係者はみんなテレビの前で椅子から転げ落ちてひっくり返ったのでした。当時はそれほど衝撃的だったのです。そして「あんなのはなしだ!」「いいや、新しい手法だ!」と賛否両論、激しい論争にまで発展したのでした。その論争、答えが出たのかどうかは知りませんが、実は今でもこの手法を使った口紅のCMは存在します。著者はついこの間、見ましたよ。

　例によってうろ覚えです。状況説明をどうして省略できるのか。答えはかなり前衛的ですが、ちゃんと成立しています。状況の設定がないから、です。これは本当に頭を柔らかくして考えないといけないのですが、そもそも説明すべき状況の設定がないから、説明のしようがないという一休さんのトンチのような答えです。

ここでちょっとまた脱線。「キューブ」という映画を知っていますか?

　小さな立方体(キューブ)の部屋がたくさん連なった、ルービックキューブのような建物に突如閉じ込められた男女6人の脱出劇を描いた映画です。

　男が建物の中で目が覚めるところで始まり、終始建物の中だけ、外は一切写らないという低予算映画です。だれが、なんのために、どういう基準でこの6人を選び、誘拐し、この建物に放り込んだのか、この建物はどこにあるのか、外はどうなっているのか、などは一切説明されません。最後、生き残った者が外へ出ていくところは、真っ暗な中、扉が四角い白い光で表現され、その光の中に溶けていくという描き方で終わります。

　これ、監督にどこなのかなど聞いてもダメで、設定がないのです。「迷宮の中に閉じ込められた人々の極限状態での人間ドラマ」を描きたかっただけで、それを描くのに外の設定は必要がないと考えたのです。いや、むしろよくある「裏設定」なんてものは「ご都合主義の言い訳」だと考え、あってはいけないものとしたのでしょう。

　いずれにしても、設定がないから説明しない。説明しようにも説明できない。口紅のCMも同じです。口紅だからその色や艶、塗った状態が大事なのであって、ここがどこなのか、この女性がだれでなにをしているのかなどは問題ではないのです。

　これ、実はテレビでは長尺番組でもよくあることで、たとえばスタジオ番組で、出演者だけ写っていて周りは真っ白だったり、あるいは真っ黒だったりすることがあるでしょう。ホリ(白ホリ、黒ホリ:ホリゾントの略)というのですが、これも根底の考えは同じです。必要ないから写さない。まぁ、ホリの場合は手抜きともいうんですが……。(笑)

　動画は、たくさんの情報を伝えられる、と言われていますよね。でも、た

くさんのことを一度に伝えたら、それ、伝わるでしょうか？　一度に１つの
ことを伝えるのと一度にたくさんのことを伝えるのでは、どちらがちゃん
と伝わりますか？　文字でたくさんのことを伝えようと思ったらたくさん書
かねばならないように、動画でも素人はあれもこれも無理にでもたくさん
入れ込もうとします。だから１つも伝わりません。プロは、伝えることを
極力絞り込み、できるだけ余計なことは伝えないようにするのです。映画
の現場では「ワラッて、ワラッて」とよく言います。「ワラッて」とは「取
っ払って」ということです。いらないものを極力画面から外すのです。動
画は放っておくとたくさんの"余計なこと"が伝わってしまうから、伝えた
い情報を絞り込み、それ以外の情報には蓋をする、どれだけ**伝えないか**が
プロの技なのです。コソッと動画の本当の究極奥義の１つをお教えしまし
た。動画をやっていきたいのなら、こればっかりは覚えておいた方がいい
ですよ。

　コマーシャルは15秒と極端に時間を制限されてしまったので、できるだ
け端折れるものは端折りたいわけです。そして「構文」を覚えたあなたに
はもうわかるでしょう、「見せたいものはシーンの中ほどにある」のだから、
必然的に詰めた画が多くなり、状況説明は目の仇のように省略されてしま
うのです。

　さて、成立する条件ですが、設定がないだけではダメです。視聴者が説
明を求めたくならないように作るということが大事です。どこなんだろう？
なにをしているのだろう？　などと疑問を持たせてしまったらアウトなので
す。「手タレ」っているでしょう？　手だけしか写らないタレントのことで
すが、洗剤のCMなどで手だけがよく出てきますよね？　あれ、「これだれ
だ?」って思わないでしょう？　「これだれの手だよ、どこにいたんだ？　ど
っから出てきたんだよ」と思わせないようにちゃんと作られているのです。

　でも逆にいうと、このようなCMばかりを見て育った人が映画の予告編な
どを作ると、「これだれだよ?　そもそもどんなドラマなのかさえわからね

えよ!」というようなトンチンカンなものを作ってしまうのです。CMは超ハイレベルの人たちが基本を逸脱した特殊な離れ技を駆使して作ってきたものなので、初心者に悪い影響を与えてきたという側面があるのです。これが、見よう見まねは厳禁だと何度も書いている理由です。

コア・カットを強引に省略する例外

　例外的に、コア・カットでもあえて省略しようと思えば強引に省略することができる場合はあります。なぜ「例外」なのかといえば、コア・カットは「核」なのですから元来省略する必要がないはずだからです。それを省略するのは、伝えるべきことを伝えていないのですから、形を成していないものにしかなりません。文章にたとえるなら「君を愛している!」という言葉は主語がないのですから、ちゃんとした文章にはなっていないですよね。でも状況から、主語は「私」であることは明らかです。このように「強引に」省略すれば、もはや文章になっていないものになってしまうので、正規の表現とはいえませんが、それでも通じるのであればOKなのです。もちろん、その必要があるときにしかやってはいけません。

「動作」を省略した例。石を投げるという動作を省略している。

　イラストでは、正義の味方が「石を投げる」という動作を省略していま
す。本来動作を写すのが動画なのに、その動作をなくしてしまっては映像
による正しい表現だとは言えないでしょう？　だから「例外」なのです。「動
作の主」も同じように、強引に省略することはできなくはないですが、正
規の表現にはなりません。「スナイパーに突然狙撃された」なんていうシー
ンでは、たいていだれがどこから撃ったのかは描かれませんね。これが「動
作の主」を省略した例。これらは動作の主が紹介されないわけですから、受
け身であることが専らでしょう。「対象」を省略する例としては、ライオン
がシマウマを狩る場面を挙げておきましょう。ライオンがシマウマをさん
ざん追いかけまわし、最後にライオンがカメラに飛び掛かった（正確には飛
び越えた）ところでカットして場面転換します。ここで一度黒に落ちてもい
いですね。次のシーンではすでにシマウマは解体されており、それにライ
オンがかぶりついているところになります。「対象」と一緒に「殺す」とい
う動作も省略してしまいました。これは本来ジャンプ・カットです。それ
をシーン分けすることでジャンプ・カットの違和感を場面転換の違和感に
置き換える手法です。ですから正規の表現方法ではありません。ここでい
う「違和感」とは、同じシーンとしての違和感です。この違和感は、1つ
のシーンの中ではあってはいけないし、場面転換ではなければいけません。

　省略ではありませんが「対象」を写したくないときにはたいてい、代替
描写が使われます。子供が水風船爆弾をマンションの窓から通行人に向か
って落とすなんていうシーンの場合、対象である通行人はまったく写さず

「犬を連れた人が来たゾ!」などといった子供のセリフで代替描写し爆弾が当たったかどうかも子供のリアクションで代替描写できます。これは代わりのもので描写しているだけですから、省略とはいえないでしょう。AさんがBさんを殴る場合も、対象がBさんであることは事前に十分に示されていて、Aさんのパンチのアップでカット、殴られたBさんは写されず「ボカッ!」という音だけで代替描写され、場面転換といったやり方もあるわけです。

省略法の間違い　〜わかっていてやる分にはOK、わからないでやるとNG〜

　省略法は、元来必要な画を省略するわけですから、それ自体がすでに違反行為です。でも省略してもキチンと正しく伝わるということがわかっていて、どうしても省略する必要がある場合にはNGではないということです。よく目にする間違った例として、長尺番組でのインタビュアーの省略を挙げましょう。インタビュー映像といえば、ファースト・カットから取材されている人がソッポを向いて1人でしゃべっているのが定番になっていますね。ところがこれ、本来動画としては成立していません。なぜなら、取材されている人がだれに話しているのかが写されていないからです。最初の状況説明が省略されているわけですね。何度も書いているように「映像は写っているものがすべて」です。話している相手が写っていないのですから、映像論的には「1人で熱弁を振るう頭のおかしな人」になってしまっているのです。省略のルールをもう一度見返してみましょう。「見せなくてもわかってもらえるものは、省略することができる」ですね。登場人物を見せなくて、わかってもらえるわけがありません。登場人物を省略していいわけないじゃないですか。

　ところがもちろん、これが報道番組であるならば彼の目線の先にはインタビュアーがいるのだろうということは、あなただって知っていますよね。それが記者なのかディレクターなのかAD(アシスタントディレクター)なのかはだれにもわかりませんが、とにかくだれか「質問者」がいるということ

は、現代人ならわかるわけです。そしてそれが記者なのかディレクターなのかADなのかは、どうでもいいことですよね。だから尺の厳しいニュースVを始めとする報道の超短尺ものでは状況説明のカットを省略し、いきなり取材されている人がピン（1人）でシモテを向いてしゃべっていても成立するのです。

**これが本来の正しい編集。インタビュアーがだれであるのかはどうでもいいことなので
後ろ向きでいいが、インタビュアーがいるということと、どの方向に、
どのくらいの距離にいるのかは、本来は必ず見せなければいけない情報。**

「報道の超短尺ものでは」にわざわざ傍点が打ってありますね。これの意味はわかるでしょうか？　そう、通常はやってはいけません！　今どきの人であるみなさんはまったく違和感を持たないのかもしれませんが、これ、本来は違和感を持たなければいけないところなのです。だって本来必要なものがないわけですから、そこで違和感を持たないということは「映像センスがない」ということです。でも大丈夫。これからは感じられるようになればいいのです。センスというものは持って生まれたものなどではなく、後天的に一つ一つ覚えて育てていくものです。画の意味的にはあくまでも「1人で熱弁を振るう頭のおかしな人」でしかありません。それを「インタビュアーがいることは見せなくてもわかるでしょ？」という社会的なお約束を盾に、尺が許されないからしかたなく強引に省略してしまっているだけなのです。また、報道は"映像屋"ではないので映像センスなど気にしないし、動画としての体裁を気にすることもありません。報道でさえも、許されるのはニュース映像といった急いで編集しなければならない超短尺ものだけです。同ポジで「ピクッ」となるところをきちんと処理せずぶっつないでいるのと同じように、話は通じるかもしれませんが映像作品としては完成

　① 省略法

していないのです。報道の超短尺以外では、省略する必要のないところで本来必要な画が抜けてしまっているのですから、「品質が低い手抜き映像」であり、「ボクは映像がわかっていません」と暴露しているようなものです。あるいは少なくとも「乱暴な編集」「お行儀が悪い編集」でしかありません。格式の高いプロの番組であるなら絶対にやってはいけませんし、映画だったら完全にアウト、成立しません。映画の映像に、インタビュアーがいるわけがありませんからね。

　インタビュアーがいるということは取材映像（本物映像）だということです。取材映像を使うのは報道とドキュメンタリーです。だから報道系動画では、取材者がいるのが当たり前だから省略してもわかってもらえるのです。番組系動画は「作った映像」でできていなければいけないので論外です。取材映像が入るはずがありませんね。たまに本物映像（取材映像）が出てくることはありますが、それはあくまでも作った映像の代用としているにすぎません。取材映像は番組系動画に取り込んだ瞬間に「作った映像」に変わってしまうため、取材映像なんだから取材者がいるのはわかるだろうというのは通りません。だから番組系動画で省略するのはNGです。番宣やCMなどの超短尺ものだけは、ケースバイケースでセーフになることもあります。さっきの「手タレ」と同じように、見ている人が「一体だれに話しているの?」と気にならないように作ってあることが条件です。要は超短尺ものはOKなのではなく、「尺がないんだからしかたがないでしょ」というだけのことで、「これで話はキチンと通じている」ということと「他にはやり様がない」ということがわかっている人だけやっていいということになるわけです。

　省略法はすべて、省略する必要があるということと省略しても正しく伝わるということ、この2つがわかっていてやる分にはOKですが、それをわかっておらず見よう見まねをすればNGなのです。

　取材映像は撮り直しが効かないので、撮り忘れた場合などはフォローを

してお茶を濁すしかありません。基本的な考え方は簡単、前にも出てきた「わかればOK」です。見ている人が「ああ、そっちにインタビュアーなりなんなりがいるんだな」とわかればいいのです。インタビュアーが写っていなくともインタビュアーの声が入っているのなら、まぁセーフとしましょう。写ってもいない、声も入っていないなら、インタビュー映像へ行く直前にMC（司会者）やナレーションで「だれだれにお話を聞いてきました」「だれだれにインタビューしてきました」などと言葉で言ってもらいます。このようなVTRなどへ振るセリフのことを「振り（フリ）」といいます。「インタビューしてきました」と言っているのだから、インタビュアーがいるのは必然で、ピンでしゃべっている画になってもわかってはもらえるのです。「そんなこと言わなくてもわかるだろう」というのは、まったくの自分勝手でしかありません。映像では、一度も写っていない人は"いないこと"になるのです。たとえばADや照明さんなどのスタッフは実際にはそこにいるのだけれど、見ている人に対しては"いないこと"になっていますよね。だからインタビュアーも「そこにインタビュアーがいます」という手続きをしなければ"そこにいる"ことにならないのです。その手続きが、映像ですから本来は（後ろ姿でもいいから）"写すこと"なのですが、撮り損ねた場合は言葉で"手続き"をしましょうということです。映像の落ち度をコメントでフォローしてもらっているわけで、制作者としてはかなり恥ずかしい、テレビならではの技法ですね。ただしこれは、あくまでも映像作品ではなく、撮り直しもできないドキュメンタリー映像だからこそのリカバリー方法であって、「作った映像」で作る映画、ドラマ、一般番組では、リカバリーなどしようがありません。撮り忘れたのなら追撮しろというだけのことです。

インターネットではちょっと事情が違います。突然、どこのだれだか知らない人が出てきて、ソッポを向いてしゃべっているようなCMや動画は、映像として成立していないのは同じです。でもその動画がインタビュー映像であるならば、その脇（動画タイトルや概要欄など）に「愛用者の声を聞いてみました」と書いてあったらどうでしょう？「ああ、このどこのだれだか知らない人は愛用者の1人なんだ。ソッポを向いているのではなく、イ

　❶ 省略法

ンタビュアーの方を向いているんだ」ということがわかりますね。だからこのひと言があれば、リカバリーにはなるのです。ただし、これはあくまでもインタビュー映像だけの話ですよ。お店の主人が視聴者に語りかける動画で、主人がソッポを向いていたら助かりません。インターネットはテレビと違って利用できるコミュニケーションツールが動画だけではないため、活字や写真、イラストといった他のツールとの複合技も使えるのです。

　……といっても、なにを動画で伝えるべきか、なにを文字や写真やイラストで伝えるべきかなどの「切り分け」ができる必要があります。この本全体で説明している「動画の意味」とか「それぞれのカットの意味」がわかっていなければ、やっぱり動画はできないのです。リカバリーできることもあると言っているだけで、最初からリカバリーする必要のないちゃんとした動画を作りましょう。

総括

　さて、省略法というのはふつう状況説明を省略することが多いのですが、いたずらに省略しているのではなく、省略してもわかってもらえる、その条件が整っている場合に限り省略できます。許されるかどうかはジャンルや状況によっても違うし、コメントなどでのフォローが必要な場合もあります。わからなかったら省略しなければいいだけです。基本通りにつなぐことは、演出上は省略したほうがいいということはありますが、理論上間違いはありません。省略できないところを省略しているのはNGですが、省略できるところを省略していないのはNGではありません。ここに挙げた省略法も、いつでもどこでもだれでもやっていいわけではないことに十分注意してください。

　実は省略法というのは、省略しているのではなく、**伝える必要がないので説明しません**、というだけのものです。特にCMの場合「なにを伝えるべきなのか」を絞り込んでいけば、「状況説明」は必ずしも「伝えなければい

けないこと」には残らないことが多いのです。だから省略されるのであって、それができるようになるには「なにを伝えるべきなのか」を絞り込めるようにならなければいけません。超短尺だからこその強引な技であって、尺があるのにやっていいことではありません。

　シビアな尺の制限がないみなさんにとって必要なのは、最初の「前のシーンを引き継いで省略する」と2番目の「『いつ』を省略する」くらいのものでしょう。後半はプロの特殊な技とそんなことをする事情を紹介することで「超短尺でもないのにマネしちゃダメですよ」といいたかったのです。

まとめ

○ **現代のみ「いつ」を省略できる**

○ **「状況説明」を省略できる**
　条件
　①伝えるべき相手が「お約束」でわかってくれている場合
　②設定も必要もなく、視聴者も説明を求めたくならない場合

動画のターゲット

「なぜイチロー選手のアップで入れるのか？」のところでターゲットの話が出たので、補足説明として、動画にとって「ターゲット」という考え方がいかに大事かをお話ししましょう。

　昔、某テレビ局で調査会社に頼んで番宣を調査したことがありました。50人くらいのモニターに、某民放と某公共放送のドラマの番宣を見てもらって、感想を聞いたのです。すると、一見幼稚な作りの某民放のものは評判がよく、一見上等な作りに見える某公共放送のものは評判が悪かったのでした。ところがどうして民放のものは評判がいいのか、調査会社にも某テレビ局の人たちにもわからないのでした。その民放のものをうろ覚えで再現してみましょう。

（ナレ：タイトル日付時間）

　さて、この番宣はなにを伝えているのでしょう？　わかりますか？　わかるわけがありません。作った人がなにも伝えようとしていないからです。「いつ」は現代だとしても、「どこ」で「だれ」が「なにをしている」のかが、なに１つわかるようにはなっていません。これが“通じていない”ということであり、だから“幼稚”だといったのです。でも評判が良かったのはなぜでしょう？　モニターの人たちはこの番宣からなにかを読み取ったからこそ、評判がよかったわけですよね。それがなにかわかりますか？　多分映像を見ただけではほとんどだれにもわからないでしょう。

　では、この映像を文章で解説してみましょう。第１〜３カットは多分親子の会話のシーン。でも死ぬのどうのといっています。親子のドロドロですね。第４〜５カットは多分夫婦の会話。男と女のドロドロです。第６カットは多分職場です。ナレーションで会話は聞こえないのですが、たぶん職場のドロドロなのでしょう。

　ほら、これなら「ドロドロ」という言葉が３回も出てきているのだからわかるでしょう？　そう「ドロドロがいっぱい」これだけなのです。それをナレーションではなく、映像で脈絡なくただ見せているだけなのです。

　たぶんこの調査会は平日の昼間にでもやったのでしょう。集まったモニターは主婦や女学生が多かったのでしょうね。普段テレビを

見ていない人にモニターしてもらってもしかたがないので、勢い、モニターは主婦をはじめとする女性が多かったはずです。世の中の主婦っていうのはどうにも他人のドロドロが大好きなようで。だから「ドロドロがいっぱい」というだけで、「おもしろそう」となったわけです。

　興味深いのは、某テレビ局の人たちにはまったく、なにがおもしろいのかも、なぜ評判が良かったのかもわからなかった、ということです。なぜか？　ほとんどがインテリの中年男性で、ドロドロなどに興味がないからです。みなさんも、ドロドロが大好きな人はすぐにわかったかもしれませんが、そうでない人は解説を読むまでさっぱりわからなかったでしょう？

　つまり、映像でなにかをただ見せただけでは、**興味のある人は敏感に反応するけど、興味のない人はおもしろさどころか、なにを伝えているのかさえまったくわからない**のです。「興味のない人にはわかりません」では宣伝としては失格です。勘違いのないように明記しておくと、先に説明した「イチロー選手の告知」とは、話がまったく違います。イチロー選手のものは、僅か15秒の中でタイトル・波・日付・時間をコールしなければならない（それって少なくとも8秒はかかります）というルールがあるから、宣伝をする余裕はありません。だから自動的に「告知」になってしまうわけで、「告知」で超意識層以外のことを言い出されても筋違いということです。しかし、この民放のものは30秒すべてを「宣伝」に使えるのにまったく宣伝になっておらず、超意識層にしか伝わらない「告知」になってしまっているのです。「ドロドロがいっぱいあります」だけでは「冷やし中華始めました」となにも変わりません（売り手の勝手な都合を通達しただけということ）。いや、映像だけですから、冷やし中華の写真が貼ってあるだけですね。それでは宣伝にはなっていませんよね。番組本編も、専門的になればなるほど興味のない人にはつまらないものにな

りがちです。それでもより多くの人に見てもらうためには、つまりターゲットをより広く設定するならば、あまり興味のない人にも興味を持ってもらえるような＝おもしろがらせるような"技や工夫（スキル）"が必要になるわけです。これが「番組をおもしろくする」ということの1つです。本編は番組のテーマにある程度以上興味のある人しか見ませんが、「宣伝」はターゲットが必ず「まったく興味のない人」であるうえ、それを極めて短い時間で興味を持ってもらおうというのですから、はてしなく難しいわけです。なにせ、商品にはまったく興味がない人たちが相手なのですから商品の話をしてもダメで、だから白い犬の可愛さで釣ってすっごく遠回りに商品に興味を持ってもらおうなどとするわけです。そこにいくと「告知」は、世間の中に潜んでいる興味のある人だけを対象としたものです。この某民放の30秒のものでいえば、せめて全体がどんなドラマなのか、つまりどんな状況でどんな人たちがなにをするドラマなのかがわかるようならば、ドロドロには興味はないけどドラマには興味があるという人にも少しはアピールするものになり、少しは宣伝らしくなったかもしれません。

「だれに見せるのか（ターゲット）」によって、なにをどう見せるべきなのかもすべて変わってきます。自分が伝えたいことをただ見せただけでは、興味のある人だけには強力に響いても、それ以外の人にはまったく通じない、それが動画なのです。だから現実をただ見せるだけの報道系動画は、それに興味のない人にはつまらないものでしかないのです。ターゲットをよく考えないと、**だれからも見向きもされない動画になりかねません。**「2兎を追うもの1兎をも得ず」です。「見ている人みんなに……」などというのは2兎どころではありません。海を知らない人は、海があればどこにでも網を放り込めば魚が獲れると思っているでしょう？　でも、海を知っている人は、どの魚を狙うのかでポイントが違うこと、そしてポイントを外せば1匹も獲れないことを知っていますよね。子供向けの番組と大人向

けの番組では内容が違うように、イチロー選手のファン向けの番組（番宣も含む）とイチロー選手を知らない人向けの番組は、内容も目的も違うに決まっています。内容と目的が違えば必要になる尺もなにもかもが違ってきます。15秒のCMと30秒のCMではなにが違うのかといえば、ターゲットが違うのです。だから目的も違ってきます。そうすると何を伝えるべきかも変わるわけです。

倒置法

テレビCMが15秒になってから編集術は飛躍的に発達しました。その反面、一般の人や映像関係予備軍の人たちの映像感覚に対し、悪い影響も与えてきた側面があります。その代表的なものが、この倒置法です。名前の通り、ただ後先を逆にするだけなので簡単、そのため乱用されてきました。どう見ても意味のない例が多く、今では意味のわかっていない人が「そうするのが普通なんだ」と思い込んで使っているのが実情でしょう。

倒置法とは基本の順序と逆にする表現法のことです。ですから倒置というからには、基本形がないといけません。基本形を設定しなければなにも教えようがありません。ですから、著者は基本文法と基本構文を設定しました。チョー簡単ですので、もう覚えていることでしょう。その基本形をひっくり返したものが倒置法です。

基本構文と基本文法、それぞれをひっくり返す方法があります。まずは基本構文である「ヒキで入って、ヒキで抜ける」をひっくり返してみましょう。

基本構文の倒置法

復習ですが、なぜヒキで入らなければいけないんでしたっけ？　そう、まずは状況説明をするのが最優先だからですね。特に登場人物の位置関係は、きちんと観客に把握してもらわないと、まったくわからない動画になってしまいます。その状況説明をあえて後回しにするのが基本構文の倒置法で

す。

　まずは、やってはいけない倒置法の例を解説します。

　前者は昔、ビールか缶コーヒーかなにかのCMでこんなようなのがあった
なぁ、というものをうろ覚えで再現したもの。後者は昔、本当にあった保
険（だったと思う）のCMです。

　前者を解説します。状況説明をしない、さらに第2カットの時点では完
全にイマジナリー・ラインを破るという「反則」を2つ同時に犯していま
す。あえてルール違反をするにしても、1つまでにしましょう。同時に2つ

犯せば観客が混乱するのは当然です。第3カットで、実はこういう位置関係でした、というオチにしたかったのかもしれませんが、オチてません。オチというのはストーリーにこそあるものであって、編集にオチもへったくれもありません。つまり、これは単なる編集ミスです。間違った編集です。

　後者は1カット長回しのため厳密には編集ではないのですが、ズーム・アウトをカットだと考えてください。逆さまの少女が一生懸命保険の宣伝文句をしゃべっているのですが、見ているほうは逆さまなのが気になってなにも耳に入ってきません。ズーム・アウトしてヒキになると、鉄棒に逆さまにぶら下がっていました、ということなのですが、一体それがどうした？　だからなんだ？　という話です。保険と、逆さまにぶら下がっていることと**がまったく関連性がないので、宣伝効果はありません**。やった人は、上の例では第2カットでイマジナリー・ラインを破っているかのように見えることが、下の例では少女が逆さまであることが印象に残る、あるいは視聴者の目を引くとでも思っているのでしょうが、ヘタだということが印象に残るだけであって、商品はまったく印象に残りません。むしろ、ヘタだという印象の強さに商品の印象がまったく消されてしまっています。つまり逆効果です。その証拠に、あまりのレベルの低さのため今でも覚えているのに、どちらもなんのCMだったかはまったく覚えていません。おもしろいと思う人もいるのかもしれませんが、それは「出オチ」というレベルの低いおもしろさでしかありません。「出オチ」とは、最初の状況をそのまま見せるだけのギャグのことで、そこにはなんの変化もなく、落ちてさえいないという、あらゆるギャグの中で最も低レベルなものの1つです。なんの変化もないので、見せた瞬間に終わってしまいます。なので、最初に出さずに倒置法にすることが専らです。「いないいないばあっ!」と同じです。最初から「ばあっ!」だとそれで終わってしまうので、頭に「いないいない」を付けたわけです。おおよそおもしろがるのは赤ちゃんくらいのものですが、赤ちゃんでさえ本当におもしろがっているのかどうかは定かではありません。

　さて、酷い解説の仕方をしていますが、そうです、みなさんにはできる
だけ使ってほしくないのです。コメディーの映画やドラマではしばしば有
効に使われていますし、倒置法そのものに罪はないのですが、手軽で簡単、
一見効果も高そう（見る人への負担が大きいことを印象が強いことと勘違いしている
のです）なので、低レベルの人が好んで無意味に多用する傾向があるのです。

　前にも書いたと思いますが、いい編集とは「違和感のない編集」のこと
です。この２つのような強引に意味もなく違和感を出しただけの編集は、単
にヘタクソなだけです。こういうのをアトセツ（あとから説明の略）といいま
す。「アトセツ」は「行って来い」と同じ否定的な言葉で、NGのときにだ
け使います。編集用語ではありません。構成表でも台本でも、先に説明が
必要なのにあとから説明している場合に「そんなのアトセツだろう、ダメ
だNG」などと使います。

　この２つを本来の形に戻してみましょう。

　こうすればなんでもない流れで、どこにもなんのおもしろみもありません。おもしろくないことは逆につないだところでおもしろくはなりません。

正しい倒置法の使い方

　では、倒置法はどう使うべきなのか？　どうやったって倒置法はアトセツになるわけですから、説明を後にするだけの意味・理由があるときにだけ使うべきです。たとえば、状況そのものがとてもおもしろい状態であるときです。おもしろい状態を先に見せちゃったら、それで終わってしまうので盛り上がりに欠けますよね。だからわざとじらして「あれっ？　なんか変だぞ」と思わせ関心を高めておくわけです。そこでそのおもしろい状況を見せれば、そのおもしろさが倍増するわけです。「演出は先に来る」、「モンタージュは後ろの画に付加価値を付ける」ことを思い出してください。ですから、そもそもその「最初の状況」がある程度はおもしろくなければいけません。上の2つの例は、並んで座っているという状況も、鉄棒にぶら下がっているという状況も、なにもおもしろくありません。まったくおもしろくないことは、後から説明されたってやっぱりおもしろくはありません。ゼロは何倍してもゼロなのと同じです。

　正しい（?）倒置法の例を出しておきます。動画ではなく、漫画の「パタリロ!」（「ラシャーヌ!」だったかも）にあった例です。

 ▶  ▶

　第3カットのAの座り方はすでにおもしろいですよね。これをただ見せるより、もっとおもしろくすることができます。だから先にBがおかしいのではないかと思わせておいて、最後に実はおかしいのはAでしたと後でひっくり返すわけです。説明（ネタバラシ）を後にしている意味・理由がありますよね。ネタ（最初の状況）そのものがおもしろくなければ、後からバラす意味もありません。

▶ いいアトセツ

　倒置法ではないのですが、先に状況説明をわざとしなかったために、感覚的に倒置法っぽくなっちゃった例を、いいアトセツの例として紹介します。「状況説明を後ろでしかしない」＝**アトセツにしたことに意味がある**ことが重要です。

　またもや、うろ覚えシリーズです。「オースティン・パワーズ」だったか「ホット・ショット2」だったか、はたまたもっと別のギャグ映画だったか、調べてみてもわからなかったのですが、その手の映画の1シーンです。ランボーもどきの男が岩盤の小さな丘みたいなところの麓までやって来ると、稜線に敵の親玉が待ち構えていて戦闘になります。親玉がマシンガンを撃ちまくりますが、ランボーもどきの男にちっとも当たりません。どんどん距離を詰め、悠々と弓を構えるランボーもどき。さらにムキになって撃ちまくる親玉。パッとヒキになると、なんと2人の距離は1mほどしか離れていないというギャグシーンです。状況説明のヒキ画を後ろだけにしています。これなら「アトセツにした意味」がよくわかってもらえると思います。

　第2カットでランボーもどきが弓矢しか持っておらず、応戦しないで距

離を詰めようとしていることから、観客は2人の距離は弓矢では届かない、もしくは確実な命中がおぼつかない遠距離なんだと思うわけです。その後、マシンガンが全然当たらない中で弓矢を構えるので、「マシンガンがちっとも当たらないほどの距離なのに、このマッチョマンは弓矢で射抜いちゃうのだろう」と予想してしまうわけです。ところが実は弓矢もいらないほどの近距離になっていました、というオチです。アトセツがちゃんとストーリーのオチ（変化の結果）になっています。このシーンでは2人の距離が変化していくわけですが、その変化の過程、途中でどのくらい詰めたのかをわざと見せないでおいて、アトセツにしているからギャグになるのです。先に2人の距離を見せちゃったらギャグにならないの、わかりますよね？

　この例は、最初や途中にあるべき状況説明の画を省いているだけです。最後のヒキ画は、ただの基本構文の「ヒキで終わる」の画であって、「最初の状況説明の画を最後に持ってきた」といった構造ではないので、倒置法ではありません。かといって、状況説明を省略しても視聴者が状況を推測できるようになっていない、つまり省略が成立している訳ではないので、省略法でもありません。一方で、最初や途中にあるべき状況説明の画がないために「状況を見せてくれないことに対する違和感」があるところは倒置法と同じです。そのため倒置法に似ている感じがするのです。そして最後に「アトセツ」で状況が説明されて初めて成立するところも倒置法と同じです。成立させるための状況説明が後からされるから「アトセツ」です。本来アトセツはNGですが、この例題の場合はアトセツでなければギャグにならないですよね？　これが「アトセツにした意味」であり、ちゃんと意味があるからこれは「いいアトセツ」なのです。基本通りにつないだらおもしろくなくなってしまうところを編集技法で笑わせるという、とてもいい例なので紹介しました。「アトセツにする意味」というものがおわかりいただけたでしょうか？

　倒置法などのイレギュラーな手法は、観客に混乱や違和感といった大きな負担をかけるので、頻繁に使ってはいけません。100シーン中、1～2シ

ーンで使うくらい（2%程度）じゃないでしょうか？　それをCMでは大勢が「自分だけ」「今回だけ」は大丈夫だろうと安易に使ったせいで、あれもこれもが倒置法になってしまい、そんなテレビを見て育った人たちは、一体なにがまともな編集なのかわからなくなってしまったのです。

▶ 基本文法の倒置法　〜アクション先①〜

　基本文法を逆にして、動作の主と動作を逆にする倒置法です。コア・カットの順番を変えるわけですから、ストーリーが変わってしまわないように気を付ける必要があります。動作を先に見せておいて「この人がやりました」とアトセツするのですから、「この人が」の「が」を、つまり「てにをは」をしっかり見せてあげなければいけません。

　イントネーションとしては、アクションで一回下げます。「アクション・先」という感じ。「アクション」と「先」をつなげる感じにはしません。まぁ、別にどっちでもいいと思うけど。

　省略法で使った例をもう一度出します。

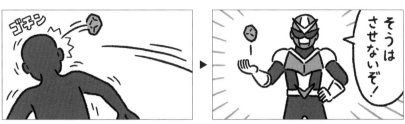

石をぶつけるというアクションを先に見せてから主役がもったいぶって登場！

「石をぶつける」という動作を先に見せておいて、正義の味方（動作の主）が後から登場しました。この例のように、石を投げる腕だけを一瞬見せるやり方もありますが「投げる」という動作すらも見せない方法もあります。いずれも顔は絶対に写しません。そして犯人が「いてぇ！　何者だ!?」というとヒーローが登場するわけです。

　注目してほしいのは、ヒーローが登場したときに必ずその手に「次に投げる石」を持っていることです。もう石の役目は終わったのだから本来はいらないはずなのですが、石を持っていないとだれが石を投げたのかがわかりにくいから、必ず石を持たせます。動作の主がだれであるかをはっきりさせるために石を持たせるのです。これが映像での「てにをは」にあたります。「ルールを破るためのルール」ですね。

　銭形平次が銭を投げるシーンは常にこれです。銭が飛んできただけで投げたのは平次だとわかるだろうに（他にお金投げるヤツなんていねぇよ）、それでもごていねいにその手に次の銭を持たせているはずです。その「次の銭」は投げないんだけどね。

▶ **1カット内での倒置法　〜アクション先②〜**
　今度は、1カットの例を出しましょう。

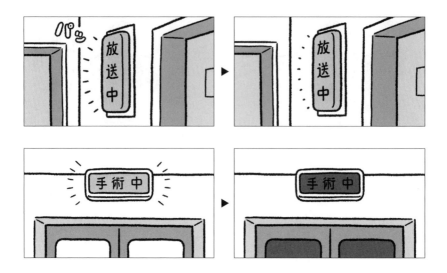

　消えている放送中のランプが点くというカット。まずランプが点いて、な
んのランプだろう？　とよくよく見ると放送中と書いてある、となるように、
つまりランプが点く10フレくらい前にイン点を打ちます。厳密には点く前
のランプを先に見せているのですが、10フレ程度だとなにが映っているの
かを意識できることはないので、アクションを先に見せる形になるから「ア
クション先」です。「なにかが動くことで注意を引き、なんだろう？　と思
わせ、よく見ると〇〇でした」という見せ方です。

　戦隊ヒーローものでも、名乗る前にまず簡単な動きを入れてからポーズ
を決め「アカレンジャイ」などと名乗りますよね。あれもまったくこれと
一緒です。これらは1カット内のことのため、倒置法とはいいません。ス
トーリー上の「だれがなにをした」をひっくり返したわけではなく、単に
「物を写す際、先に動きを入れました」「動作をアイ・キャッチにしました」
というだけのことです。でも、やっていることは倒置法そのもの、かつよ
く使われる手法なので、倒置法の項目に入れておきました。

　動きがあってこその動画であることを考えると、わりと積極的に使いた
い手法ではあります。だがしかし、いつもいつも使ったのではうっとうし

い動画になります。そしてもちろん意味も考えて使わなくてはいけません。

　たとえば手術中のランプが消える場合は、ちょっと長めにランプが点いているところを見せておき、長いなと思ったところで消えるようにします。つまり、アクション先にしてはいけないということです。強いていうなら「アクションちょっと後」です。こうすることで「長く難しい手術が終わった」という意味が出ます。わりとすぐに消えちゃうと「簡単な手術がとっとと終わった」という意味になるので、たかがイン点を打つところ1つでいろいろ変わるものだなぁとしみじみと感じ入ってください。

　地味なことだと思うかもしれませんが、こういうところにこそ編集のうまい・ヘタが出るものですよ。

まとめ

- ○ **倒置法**
  基本の順序と逆にする手法
- ▶ **基本技**
  状況説明を後回しにする（基本構文の倒置法）
  動作の主と動作を逆にする（アクション先：基本文法の倒置法）
  逆にしたことに正しい狙いがあるときしか使ってはいけません

マッチ・カット

近藤真彦の髪型のことではありません。……古いかっ!

　これは、主に映画・ドラマなどの長編ストーリーの中で、**シーンとシーンのつなぎ目で使われる手法**です。つまりコラージュ編集だけで使えます。シーンとシーンのつなぎ目というものは、場面が変わっているのですから、まったく時間・空間はつながっていません。だけど、前のシーンと次のシーンとを対比させているとか、流れを途切れさせたくないというようなときに使われます。また、雰囲気の似たような2つのシーンをつなぐときにも、シーンが変わったことを**強調するために**使われることもあります。

　マッチ・カットの前後2つのシーンにそれぞれちゃんとストーリーもしくはアクションがなければ、マッチ・カットにはなりません。通常、コラージュ編集といえどもストーリーのないイメージ映像同士ではビジュアル・マッチ・カットにはならず、単なる同ポジにしかなりません。まぁ、やる意味もありませんが。

マッチ・カットの種類

「画をマッチさせるマッチ・カット」のことを「ビジュアル・マッチ・カット」といいます。覚えなくていいです。でもこの言葉すごく深い意味があるんですよ。これを日本語に訳すと「ビジュアル」というのは「視覚的な、見た目、エヅラ」で、マッチは「一致させる」ですね。つまり「エヅラを一致させたカット」という意味です。「一致させた」だけであって、「つ

ながってはいない」ことを理解してもらいたいのです。「一致させた」というのは「似ている」というだけで、関係性はなにもありません。「ビジュアル・モンタージュ・カット」でもなければ「ビジュアル・コネクト・カット」でもありません。「見た目を似せただけで、つながってはいないよ」という意味の名前なのです。マッチ・カットのみならず、あらゆるジャンル、あらゆる場面でマッチ（一致）とモンタージュ（つながっている）を混同している人は、プロの中でも多いように見受けられます。

　もともとシーンとシーンのつなぎ目なので、つながるわけがないのはおわかりですね。**「カットでつながらないものは、なにをやってもつながらない」**のです。これ大事なことです。これは覚えてください（笑）。カットでつながらないのならば、OLしようが、エフェクト（トランジション：OLやワイプなど場面転換用エフェクト効果の総称）しようが、マッチ・カットにしようが「つながらない」のです。つまり、マッチ・カットはエフェクト（装飾）の一種だといえます。

　マッチ・カット自体にはあまり深い意味はなく、単に本来つながるはずのないカット目を、エヅラ、音もしくは動作だけつながっているかのように見せかけておもしろがっていることが多いです。映像のダジャレなのです。

　マッチ・カットはコラージュ編集でしか成立しません。1つのシーンの中で（つまりモンタージュ編集で）ビジュアル・マッチ・カットをやったら、それは単なる「同ポジ」になってしまうだけです。第3章「ストーリー」のところで、田中将大投手の同ポジ3連発ってありましたよね。あれがそうです。マッチ・カットには他にも、音を一致させる「サウンド・マッチ・カット」と、動きを一致させる「アクション・マッチ・カット」がありますが、やっぱり名前を覚える必要はありません。

▶ **ビジュアル・マッチ・カット**

ビジュアル・マッチ・カットは、簡単にいえばエヅラが「似ている」というだけです。単にマッチ・カットといえば普通ビジュアル・マッチ・カットのことです。「ビジュアル・マッチ・カット」という言葉は英語のサイトにはありましたが、日本では聞いたことはありません。覚える必要はありませんが、マッチ・カットという言葉は覚えておいたほうがいいでしょう。

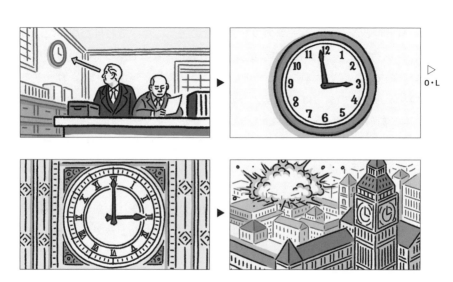

　アナログ時計の文字盤は、どの時計も同じようなものなのでよくマッチ・カットに使われます。前のシーンのラスト・カットである壁掛け時計と次のシーンのファースト・カットである大時計をカット、もしくはOL（オー・エル：オーバー・ラップの略）させるのが元来の古いやり方です。この例の場合は、前のシーンと後のシーンが同じ時間であることを強調するためにマッチ・カットが使われています。でも、同じ時間であることを強調するには別の見せ方だってあるわけで、実は一番の狙いは、先のシーンのラスト・カットと次のシーンのファースト・カットを似たような画（本来は好ましくない「同ポジ」）にしておもしろがっているだけなのです。映像のダジャレですから。

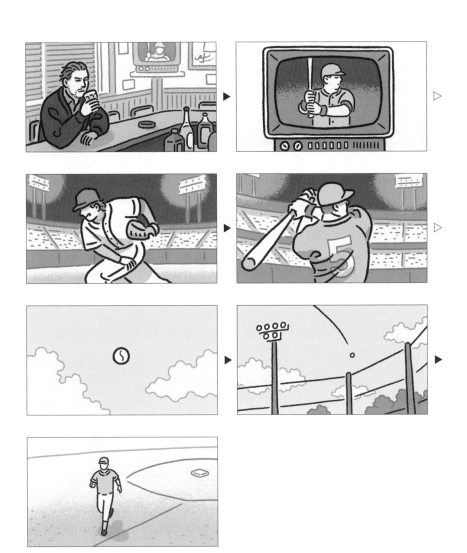

　なんという映画か、どうしても思い出せないアメリカ映画（テレビ映画か?）の1シーンをうろ覚えで再現してみました。3つのシーンがあります。まず、バーのカウンターで酒を飲む主人公、画面右上ではテレビが大リーグのナイターを中継しています。画面はズーム・インでテレビの中へ入っていきます。テレビ画面の荒れた画質の画が大写しになり、OLだったかカットだ

ったかできれいな同じ画になり、ここからテレビの中のナイターのシーン
になります。写っているのはその当時の本物の超有名打者なのでしょう、著
者にはだれだかわかりませんが。ピッチャーが投げて、このバッターが打
ちます。会心の当たり！　白球が夜空に舞い上がる〜、と思いきや、なぜか
白球の周りは明るい青空です。どう見ても昼間です。おかしいなぁと思い
ながら見ていると、白球は観客席もなにもないただの金網だけのフェンス
を越えて、その向こうの荒れ地に落ちていきます。そして2塁を回り黙々
と走る主人公のフル・ショット。青空からあとは、翌日の主人公の草野球
でのホームランでした、という流れです。

　白球が空に舞い上がったところがマッチ・カットです。打者が会心の当
たりを打ったー、となったら、次には普通夜空を飛んで行く白いボールの
画が来ます。ところがここでは昼間の青空を飛んでいく白いボールになっ
ています。これを古いやり方でやるならば、夜空を飛ぶ白球の画、その画
が青空を飛ぶ白球の画にOLしていって草野球のシーンになるという手順を
踏むことになります。その場合、OLが時間の経過を表すことになるのです
が、この映画では「夜空に白球」の画を省略してしまっているのです。こ
のほうが素早く場面転換でき、意外性も大きくなります。

　時間経過を表さなくていいのか？　ということになるのですが、時間経過
を表すためにわざわざマッチ・カットにしているのではないのです。では
なんのためなのか？　華やかな大リーグとみすぼらしい草野球との対比を強
調しているのです。前のシーンも後のシーンも似たような野球のシーンな
ので、場面が変わったよということを強調する意味もあります。そこで青
空です。本来は夜空のはずなのに、青空を見せることで「あれ?」と思わせ
るのです。**わざと違和感を与える**ことで強調しているのです。観客は草野
球のシーンだとわかると、はっきりとシーンが変わったことを認識するの
です。違和感がなければ同じシーンだと思ってしまいますから、場面転換
の際には必ず違和感が必要です。その違和感を、一見つながっているかの
ように見せかけることでより強調しているのです。

　でも、より強調しなければならない必要性だって特にありませんね。ではなぜマッチ・カットにしたのか。それは**おもしろいから**。意味がないわけではないけれども、マッチ・カットの一番の理由はいつだって「おもしろいから」なのです。映像はどこまでいっても「お遊び」です。作って楽しむ、見て楽しむ。いずれにしろ、楽しむものです。遊び心をなくしてはいけません。ほら、視聴者を楽しませようという気のない番組（報道とかドキュメンタリーとか）にはマッチ・カットなんて出てこないでしょう？ マッチ・カットは、見ている人を楽しませようという（本人も楽しんでいるけど）遊び心の表れなのです。

　だからといって、やっぱりしょっちゅうやってはいけません。これも「違和感を与える」手法なので、観客に大きな負担をかけます。1つの映画の中で1〜2回程度でしょうか。

▶ **サウンド・マッチ・カット**
　この言葉も英語のサイトにはありましたが、日本の現場では聞いたことがないですね。「音で場面転換」とかいうのでしょうか。

　第4カットの音は、布団たたきの音です。人を殺すところをはっきり写さないために使われることもよくある手法です。「銃を撃った」という表現なのですが、銃の音は聞かせていないので、あとになってから「実はあの時撃っていなかった」という話もよくあります。それもまぁ「反則」ですけどねぇ。

▶ アクション・マッチ・カット

　この言葉も（略）。日本では「アクションつなぎ」というらしいです。「動作」あるいは「動作の方向」を合わせてつないでいるのであれば、シーンの中でも、シーンとシーンのつなぎ目でも「アクションつなぎ」という言葉を使うようです。従来の日本人はモンタージュとコラージュを分けられていなかったからでしょうね。でも著者のいた現場では使いませんでした。通常の「アクションつなぎ」のことは「動きがつながっている」とかいっていました。アクション・マッチ・カットのことは特になんとも……。アクション・マッチ・カットは滅多に話題にも上りませんからねぇ。「動きを合わせた」とか「動きを揃えた」とかいうのでしょうね。

ボールの動き、方向を一致させた「アクション・マッチ・カット」の典型例。

　ありがちなやつですね。ボールを投げた方向、飛んでくる方向を合わせて、全然別の場所なのに「投げたボールを受け取って、次へ受け渡していく」みたいに見せる手法です。これはシーンとシーンのつなぎ目でやる、コラージュの「アクションつなぎ」で、原初的な方法です。

　同じシーンの中の動作の途中でつなぐことも「アクションつなぎ」といいますが、こちらはマッチ・カットとはいいません。

マッチ・カットではないアクションつなぎ。アクションの途中で普通につないだだけ。

　アクションつなぎの一例です。動作の途中でつないだというだけで、い
わゆる普通のモンタージュ、代理カットのつなぎ方ですね。うまくつなが
っていないと「ラップ」か「ジャンプ・カット」になります。著者のいた
現場では単に「カットを細かく割る」とか「カメラを切り替える」などと
いっていました。

2通り考えられる例

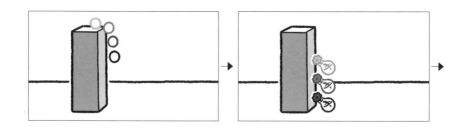

これもアクション・マッチ・カット。モンタージュだというのであれば、アクション・マッチ・カットではなく
「魔法かなにかでボールが一瞬で花瓶に変わった」という表現になる。

　もはやシーンが変わったのか、ボールが花瓶に変身したのか、なにを伝えたいのかさえわからない映像ですが、ミュージックビデオなどのイメージ映像ではたまに使われますね。普通はボールがはねるかと思いきや、パリーンと割れるという「違和感を楽しむ」ものでしょう。

　違和感を楽しむのならば、この映像はコラージュだということです。コラージュなのだからシーンが違い、シーンが違うのだからストーリーにはなっていません。ボールと花瓶はなんのつながりもなく、ボールが花瓶に変身したわけではありません。被写体以外の状況や背景はすべて同じですが、「一致」しているだけでつながってはいません。なぜなら時間軸がつながっていないからです。場所だって、そっくりに見えるだけの違う場所かもしれません。つまり、別々のシーンをアクションだけが一致するようにくっつけたということです。言葉で表すならば「ボールが落ちていきます。（段落替え）　ところで、花瓶が同じような状況で同じように落ちて割れました」、これがアクション・マッチ・カットです。

　もしこれはモンタージュなんだ、シーンは変わっていないんだというのであれば、場所も状況もまったく同一で、時間軸もつながっているということになります。だからカット目のところのボールが、1／30秒後に花瓶に変身したということになるのです。魔法かなにかで一瞬にして花瓶に変わったという表現になり、それはアクション・マッチ・カットではありません。言葉にすれば「落ちたボールが、途中で花瓶に変わって割れてしま

いました」になります。ほら、2つのカットが1つのストーリーになりました。ボールと花瓶が見事につながりました。これがモンタージュであり、これが「カットがつながる」ということです。編集をモンタージュとコラージュに分ける意味がわかってきたでしょう？ 物理的にはまったく同じことをやっているのに、モンタージュかコラージュかで表現していることが変わるのです。

まとめ

- **マッチ・カット**
  エヅラか音か動作をマッチ（一致）させることで違和感を与え、シーンが変わったことを強調するオシャレ技

  コラージュ編集でしか成立しない

  前後のシーンがシーンとして成立していないとただの同ポジになる

  ⇒番組系動画でしか、まず使われない

Chapter 6 > 4

ラップ

1つのカットの中で一部分を何度か繰り返す編集法です。重要なところを何度もしつこく繰り返して見せることで強調します。目的は、スロー・モーションとまったく同じです。また、同じシーンの中で時間軸を戻してしまう唯一の例外的手法です。

ポイントとなるところを短く繰り返します。3回繰り返すのが基本です
が、2回だってラップであることには変わりありません。上の例は1つのカ
ットの中で一部分を繰り返す方法で、これが基本形です。ミートした瞬間
をよく見せたいのならば、スロー・モーションにします（普通ラップとスロ
ー・モーションは併用はしません）。また、3回目のミートした瞬間でストップ・
モーションにするのもよく使われる手です。発展型として、繰り返すたび
にアングルが変わる方法もあります。

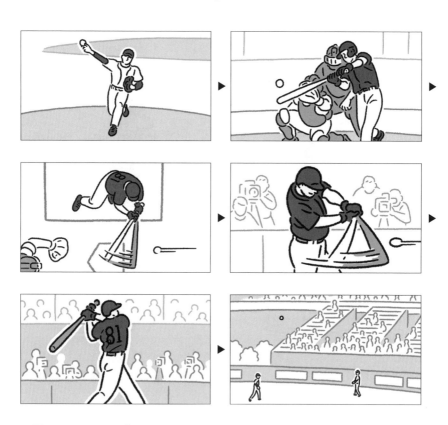

　繰り返すたびにズームしていく方法もあります。

　繰り返しているところは、打つ直前からボールがバットに当たった直後までの1秒にも満たない部分です。打った直後からすぐにカットで打つ直前につなぎます。同じシーンの中で時間軸を後ろに戻しているのですから、これは言うなれば後ろ向きのジャンプ・カットなのですが、ラップの場合だけは許されます。

　ジャンプ・カットで戻るかわりに、逆回しにする方法もあります。DJがターンテーブルでキュコキュコさせるスクラッチのように、行ったり来たりさせる方法です。行ったり来たりするのでコミカルな動きになります。なので、上記のようなまじめなシーンでは使いません。イラストにすると同じなので、イラストは省略です。

禁止事項

　原則として**カットをまたいでラップはできません**。本来、同じシーンの中で時間を戻すのは反則なのに、ラップは特例としてやっているわけです。いくら特例といえども同じカット内でしか戻せない、と考えてください。カット目を飛び越えて、2つも3つも前のカットの時間まで戻るのはいくらなんでもやりたい放題過ぎる、ということです。実際一回が長くなると、視聴者が時間軸を見失ってしまい、繰り返しなのか別のシーンなのかがわからなくなりますし、「繰り返し感」が無くなりラップとしての効果も失われます。

　サッカーの中継中に、VTRで同じゴール・シーンが何度も流れたりしますね。数カットにまたがったゴール・シーンの一連の流れを何度も繰り返し見るのは、ラップとはいいませんし、意味も目的も違います。確かにやっていることは数カットにまたがったラップだともいえますが、あれは中継だから許されるのであって、編集ものではやってはいけません。中継のスイッチングと編集は違うのです。中継はリアルタイムなのですから、当然「事件」が起きたときにその部分をラップさせるわけにはいきません。だから、一段落してからVTRで振り返るわけですね。その間にも時間は流れていきます。編集ものでは、そんなに時間軸を戻す必要性はないはずです。中継映像は記録映像です。記録映像を何度も見返すのとストーリーの時間軸が戻ることとはまったく次元が違うのです。

応用編

　普通の人の目はカットが変わった瞬間、なにが写っているのか即座にはわかりません。カット頭から5フレくらいは、なにも見えていないのです（それを悪用してよからぬ画を1〜数フレ挟むのがサブリミナルです）。そこでラップを使って滑らかに見せる方法があります。

　第1カットのイラストはアウト点、第2カットのイラストはイン点です。第1カットと第2カットのつなぎ目で、ほんの5～10フレくらいダブらせるのです。第1カットのカット内ストーリーは「田中投手が投げた」です。ここでは田中投手が主役なので、田中投手にアップのままで投げ終わってほしいのです。だから、第1カットは投げ終わって投げた手が左ひざのあたりまで行ったところまで見せます。そこで第2カットになるのですが、リアルタイムだとその時にはもうボールがホームベース近くまで行っちゃっているのですよ。そのため、時間軸に忠実につなぐとバッターが三振するところを、余裕を持って見せることができません。なので、第2カットの頭でちょっとだけ時間を戻して、ボールがピッチャーの手を離れる直前くらいを第2カットのイン点にします。

　冷静に見ると2回投げている（ラップしている）のですが、このほうが滑らかにつながっているように見えます。逆に、スイッチングで切り替えたようにドンピシャのタイミングでカットを変えると、ちょっとジャンプしたように見えます。人間の目が切り替えについていけないので、カットが変わった瞬間の5フレくらいが認識されないからです。

この例は「繰り返し見せたいからラップにする」のではなく、滑らかに見せるためにラップにしているため、厳密には「ラップ」という手法ではなく「アクションつなぎ」のつなぎ方の手法になります。

　今回の例題のように、「主役が投げた」というような大事なイベントの最中にカットを切る場合には、10フレくらいダブらせて、はっきり2回見せちゃったほうが、見ている人の満足度が高くなります。我々編集している人間にははっきり2回見えますが、たぶん家庭でテレビを見ている一般視聴者には2回に見えていません。視聴者はそんなに一生懸命、目を皿のようにして見ているわけではないのです。でも「田中投手が三振を奪った」感が強くなるのです。

Chapter 6 > 5

フラッシュ・バックと
コンフリクト・モンタージュ

フラッシュ・バック

　時間軸の扱いについてよくラップと混乱されているのは、フラッシュ・バックで入る回想カットです。フラッシュ・バックとはピカッと一瞬だけ過去の映像を入れる手法で「脳裏をよぎる」のを表すときに使われます。これは時間軸をいじってはいないことに注意してください。フラッシュ・バックで回想のカットが一瞬入ったときは、視聴者の心は過去には行きません。現在のままです。回想を別シーンとして立てるかフラッシュ・バックで処理するかは、視聴者の心を過去に飛ばしたいのか、現在のままにしておきたいのかで決めるのです。

フラッシュ・バックでは時間軸は戻らない。

　最初のカットは別のシーンです。これを午後4時だとしましょう。そして、その後のシーンは夜8時だとします。田中投手が大谷選手の予告通りホームランを打たれてしまった、というシーンです。田中投手の頭の中を午後4時の大谷選手のインタビュー画像がよぎりますが、田中投手の頭の中では妄想が膨らんでいて、大谷選手がすごくいやらしいヤツになってしまっている、というストーリー。日本に帰るっ、はお遊びです。本物の田中投手が帰国した理由は、大谷選手に打たれたからではありません。多分。

　第6カットが問題のフラッシュ・バックです。ここには第1カットとまったく同じ画を使うこともよくありますが、今回はわかりやすくするために違う画にしました。こうすれば、時間軸が戻ったわけではないことがよくわかってもらえると思ったからです。そう、第6カットは午後4時に戻ったのではなく、今の（夜8時の）田中投手の頭の中を映像化しているのだということです。そしてこのカットは、明らかに前のカットとも後ろのカットともつながっているとはいえませんよね。なにせこのカットだけ次元が違うわけですから。一つのシーン内にコラージュ編集を混在させること

ができるのは、このフラッシュ・バックと次に紹介するコンフリクト・モンタージュの2つだけです。なのでこの2つを1つの節にまとめてあるのです。

　こうすれば時間軸が戻ったのではなく、今現在の田中投手の頭の中であることがもっとよくわかってもらえるでしょう。そして同時に、フラッシュ・バックは合成と同じことだということも頭に入れておいてください。

コンフリクト・モンタージュ

　あるシーンに、まったく脈絡も関係もないイメージ映像を放り込むことで、イメージの強引な押し付けをするという手法があります。あまりお勧めできない手法ですが、超短尺番組では頻繁に使わざるを得ないので、解説しておきます。

　たとえば、とある映画の中に戦艦の甲板上で将校が短い鞭を振り回して、陸地に見とれている水兵たちを艦内へ追い立てているシーンがあったとしましょう。これに、突然農場で農夫が豚の群れを鞭で追い立てているカッ

トをぶつける（差し込む）とどうでしょう。

将校が水兵を追い立てる画に、農場で農夫が豚を追い立てる画をぶつけると……。

「旧帝国の将校（＝貴族）は水兵（＝市民）を家畜のように扱った」とイメージ付けしているのです。ストーリー的なつながりのない映像が放り込まれるわけですから、このイメージ・カットのイン点とアウト点は当然時間・空間・状況がつながりようもありません。だから、当然コラージュ編集です。

　ところが、豚農場の画は動いてはいますが、変化はなく、ストーリーはありません。つまり静止画でも意味は同じだということです。そして、ここから豚農場の話に舞台が変わるということでもありません。ですから、差し込まれた豚農場は1つのシーンとして成立しておらず、あくまでもただのイメージ画像でしかありません。シーンとして成立していないのだから、別のシーンではなく、甲板上のシーンの一部だともいえるのです。ならば同じシーン内のつなぎ方ということでモンタージュの一種ではないかと、この手法の提案者は主張しました。

　モンタージュであるような、ないような。ということでしょう、この手法を提案したロシア人映画監督は「コンフリクト・モンタージュ」と名付けました。「コンフリクト」とは「馴染まない」「相容れない」「両立しない」といったような意味です。カットが「相容れない」のですから、それは「つながっていない」ということです。つまり「つながってはいないけど同じシーン内での編集法」という意味で、こんな名前にしたのでしょう。

　さて、コンフリクト・モンタージュを分析してみましょう。この映像を、無粋ながら言葉にしてみます。

「旧帝国の将校は水兵を鞭で艦内に追い立てました。その様子はあたかも、農場の農夫が豚を豚小屋に追い立てるようでした。この時代、貴族にとって市民は家畜同然だったのです」

　これではまるでドキュメンタリーのナレーションのようですね。ただし、どちらのカットも「記録映像（本物映像）」でなければ証拠能力はありませんから、ドキュメンタリーとはいえません。ドキュメンタリーっぽくなってしまったのは、今回の例では伝えようとしていることが思想的なことだからであり、技法的な問題ではありません。伝えようとするものが思想的・社会的なものでなければ、ドキュメンタリーっぽくなることもまぁないでしょう。

　このナレーションに映像を挿し絵のように当てれば、イラストの編集と同じものになりますね。カット目は「あたかも」のあたりになります。編集は紙芝居編集ですから、やはりこれはモンタージュ編集ではなく、コラージュ編集だということです。

　これを言葉は一切使わず画だけで見せているところは、さすが映像作家といえます。しかし、ストーリーでこそ表すべきテーマをイメージ映像で答えを出してしまっては、ストーリーをつづる意味＝映画を作る意味がなくなってしまいます。今回の例も、「貴族にとって市民は家畜同然だった」ということを表現したいのならば、「映像でつづったストーリー」でそれを感じさせるのが映画だよね、という話です。基本的には芸術で使うべき手法ではなく、現代では娯楽映画でたまに使われるくらいでしょう。芸術としての映画以外の動画で使う分にはまったく問題はありません。実はこれ、まさに番宣やCMといった超短尺ものでこそ頻繁に使う手だったりします。

 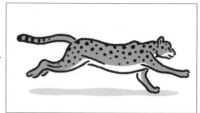

チーターと車。全然関係ないのですが、イメージ付けをしているのです。

　CMでこんなのが昔あったような気がします。走っている車がモーフィング（グニャッと液体のようになって別のものに変身する特殊効果）でチーターに変身。こうすると「チーターのようにワイルドに機敏に速く走る車」というイメージになるでしょう？　CMや番宣は尺が極端に限られているので、このように強引に手っ取り早く印象付ける必要があるのです。

　これまたうろ覚えですが、著者がNHKで会長賞を頂いた作品です。真ん中を数カット端折ってあります。タイガーウッズだからトラを合成したというだけのベタなダジャレですが、よく考えてみるとこれもこの手法ですよね。トラのカットを放り込んだだけではなく、合成で入れたところが現代的です。

　コンフリクト・モンタージュが提案された時代には、まだ合成がなかったのでしかたなくカットで放り込んだのでしょうが、実はこれ現代なら、上2つの例のように合成すれば済むことなのです。つまりその本質は、特殊効果の類であって、編集ではありません。たとえばお部屋の芳香剤のCMで、森林の香りの芳香剤を置いた瞬間にソフト・ワイプで部屋の背景が森林に早変わりするものがありました。これもコンフリクト・モンタージュですね。

　制作者の思想的な画を入れることをコンフリクト・モンタージュだと考えている人もいるかもしれませんが、思想と技法は関係がありません。ドキュメンタリー以外では、思想的なイメージ映像を挿入するのはやめたほうがいいでしょう。まず報道（ニュース）では思想を押し付けるなど論外ですからあり得ませんよね。映画・ドラマといった芸術系の動画では、主義・主張・思想をストーリーで表現する分には芸術として許されますが、甲板上のシーンのように映像や文字・言葉で直接押し付けるとドキュメンタリーや論文のようになってしまい、芸術からは遠ざかります。いうなればドキュメンタリーは映像でつづった論文であり、論文と芸術は両極に位置するものです。直接押し付けず抽象的に表現して「感じてもらう」のが芸術です。一

般番組では、技法的には使ってはいけないというものではありません。ただ、一般番組は主義や思想を主張するものではなく、より多くの人に楽しんでもらおうというものであるはずですよね。思想的なものは同じ思想を持つ人にしか楽しめないものになるわけですから、一般番組としてはどうなのさ？　ということです。CMや番宣ではコンフリクト・モンタージュ自体は頻繁に使わざるを得ませんが、思想的なものはやっぱり歓迎されませんね。またドキュメンタリーでは、思想的なイメージ映像を入れること自体はあるでしょうが、ストーリーで見せている場面にイメージ映像を入れるとストーリーで見せている意味がなくなるので、イメージ映像を使うならコラージュ編集の部分になるでしょう。ということは、ドキュメンタリーでもコンフリクト・モンタージュはまず使われそうもありません。

　自分でさんざん使っておいてこんなことというのもなんなのですが、ストーリーをつづる方法ではないので、あまりみなさんにお勧めできる手法ではありません。もし映画で使うとしたら、バルタン星人が人間に化けて地球に潜入しているという場合、「この人、バルタン星人です」ということをわからせてあげるために、人間とバルタン星人の画を交互に短く3回くらいフラッシュ・バックみたいにパカパカさせてやるとか、その人の後ろにバルタン星人の姿を合成するとか、そんな使い方でしょうか。かなりダサいですね。もはや「コンフリクト・モンタージュ」などという大層な名前で呼ぶ必要はない気がしますけども。十分我々をコンフリクトはさせてくれますが、合成なんだから編集じゃないし、そもそもモンタージュ編集でさえないし。報道系動画ではまぁ出番はないでしょうし、一般番組で使っても問題があるというわけではありませんが、超短尺をやる人以外は覚える必要はまったくありません。が、超短尺をやるのならば、これを知らなければ仕事になりません。

　コンフリクト・モンタージュとフラッシュ・バックは、モンタージュ（シーンの中の1要素）でありながらモンタージュ編集ではない（1つのシーンの中にコラージュ編集が混ざる）という極めてめずらしい例です。なぜそんなことに

なるのかといえば、その本質は編集ではなく特殊効果（合成）だからです。挿入する映像が主人公の記憶ならば「フラッシュ・バック」となり、客観的なイメージ映像ならば「コンフリクト・モンタージュ」になります。将校と水兵の例題に、将校を紹介する画を入れて将校をこのシーンの主人公にしてしまえば、豚農場の画は「将校が水兵を鞭打っているうちに、農場で農夫が豚を追い立てている光景を思い出した」というシーンとなり、これは単なるフラッシュ・バックになります。フラッシュ・バックとコンフリクト・モンタージュは、技法的にはまったく同じものであり、挿入する画の種類と、主観か客観かが違うだけです。どちらもインサートされる映像は、別の１つのシーンとして成立していないことが特徴であり、条件です。挿入される映像が１つのシーンとして成立していたら、シーンの途中で別のシーンに移っただけですから、クロス・カッティングになってしまいます。なぜ１つのシーンとして成立させないのかというと、今は「このシーン」を進行させたいのに、話の舞台が変わってしまうと見ている人の心もそちらの舞台に行ってしまい、脱線してしまうことになるからです。過去やイメージを見せたいのだけれど、見ている人の心をこのシーンから離したくないという時に、この２つの手法を使うのです。

Chapter **7**

動画の種類と特性

動画の種類と特性

	動画			
<small>プログラム</small> 番組の系統	報道系動画		番組系動画	
カテゴリー	<small>ニュース</small> 報道	ドキュメンタリー	一般番組 （番組）	映画・ドラマ
目的	伝える		楽しんでもらう	
対象	現実		創作	
映像	記録		制作	
視点	客観	主観	主観	
カメラ視点	神様（客観）	観察者（主観）	視聴者（主観）	神様（客観）
テロップ	○	×	×	×
自己表現	×	○	×	○
ストーリー	×	△	○	○
演出	×	△	○	○
社会性	○	○	△	×

　一口に魚といってもみな同じではなく、いろいろな種類がいて、それぞれ生態や獲り方も違うように、動画だってみな同じではありません。いろいろな種類に分かれており、それぞれ目的、使っていい映像、ルールや特性などが違います。ニュースのVTRはつなげてもドキュメンタリーは作れないし、ドキュメンタリーは作れてもドラマはできません。もちろん、その逆もしかりです。

　動画というものは、カテゴリーごとに使っていい映像の種類や番組の視点（客観／主観）、撮り方（カメラの視点）などが決まっています。表に挙げたように、カテゴリーごとに特性が違い、そのため、**カテゴリーごとにルールが違う**のです。カテゴリーにはこの他にも、イメージ映像とかグラフィックムービー（動くグラフィックアートをつなげたもの）とでもいうべきものなどもありますが、あえてカテゴリー分けするのならば「アート系動画」とでもするのでしょう。しかし、これらは「動画」というよりは「デザイン」といった分野の範疇なので、この本では扱いません。

　また、カテゴリーはそれぞれ細かくジャンルに分かれています。報道はニュースとスポーツ、ドキュメンタリーは戦争ドキュメンタリーとか動物ドキュメンタリーなど、一般番組はバラエティ番組から歌番組、情報番組などなど、ドラマは恋愛ドラマや人情ドラマ、時代劇といったたくさんのジャンルがあります。このジャンルごとにも、いわばローカルルールみたいな小さな違いがありますが（ex.チャンバラ・モンタージュ）、それはその道に進んだときに現場で覚えていくしかありません。この本では、知っておく必要性の高いものだけを少しだけ紹介します。

動画

　動画は動作を見せるものです。動作は「どんな風に」を見せることができ、それを連ねることで「ストーリー」を描くことができます。イメージ映像やモーション・グラフィック（動くグラフィック・アート）などは動きが

あったとしても、その"動き"によって何かを伝えようということではありませんよね。意味や意図のない"動き"は動作ではありません。それはつまり、動いていたって静止画と同じだということです。カメラ視点や使用する映像の種類といった「動画としての観点」からジャンル分けすることもできず、できたとしてもそうする意味もないので、ここでは「報道系動画」と「番組系動画」だけを「動画」として扱います。

系統と目的

　動画は、「報道系動画」と「番組系動画」に系統が分かれます。**報道系動画とは「現実を伝える動画」**のことで、現実世界にすでに存在する事象（事柄や営み）をそのまま伝えます。だから被写体は必ず「すでにそこにあるもの」であり、それを撮影することは「記録する」ことです。したがって扱う映像は「記録映像」だけです。「すでにそこにあるものをただ撮っただけ」のものでなければならず、状況を作ったり加工したりしてはいけません。報道系の目的は「現実を伝えること」ですから、それをどのコミュニケーションツールで伝えるかは問題ではありません。映像であることにこだわりはないどころか、主として使われるツールは言葉・文字であり、映像は挿し絵として補助的に使われるだけです。報道系の人たちはジャーナリストの仲間ですから、「映像屋」でも「動画屋」でもありませんし、映像も使うというだけです。そんな報道系の人たちが使う「動く挿し絵」でしかない動画が「報道系動画」です。動いても動かなくてもいいけど、動くことで「どんな風に」を伝えられるから動画を使えるメディアであるなら動画も使いたい、というだけのことです。一つ一つのカットそのものを見せるための動画なので、ストーリーを描く必要はありません。まれにストーリーがあることもありますが、ストーリーでなにかを描こうということではなく、カットを見せる順番を時系列順にしましたというだけのことでしかありません。テレビ局では「報道系動画」は「報道局」が担当します。また、報道系動画の専門業者は「業務レベル」と呼ばれます。これはいわゆる「街のビデオ屋さん」で、結婚式の記録ビデオや企業VPなどを作るこ

とを生業としている「記録屋さん」です。

　一方、**番組系動画とは「創作した動画」**のことで、物語を創作してそれを映像でつづります。「カットそのものを見せる」ことが目的ではなく、「創ったストーリーを映像で語ることで、見る人に楽しんでもらうこと」が目的です。「番組系動画」を英語にするなら「エンターテインメント」になるのでしょう。ハナっから「エンタメ動画」という名前にしたほうがわかりやすかったかしら……？　「エンタメ動画」を作る際には、**撮影をする前に必ず物語を創る必要があります**。紙の上でまずは完璧にストーリーを創ってから、それをつづるための映像を作っていくことになります。創作したストーリーを映像で見せようというわけですから、必要な映像は現実世界のどこにもありません。だから現実にあるものを写すのではなく、物語の中の状況をまずは現実世界の中に創り出して、それを撮影するわけです。現実世界の中に作り出すのは金がかかるので、絵に描いちゃったのがアニメです。この「現実にはない映像を創り出すこと」を「映像制作」といいます。「ストーリー」というと映画とドラマだけの話かと思うかもしれませんが、一般番組（ワイドショーやCMも一般番組です）も実はドラマとまったく同じように、すべてが創作された世界であり、その中に本当の情報（ちょっと脚色されている場合もある）を織り込んであるというものなのです。情報番組のスタジオ部分はもちろんですが、VTR部分もはっきりと「作った映像」です。「本当の情報を創作されたストーリーの中に織り込む」とはどういうことか、ちょっと紀行番組を例にして説明しましょう。

　紀行番組では、タレントがどこかの街を散策したりして、目に付いた食堂にふらりと入ったりしますね。でも、本当はふらりと入ったわけではなく、番組側が事前に店にアポを取り、きっちり打ち合わせをし、きっちり計画してあるのです。リハーサルもやっているかもしれません。出てくる食事も、テレビに出るというので普段の物とはちょっと違い、もっといい器に乗っていたり、量が多かったり……。つまりこれらは事前に「創作された旅」なのであり、だけどそこに出てくる情報は本物（ちょっと盛ってある

場合もあり）というわけです。

　それはヤラセじゃないかなどというのは大間違いで、そんなことを言い出したらドラマは全部ヤラセになっちゃうじゃないですか。そもそも「事実を伝えるべきところで作り事を伝えること」をヤラセというのですから、**元来ヤラセは報道系動画にしかありません**。ワイドショーでヤラセが問題になったのは、ワイドショーが報道を装っているからです。「ワイドショー」というくらいですから「ショー」なのであって、本来扱うネタは"噂話"ですから事実などではなく、だから報道ではなくやっていることはすべて冗談事なはずなのです。なのに、やっているほうからしてその分別を付けられずあたかも報道であるかのように振舞っているから、報道だと誤解されヤラセだと非難されたのです。もちろん誤解するほうが悪いのではなく、誤解されないように作らなければいけません。ドラマのように、初めからはっきりと「これはウソ事です」というお約束の上で番組が作られていれば、ヤラセだとはいわれずただの冗談事で済むのです。

　本当にふらりと旅をしたり、ふらりと店に入ったりしたら、そんなもの「番組」_{ショー}になるわけがないじゃないですか！　事実、そういったものを「番組になっていない」といいます。いくら本物に見えても、一般番組ですからあくまでも制作者の主観で作られていますし、そうでなければいけません。たとえば「脂身がおいしいトンカツ」で地元では評判のお店があったとします。制作者は番組を通じて「ここのトンカツは脂身がおいしいんだ」と伝えなければいけませんから、当然出演者にはそのようなセリフを台本に書いて渡しておくわけです。なのに台本を書いておらずなにを言うかは出演者しだいというのでは、もしかしたら出演者は「さっぱりしていておいしいですね」などと言い出すかもしれません。これでは制作者の伝えたいことが伝えられていないし、制作者が作った番組にもなりません。出演者が「さっぱりしていておいしいですね」と発言したことは事実ですから、これはただ事実を伝えただけ、つまり"報道系動画"になってしまっているわけです。こういうのを「番組になっていない」といい、報道系動画しか

知らない人は得てしてこのような動画を作るものです。そしてその店を知る視聴者からは「テレビはウソばっかり」といわれ、信用が失われるわけです。制作者は「出演者本人がそう感じたのは事実で、そう発言したのも事実なんだから、オレは1つもウソはついていない」などと言うでしょうが、「番組が間違ったことを伝えた」事実は変わりません。これが報道ならば、報道は客観ですから「この人はこう言っています（この人がこう言ったということを番組は伝えただけです）」ということになりますが、一般番組は番組制作者の主観ですから「この人が」ではなく「番組がデタラメを伝えた」ということになるのです。報道系動画しか知らない人は動画は常に客観だと思い込み、客観以外の動画を知らないからこの違いがわからないわけです（もちろんそのレベルの人は、ドキュメンタリーも客観だと思い込んでいます）。

　番組系動画は「番組制作局（略して番制）」が担当します。報道局ではありませんので報道ではないし、だから報道のようなことをすれば"報道を装った"ことになってしまうのです（番制のスタッフは"報道陣"ではありません）。局が違うというのは、簡単にいえば会社が違うと思っていただいて結構です。事実NHKでは番組制作局を別会社（関連団体）として切り離したので、現在は番制局は存在しませんが、「番制」という言葉は残っています。番組系動画（放送用番組）を作れる業者は「放送レベル」と呼ばれます。報道系動画と番組系動画では、担当する会社さえ違うのです。

　「画が動いていれば動画だ」という観点から見れば確かにどちらも動画ですが、報道系動画の目的は"動画であること"よりも別のところ（伝えること）にあり、動画としては単なる映像の羅列でしかありません。より印象的に、あるいは感動的に伝えるために必要である「映像でストーリーをつづる」ことを基本的にはしないので、狭い意味での動画ではない、というか、動画としての特性・利点をフルに活かせるものではありません。あるいはプロの動画ではないといったほうがいいでしょうか。報道系動画は専門的には動画ではないともいえるほど、両者は根本的に目的もやっていることも全然違う「違うもの」なのです。そして一般に「動画を見たい」とか「動

画を作りたい」とか「動画の編集ができるようになりたい」と言ったときの「動画」とは、この狭い意味での動画、つまり番組系動画のことを指します。ニュース映像を見て、「待ってました！　オレはこういうのが見たかったんだ!」と言う人は、まぁいないでしょう？　報道系動画は一方的に「伝えるだけのもの」ですが、番組系動画は「創るもの」であり「見て楽しんでもらうもの」です。だから、**ただ自分の言い分を「表示しているだけ」では動画にはなりません。**「楽しんでもらえる」ものを「創れなければ」動画を作れるとはいえません。このことを「映画とテレビで違う」という言い方をする人もいますが、映画やテレビというメディアで違うわけではなく、映画は番組系動画を、テレビは報道系動画を指しているのでしょう。映像の取り扱い方も使っていい映像の種類さえも、根本的にルールが違うので編集方法も変わります。正確には、2つある編集方法の比率が変わります。報道系動画では、カットの順番を支配するルールはコンセプトであり、コラージュ編集が主体となります。番組系動画では、カットの順番を支配するルールは文法であり、モンタージュ編集が主体となります。

カテゴリーと制作視点・カメラ視点

「番組系動画」と「報道系動画」はいずれも、主に制作視点とカメラ視点の違いによって、さらにカテゴリーに分けられます。制作視点とは動画を作る際の制作者の視点のことです。動画というものはカテゴリーやジャンルにかかわらず究極的には情報を伝えるものなわけですが、その情報を主観で選ぶ（あるいは作る）のか客観で選ぶのかということです。主観で選ぶとは、制作者がなにか目的を持ち、その目的に沿って選ぶということです。自分はこれを伝えたいとか、自社にとって都合のいいことを伝えようとか、見る人に楽しんでもらおうとか、好きになってもらおうとか、なにか意図を持って伝える情報を選ぶことをいいます。客観で選ぶとは第三者の視点や基準で情報を選ぶということで、通常ニュースは社会的な重要性によって選び、選ぶ人の目的や意図は介在しません。ただ伝えるために伝える、義務的に伝えるということです。一方、カメラ視点とは「カメラをだれの目

と想定するか」ということであり、**カメラの視点によって画の意味も被写体の目線の有るべきところも変わってきます**。これをわかっていないとアサッテを向いている動画を撮る羽目になるのです。ただし、カメラ視点は常に絶対ということではなく、映画の中でも一時的に主人公の主観になったりするように例外は多々あり、あくまでも"基本的なカメラの立ち位置"がだれの目ということに想定されているか、ということです。

　カテゴリーとしてはそれぞれ、報道系動画は報道^{ニュース}とドキュメンタリーに、番組系動画は映画・ドラマと一般番組に分かれます。それぞれのカテゴリーごとに、その制作視点とカメラ視点を解説していきます。

　報道^{ニュース}は**現実世界にある事象をそのまま客観的に伝える**ものです。必ず客観・中立・公平でなければいけません。スポーツや囲碁・将棋などを中継するのも動画のカテゴリーとしては報道^{ニュース}に属します。コンサートといったイベントを中継もしくは伝えるのは、テレビでは報道局ではなく番制局が担当はしていますが、動画としては報道系動画であり、報道^{ニュース}の一種です。イベントは、第三者（イベントの制作者）の主観で作られていますから世の中の事象の1つであり、映像制作者はそれを（基本）客観的に撮影し伝えているだけですから報道^{ニュース}なのです。イベントそのものを映像制作者が映像にするために主観で作りそれを撮影したのならば、これは最も初歩的（報道系動画に近い）な番組系動画ということになります（ex.映画なら「月世界旅行」、一般番組なら「鳥人間コンテスト」や「M-1グランプリ」など）。余談ですが、だから放送レベルの制作会社はイベント屋を兼業していることが多いのです。報道^{ニュース}では、カメラは"神様の視点"で撮ります。神様の視点とは、カメラマンはいないものとして扱われる、神様がカメラを回しているということです。動画では原則として（ドキュメンタリー以外は）、写っていない人は存在しないものとして扱われます。カメラマンは絶対に写りませんよね。だから他のスタッフ同様カメラマンも、その場に存在していないものとされます。実際にはカメラマンもその他のスタッフもいることは、視聴者も写っている人もわかってはいるのですが、でもみんなで暗黙の内に「スタッフもカメラ

マンもいないことにしましょうね」という取り決めをしてそれを守っているのです。素人にインタビューすると、カメラを意識しちゃって横目でちらちらカメラを見ちゃったりするものですよね。でも、インタビューが始まると今度は一生懸命カメラを見ないようにしますね。なんの打ち合わせをしなくても、みんなカメラを見てはいけないんだということだけはわかっていて、必死にカメラを見ないようにするでしょう。突然カメラマンや他のスタッフに向かって話し始めることはありませんよね。インタビューされている人が常にソッポを向いているのは、彼にはカメラマンもインタビュアー以外の他のスタッフも「いないことになっている」からです。だれもいないはずなのにカメラは回っている……。だから神様が回しているんだ、となったわけです。ドローンの映像なんてまさに神様が撮っているみたいでしょう？

ドキュメンタリーとは、**現実世界にある事象を主観的に伝える**ものです。**制作者が映像を証拠として並べることで自分の主張**（伝えたいこと）**を訴え**ます。当然、制作視点は制作者の主観になります。カメラ視点はディレクターが自分で撮っている場合にはディレクターの主観ですが、別にカメラマンがいる場合にはカメラマンの主観になります。これは見た目には客観っぽいですが、実はカメラマンも制作者の1人なのですから「制作者の主観」になるのです。両方を合わせて「その事象の"観察者"の主観」といったほうがわかりやすいでしょうか。ドキュメンタリーだけは他の動画と違い、カメラマンも"そこにいる"ことになります。これは動画においてとても重要なことですから、しっかり頭に入れてください。被写体がカメラ目線でインタビューに答えている映像があったとします。それは普通は視聴者に向かって話していることになるのですが、ドキュメンタリーだけは視聴者にではなく、インタビュアーでありカメラマンでもある制作者（取材

＊ インタビュー映像はニュースによく出てきますが、映像の種類としてはあくまでも「ドキュメンタリー映像」です。同じ報道系動画であり同じ"本物映像"ですから、お互いの映像を使っても特に問題になるようなことはないはずですが、その場合やはり制作視点とカメラ視点はそれぞれの特性へと変わることには注意が必要です。

者）に向かってしゃべっているのです。もちろんこの映像を他のカテゴリーの動画に持っていけば、それは視聴者に話しかけていることになります。同じ映像でも、カテゴリーによって話している対象が変わるのです[*]。

　一般番組とは、ドラマ以外の番組系動画全部のことです。「ドラマ番組」という言葉はないように、ドラマは番組ではありません。つまり番組ではないほうの**「番組」という言葉は、番組系動画の内、ドラマではないものの総称**であり、「ドラマ」という言葉と同じように動画の1つのカテゴリーの名前です。だから本当はカテゴリーの項目は単に「番組」とするべきなのですが、混同を避けるためカテゴリーの番組を指すときには「一般番組」としています。一般番組の制作視点は制作者の主観であり、本来は監督・ディレクターの主観です[*]。

　カメラ視点は、視聴者の主観です。その場にいるのだから、視聴者というよりも観客といったほうがいいかもしれませんね。これがショーだということです。観客がカメラを回しているんだと思ってください。だから番組司会者が1人で写っている場合は、その場には観客と司会者の2人がいる、ということになるので、目の前の観客を無視してソッポを向いて話していたら「頭のおかしな人」になってしまうのです。「客観的に撮っているんだ」などと苦しい言い訳をするなら、今度はその瞬間にドラマになってしまいます。番組系動画を客観で撮ったらそれはドラマなので、そのカットは「お芝居だ」ということになります。ドラマなら話している相手が写らなければ（だれに話しているのかわからないようでは）、完全に不成立のNGです。また、CMも一般番組です。CM内にインタビュー映像が出てきた場合、それはインタビューのシーンとなり、お芝居映像ということになります。

　映画とドラマは動画の種類としてはまったく同じものです。映画に敬意

＊　現実的にはテレビでは出資者（テレビ局、CMなら広告主）の主観になってしまっていて、監督の主観ではないことに注意しなければいけません。これもまた、テレビが没落した一因です。

を表してここでは「映画・ドラマ」としていますが、動画のジャンル名として
しては「ドラマ」です。現代では「ドラマ」というジャンルの動画の内、映
画館で上映するために作られたものを「映画」と呼んでいるわけです。当
然、そのストーリーは制作者（こちらは監督……最近は段々怪しくなってきた）の
主観で作られます。たとえ原作があったとしても、その原作を監督が自分
の主観で書き直してそれを映像で描くのが映画であり、ドラマです。原作
のまんま作ったのでは、単なる原作の"動画版"でしかありません。原作者
が作ったお芝居をただ記録しただけでは、写すイベント（お芝居）が第三者
（原作者）の主観で作られているということですから、ほぼほぼ報道系動画
だということです。カメラ視点は神様の視点で撮るので、客観になります。
映画・ドラマでのカメラは視聴者の代表ではなく、そこにはだれもいない
のです。だから原則、出演者はカメラ目線にはなりません。カメラ目線で
話すのは本当は反則です。が、それでも視聴者に対して話しかけるとき、今
風にいうと「メタな話」をするときは必ずカメラ目線になります。当たり
前の話ですが、カテゴリーにかかわらず**カメラ目線でなければ視聴者に話
しかけていることにはなりません。**映画・ドラマでは写っていない人は存
在しないことになるので、インタビューのシーンでも「状況説明のカット
（インタビュアーも写っている画）」は絶対に省略することはできません。省略し
た場合、見ている人は写っている人の頭が、ではなく、今度は監督の頭が
おかしいとはっきりわかります。

▶ カテゴリーを分ける法則

報道系の内、主観で作られるものがドキュメンタリー、客観で作られる

ものが報道です。報道とドキュメンタリーの決定的な違いは、**制作視点**です。客観視点で撮影した映像だけでドキュメンタリーを作ることは、できなくはありません。でも、資料映像だけで作られたドキュメンタリーを想像してみてください。とてもとても寒々しく、少なくとも「プロの動画」といえるものにはなりそうもありません。しかしナレーションは絶対に主観であるはずです。もしナレーションも客観だったら、ただ事実を報告しているだけの報道になってしまいます。

　番組系は伝えるものは創作したストーリーなのだから主観で作られているに決まっているわけで、それを（視聴者の）主観で描くと番組に、客観で描くとドラマになるということです。つまり、**カメラ視点で決まる**ということであり、それ以外にはなにも違いはない、まったく同じものであるということに注意してください。スタジオ番組を視聴者の目で見れば番組ですが（これが通常の状態）、でも神様の視点から見れば「ドラマの中でスタジオ番組を収録しているシーン」になりますよね（スタジオ公開番組の収録風景をドローンで見ているような画を想像してください）。バラエティ番組でさえドラマと同じように、最初から決められたストーリー、役柄、セリフを、出演者はただ演じているだけだということです。それを見失うと「番組になっていない」ものになってしまいます。これは法則ですから、変えることはできません。記録映像をドラマの中に放り込めば自動的に制作映像になってしまうわけで、それを回避することはできません。もちろん、ドラマには一時的に登場人物の主観で描くといった例外はありますが、そのような場合でもドラマはドラマであるように、プログラムの途中で一時的にカテゴリーを変更することはできません。[*]

「報道」と「報道番組」、「ドキュメンタリー」と「ドキュメンタリー番組」は違うものです。「番組」と付くのは、見やすいように「番組仕立て」にし

---

[*] アメリカの30分のコメディードラマのように、ドラマを観客の主観で撮影したかのようなものもあります。それはちょうど、バラエティ番組でスタジオの観客の前でコントをやっているのと同じ状態です。実際に観客がいれば番組、観客がいなければ「番組仕立てのドラマ」となります。

ましたよ、「演出されていますよ」という意味です。ただしこの演出は、「嘘にならない範囲でわかりやすく工夫しました」という域にとどまります。「本物映像で撮れなかった部分を、作った映像で補完してありますよ」ということです。カテゴリーとしては「○○番組」は○○と一般番組の中間で、どちらでもあるといえます。ドキュメンタリーは報道系動画ですからテレビでは報道局の担当になりますが、必ずドキュメンタリー番組にする（制作映像で補完しないと番組<ruby>プログラム</ruby>として放送できる品質に達しないから）ので、純然たるドキュメンタリーは日本のテレビ局では作りません。外部で作った純然たるドキュメンタリーを放送する場合は、映画と同じ扱いにしていますね。[*]

記録映像と制作映像　〜その使い道〜

　記録映像とは別名「取材映像」あるいは「本物映像」、場合によっては「実写映像」ともいい、作り事ではないありのままの真実を写した映像です。記録映像は、「証拠」として報道系動画で使われます。

　一方制作映像というのは映画・ドラマのように、まったくの「作った映像」「偽物映像」ということです。もちろん一般番組の「スタジオ部分」も制作映像です。番組系動画は制作映像だけが使われ、基本的には本物映像を使うことはできません。もし番組系動画の中で記録映像を使っても、それは「創作した物語の1コマ」として「作った映像」になってしまいます。たとえば時代劇で立派なお城が写り、「江戸城」などとテロップが出たりしますが、あれはたいてい姫路城の映像です。姫路城の記録映像を代用しているわけです。ね、まさに「偽物映像」でしょ。つまりこれは、原則として番組系動画の中で記録映像を「証拠」や「証言」とすることはできないということを意味しています。当たり前ですよね、番組系動画ではすべて

＊ 作品を紹介するだけで、「作品内で主張されていることは当テレビ局が主張するものではない」ということを明確にした形。それでも作品内で主張されていることがあまりにもテレビ局の立場と離れすぎている場合には「放送できない」という措置になります。

が「作った映像」になってしまうのですから、作った映像が証拠や証言になるわけがありません。

　また、映画・ドラマのような「芸術」でも、本物映像は使ってはいけません。なぜなら、「人間が意図して作ったもの」でなければ、芸術とは呼ばれないからです。また、映像を制作するのを怠り実写映像で代用して手を抜いたということにもなってしまいます。でも、そのようなこだわりも芸術家本人の意識だけの問題で、だれにも迷惑がかかるようなこともないし、経費削減のためシレッと記録映像で代用されることもあります。もちろん、芸術としての評価は下がります。もし映画・ドラマなどで「本物映像を本物映像として」使いたい場合は、クレジットのところだけで使うなど、本編内では使わないようにしないと、本物映像として見てもらえません。

　番組系動画に記録映像を取り込むと作った映像になってしまう一方で、報道系動画に制作映像を取り込み、記録映像と制作映像を共存させることは可能です。ただしその場合は、制作映像を記録映像だと誤解されないように、よくよく注意を払う必要があります。

　制作映像を「報道系動画」に入れる場合、ストーリーで見せたいのに本物映像が足りないから制作映像で補完するということが多くなるので、モンタージュ編集になることが多くなるでしょう。しかし、モンタージュしたということはストーリーを映像の上だけででっち上げたということですので、原則として証拠能力はなくなります。このため、「報道系動画」では極力モンタージュを使わないように編集します。ドキュメンタリー番組ではモンタージュを活用することもありますが、やっていい場合悪い場合を正しく判断し、やるにしても絶対に誤解されないように細心の注意を払わなければなりません。伝えようとしていること自体が嘘ではない場合に限り、解説としてならモンタージュしたものを見せることができます。たとえば「カワウソはこういう生活をしています」ということを伝えたい場合、「カワウソの1日」というストーリーをモンタージュして見せてもそれは構

いません。ただし、その「カワウソの1日」自体に嘘やデタラメがないことが条件なのと、その映像をもって「ほら、カワウソはこういう生活をしているでしょ」というような形で見せることはできない（そういう生活をしているという証拠にはできない）点には十分に注意してください。

　モンタージュされた中に制作映像が混ざっている場合は、本物の映像だと誤解されないように対処（テロップを出すなど）したほうがいい場合もあります。ただしテロップを出すのは最後の手段で、どうしても出さなければ弊害を免れ得ないという場合だけに限ります。テロップを出さずに済むように演出を変えるのが先だということです。

　ちなみに、どうしても番組系動画の中で記録映像を証拠として見せたい場合には、それが「記録映像」であると視聴者に認識してもらう必要があります。たとえば高いところから落としても割れない花瓶を紹介する動画だとしましょう。ナレーションなどで「この花瓶は6mの高さからアスファルトの上に落としても割れないんです。本当に割れないのか実験しましたので、その実験の様子をご覧ください」などと、これから見せる映像が実験の記録映像であることをはっきりと伝えます。これだけで視聴者はこの部分を記録映像だと思って見てくれますから、手続きとしてはこれだけです。またドラマであれば、（ドキュメンタリードラマといったクロスオーバーものなど、極めて特殊な例に限り）「※実際の映像です」といったテロップを出すことが成立する場合もあります。

　ただし、記録映像だと思って見てくれるというだけで、実際にはこれらの映像も制作映像です。記録映像を番組の中に取り込んでも制作映像にしない方法などはありません。制作映像であっても、モンタージュででっちあげたものでもCGでもないことが確信できれば、証拠として認めてもらえることがあるというだけです（それでも情報発信者とメディアの双方に信用がなければ認めてもらえません）。花瓶の動画でいえば、花瓶が高いところから落ちアスファルトに跳ね返って止まるまで、一切カットが入ってはいけません。

途中でカットをつないでいると、落とすところとアスファルトにぶつかったところを別々に撮ったことになってしまいます。これはモンタージュででっちあげたことになりますので、「証拠をでっちあげたということは、実際には割れるんだな」と、嘘つき認定されてしまいます。証拠映像には証拠となるための条件・資格があるのです。その条件・資格はケースバイケースなので一概には言えませんが、近年流行っている「愛用者の声」などというものは、なんの証拠にも証言にもならないということだけは言っておきましょう。それが本当の愛用者であり、その発言が本当に本人の発言であったとしても、CM（一般番組）に取り込んだ時点で「作った映像（お芝居）」「言わせたセリフ」になってしまうからです。ここで「※実際の映像です」などとテロップを出そうものなら、わざわざ念を押しているところが逆に怪しいと思われ、かえって信用を落とすことになります。[*]

　まとめると、視聴者は報道（ニュース）やドキュメンタリーを見ているときには、本物映像だと思って見ているのですから、作った映像を使うときには注意しなければいけません。映画・ドラマを見ているときには、作った映像だけでできていると思って見ているのですから、本物映像を使うときには注意しなければいけません。

　絶対にやってはいけないことは、作った映像を本物映像であるかのように見せることです。これを「ヤラセ」といって、映像の倫理に反することであり、テレビならば放送事故です。ヤラセは、やらせたのを撮った映像＝「作った映像」を本物映像であるかのように見せることですから、本来は報道（ニュース）とドキュメンタリーにしかありません。しかし、一般番組やCMはすべて作った映像でできているわけですから、それを本物映像であるかのように見せれば立派にヤラセとなります。一般番組であるにもかかわらず報道との区別が付かないと"報道を装ったもの"になってしまい、信用が地の

＊ 余談ですが、もちろん宣伝効果もまったくありません。メディアに関わらず、影響力のない人の発言はだれにも影響を及ぼしません。

底まで落ちることになります。

テロップの項

　報道系動画、特に報道（ニュース）は伝えることだけが目的なので、伝えるのにどのコミュニケーションツールを使おうがこだわりはありません。映像は挿し絵でしかなく、映像を使う理由も映像は臨場感を伝えられるからというだけです。できるだけ簡潔に時間をかけずに伝えられるツールを使いたいので、テロップ（文字）が一番手っ取り早ければテロップを出すことを避ける理由がありません。だからテロップを出すことは悪いことではなく、むしろ積極的に出すことになります。

　しかし報道（ニュース）であっても、映像を見せたいところでテロップを出してしまうのは、自分がなにを見せたいのか、自分がなにをやっているのかわかっていないということです。ですから、同じ報道系動画とはいえドキュメンタリーではテロップは極力出さないようにします。

　一方、番組系動画は映像で語ることが目的であり、映像作品を作っているわけですから、映像ではないコミュニケーションツールであるテロップ（文字）は使うべきではありません。文字で伝えてしまうのならば、映像はいりません。出せば肝心の映像を見ることを邪魔します。ですから、出してはいけません。だから×です。テロップを出すことは映像を汚すことであり、出したがる人は映像制作者の風上にも置けない裏切り者なのです。少なくとも"映像人"を名乗ることはできません。

　総合的には、映像を見せるのが動画なのですからテロップは極力出さない、出すときは一文字でも少なくする、できるだけ小さくする、必要最低限の尺で引っ込めるというのが動画の基本であり当然の常識です。アマチュアは無用なテロップやエフェクトを使いたがりますが、あれは思うように機械を使いこなせたことに喜びを見い出しているだけですよね。あるい

は、映像制作ができないから映像に自信がなく、テロップを出すことで極力映像から目を逸らさせようという意識が無意識に働いているわけです。もちろんアマチュアはそれでもいいのですが、少しでも多くの人に見てもらいたいのならば自分のことではなく、見る人のことを最優先に考えたほうがいいでしょう。

自己表現の項

　ディレクターが自己表現をしていいかどうかということです。報道（ニュース）は当然自己表現ではありません。ドキュメンタリーと映画・ドラマはディレクター（監督）の自己表現です。一般番組だけはちょっと面倒くさくって、発注者が望むものを表現するのであって、ディレクターの自己表現ではありません。発注者が自分で表現できないから、ディレクターという他人を雇って表現してもらうという特殊な形を取ります。ディレクターは"表現者"なのですから、その人間性は必ず作品に出ます。なので報道（ニュース）はだれが作っても同じになりますが、その他のものはディレクターによってまったく違うものになります。編集できないということは表現ができないということですから、「編集できないディレクターはあり得ない」といったのはこういう訳です。

ストーリーの項

　報道（ニュース）は基本的に結果だけを伝えるわけですから、ストーリーは必要ありません。あったとしてもそれはナレーションの上での話であり、映像は原則としてナレーションに付けられた挿し絵でしかありません。ドキュメンタリーは撮れた映像をストーリーにつなぐことはありますが、ストーリーそのものが伝えたいことなのではなく、伝えたいことはあくまでもそこに写っている「様子」です。ストーリーのところが△なのはそういう意味です。報道（ニュース）では伝えたいことを言葉で伝え、ドキュメンタリーでは画でも伝えますが、いずれにしても報道系での画の存在意義は、画そのものを見せ

ることです。（どう並べるかは）**「撮ってから考える」のが報道系動画**であり、ストーリーを付けるのは見せ方の1つでしかありません。

　番組系動画は、必ずストーリーを創れなければいけません。いけませんというより、まずストーリーがなければ話が始まりません。伝えたいことを抽象的に表現するストーリーを作り、そのストーリーを映像で描くために必要な画を撮っていきます。つまり、**「考えてから撮る」のが番組系動画**であり映像制作です。伝えたいものはストーリーの向こうにある「テーマ」であり、画そのものではありません。

演出の項

　ここでいう演出とは、効果的に伝えるために事実をちょっと捻るとか抽象的な表現に置き換えることを指します。ストーリーを創るのも演出の一種です。報道系動画は絶対に演出（脚色）をしてはいけません。番組系動画は絶対に演出をしなければいけません。

　番組系動画はすべてが演出でできています。そもそも映像自体がすべてウソ映像、つまり「演出された映像」でつづられているのですから当然ですね。逆に、演出ができなければ、映画・ドラマはいうに及ばず、一般番組も作れないということです。動画における「おもしろい」とはなにか、「質」とはなにかと聞かれれば、「演出だ」と答えます。

社会性の項

　社会性というより、現実との密着度といったほうがいいのでしょうか。報道_{ニュース}とドキュメンタリーについては説明無用でしょう。現実の社会と密着したものです。動物もののドキュメンタリーといった社会から離れたものもありますが、現実とは密着しています。社会と密着しているものは原則として再放送ができません。

　映画・ドラマは時事ネタを扱うこともありますが、人間を描くなどして普遍性を持たせないと「その時だけのもの」になってしまい、芸術としては成立しないのです。そして創作物だから現実社会からはある程度の距離を置くものだし、自動的に距離ができもします。だから×です。

　一般番組は本来は×ですが、ジャンルによってかなり幅が出てきます。情報番組は現実と創作が入り乱れますし、旅番組や歌番組も割と現実に近いところですよね。ということで△にしました。しかし一般番組は、基本的には普遍的であるべきです。時事的な番組は再放送できませんし、そういう番組は映像作品としての価値は低くなります。

総括

　これらの「映像の種類ごとのルール」をわきまえていないと、まともに編集できません。編集をする時には、これから編集しようとするものがどの系統・カテゴリー・対象・映像・視点・カメラ視点なのかが頭に入っている必要があります。もちろん、覚える必要はなく、必要なときにこの本で確認すればいいだけです。その内いつの間にか、感覚的にわかるようになります。ややこしいのはカメラ視点でしょうが、編集に一番引っ掛かってくるのもこのカメラ視点です。主観で撮っているのか客観で撮っているのか、主観ならだれの主観なのか。これが超重要です。だれの目線で撮っているのかで、やっていいこととやってはいけないことがいろいろと出てくるのは当たり前でしょう。覚える必要はありませんが、しっかりと理解できるまで何度も読み返すことをお勧めします。

中継について

「中継」を英語で言えば「リレー」です（なぜ日本語を英語で説明しているのだろう?)。「リアルタイムで回線などをつなぐ・受け渡しをする」という意味です。必ずリアルタイムなので、実は「生中継」という言葉はありません。

　撮影現場から衛星へ映像を飛ばしてテレビ局へ送り、テレビ局はそれを受けて各家庭へ電波を飛ばします（地上波の場合）。衛星を「中継」しているから「衛星中継」です。現場から中継の場合は、テレビ局は現場からの映像を家庭へ「中継」しているのです。現場から中継されてきた映像をテレビ局で録画して後刻、再生して放送することを「中継録画」といいます。「中継されたものを録画しました」という意味です。つまり中継とは現場からテレビ局、もしくは家庭へ届く過程の問題。「間に入って橋渡しをする」のが中継ですから、「生（リアルタイム）」しかあり得ません。「生」ではない中継などはあり得ないのです。ですから「生中継」という言葉は、「頭が頭痛」とまったく同じです。

　撮影現場から衛星へ映像を飛ばして、それを衛星で録画し、後刻再生してテレビ局に送ったら……。無理にいえば「録画中継」になるのでしょうが、衛星には録画する機能がたぶんないので、実際にはこんなことはできませんし、そんな言葉もありません。録画したら中継ではありません。収録してある映像を送るのは単に「電送」といいます。

　中継録画でも、収録が終わっていないうちに、録画しながら5分

遅れとか1時間遅れとかで再生して放送することを「時差再生」といいます。

ところで、あなたのテレビ（受像機）は生放送であってもリアルタイムではありません。電波は発信され、あなたの家に届くまでに結構時間がかかります。衛星放送だと、地上から電波を打ち上げ衛星から戻ってくるのに、およそ6秒ほどかかるようです。また今時のテレビは受信してから表示するまでに数秒かかるはずです。だから衛星放送は始まったときから時報に秒針がないのです。

ですから生放送の「生」というのはリアルタイムということではなく「録画・再生をしていない」という意味です。実は、録画すると画質が落ちます。フルHDは1920×1080ですが、D5テープやHD-CAMテープは1440×1080です。ファイルベース（映像をコンピュータ用ファイルとして保存する形式）でも圧縮がかかります。デジタル映像でもダビングをすると画質は劣化します。ダビングとはリアルタイムで転送することなので、ファイルコピーと違ってベリファイ、再転送がかかりません。転送中に欠落したデータは、補完データによって埋め合わせられます。だから、微妙に画質が劣化していくのです。録画・再生していないもののほうが、上記の理由でちょっとだけ画質がいいのです。つまり、「生」という言葉は、リアルタイムを意味しているのではなく「収録物よりちょっとだけ（実はかなり）画質がいいよ」という意味なのです。

「中継」だけでは「リアルタイム感」が出ないので、NHK-BSの番宣チームでは、（少なくとも著者は）わかっていてあえて「生中継」という言葉を使うこともありました。スポーツ班などでは「生中継」を嫌って「LIVE」という言葉を使っているようです。

技術畑では「生中継」というと笑われますので気を付けましょう

という話でした。

　ところで、「生中継」という言葉は本当はおかしい、と言って、それに代わるいい言葉もないので「LIVE」という英語をしかたなく使っているのはわかるのですが、一部の民放などでスタジオ番組の「生放送」を「ライブ」と言ったり、「放送」と言えばいいところを「オン・エアー」などと言うのは、かなり古くてダサくて恥ずかしいと思うのは著者だけでしょうか？　「今風・現代的・新しい」を「ナウい」と言っているのと同じセンスですよね。英語で言う必要があるでしょうか？　ちなみにNHKでは、日本語で言えばいいことを意味なく英語にするのは原則禁止されています。明文化されているかどうかは知りませんが、まともなCP（チーフプロデューサー）には怒られます。日本の放送局で、見ているのは日本人ですからね。英語で言うとカッコいいですか？　その感覚が30年以上は遅れていると思うのですが……。

Chapter **8**

言葉について

動画で使うべき日本語

正しい日本語?

　言葉には、文法的には正しいや間違いはありますが、単語やイントネーション、しゃべり方などには「正しい」を決めた決まりごとはありません。文部科学省が定めた日本語はあくまでも公文書を書くために「作った」日本語です。公文書は建前上、日本国民すべてが読めなければなりません。だから、公文書で使う日本語は義務教育で教えなければならないのです。つまり、文部科学省の日本語は「国が日本人に最低限知っていてほしい日本語」であり「義務教育で教えるべき日本語」です。決して「正しい日本語」というわけではなく、それが日本語のすべてでもありません。

　たとえば漢字。漢字はどれだけあるのか、だれにもわからないほど存在します。文部省では常用漢字を定めていますが、これは公文書ではこれだけの漢字しか使いませんよ、というだけのことで（常用漢字表まえがきによれば「漢字使用の目安」）、常用漢字表にない漢字だって日本語ではないわけでも、正しくないわけでもありません。ですから、NHKでも新聞社などでも、常用漢字表に独自に漢字を足して、それをルビを振らずに使用できる漢字としています。どの漢字を使っていいか悪いかは会社によって違うのです。

　巷で「標準語」とか「共通語」などと言われている言葉は、NHKがラジオの全国放送を始めるにあたって作った「放送用語」が民間に浸透したものであって、「正しい日本語」というわけではなくあくまでも「放送用の言葉」です。東京の言葉だと思っている人がいるようですが違います。東京

の言葉は「江戸弁」ですが、今ではしゃべれる人はほとんどいません。一番標準語の犠牲になったのは「江戸弁」なのです。標準語は東のイントネーションを基に、東西の単語をかき集めてごっちゃにしたものです。たとえば「きれい」は東の言葉、「美しい」は西の言葉です。NHK内では標準語とはいわず「放送用語」といいますし、現場レベルではしばしば「NHK語」と呼びます。「NHK語」は世間一般で使っている日本語とはちょっと違うものです。なかには、「こんな日本語聞いたことないわ!」という明らかに"おかしな"日本語も収録されています。ですから、映像を作る場合には、NHKに納品するものは「NHK語」でなければなりませんが、それ以外は放送用語に合わせる必要もこだわる必要もありません。判断がつかない場合には、放送用語に合わせておくというのも1つの手だ、というだけです。

そのNHKでさえ「正しいことにあまりこだわらず、最終的には通じればいい」とちゃんと明文化しているのです(確か「番組制作便覧」だったと思う)。

では、動画や放送ではどのような日本語を使うべきなのかといえば、当然それは「正しい標準語」です。もちろんそんなものはどこかに明文化されているわけではありません。そこで、放送用語の最前線で25年間過ごした著者が「NHK放送用語」をベースに、しゃべる現代日本語の祖になったタレント・司会者、泉大助から教わったものを混ぜ合わせた、著者が思う「正しい標準語」のあれこれを書いておきます。こういったものは時代とともに変化していくものですから、これが絶対に正しいというわけではありませんが、なにも指針のない人には支えになるものだと思います。

🎬 Memo

泉 大助は日本最初のCMタレントであり、主に松下幸之助率いる松下電器(ナショナル:現パナソニック)の看板タレント(実は専属でも社員でもありません)として、そのCMや番組「ズバリ! 当てましょう」などで

活躍しました。泉大助のしゃべりは、テレビ放送の黎明期に日本でもっとも格調高く正しい「話す日本語」とされ、民放のアナウンサーやナレーターは彼のしゃべりを録音し、それを教科書としました。NHKだけは独自のしゃべり方を貫いていましたが、それはニュースを読むための表情のない暗いしゃべりであり、「NHK節」と呼ばれ民間のアナウンサーや声優・ナレーターなどには敬遠されました。現在「標準語」とされているものは、NHKがラジオ、後にテレビの全国放送用に作った「放送用語」ですが、「"話す日本語"として最も正しいもの」とされてきたのが、泉大助の話す日本語です。

ら抜き言葉

　間違いではないかもしれませんが頭が悪い感じがするものの代表格に、ら抜き言葉があります。専門家によっては正しい変化だと言う人もいますが、著者は幼児語の一種だとの感が否めません。ですから、動画や公の場ではら抜き言葉は使わないほうが賢明です。プロの番組や広告だったらもってのほかです。信用を著しく落とします。

　ら抜き言葉の回避法を書いておきましょう。可能を表す「られる」という接尾語は、**動詞が五段活用の場合には「ら」を省略できます**。五段活用以外の動詞では省略できません。ということは、五段活用の動詞ではない場合は必ず「ら」を付ければいいだけです。五段活用かどうかの見分け方は、否定形にしてみて「ない」の直前の文字が「あ段」になれば五段活用です。「あ段」かどうかを見分けるには「ない」の直前の文字を伸ばしてみて「あ」になれば「あ段」です。「走る」なら否定形は「走らない」ですね。「ない」の直前の文字は「ら」で、これを伸ばすと「らーぁ」で「あ」になります。だから「あ段」だとわかります。「走れる」はOKです。「見る」は、否定形は「見ない」で「みーぃ」だから五段活用ではありません。「見れる」はら抜き言葉で、正しくは「見られる」です。受け身や謙譲語と紛らわしいとか、よくわからないとか、しっくり来ないのであれば「見ることができる」とすれば間違いありません。

　プロは台本を書く時「見られる」にするか「見ることができる」にするかは、声に出して読んでみて、前後の流れやリズム、調子によっても使い分けています。

「さん」について

　視聴者に対し出演者を紹介するといった、個人名を三人称として出すときに「さん」を付けるべきかどうか、という話です。二人称（相手に直接呼びかけるとき）には常に「さん」を付けます。テレビなら各局のルールに従うべきですが、実はNHKでさえそのルールがありません（あるのかもしれないけど明文化されたものは見たことないなぁ）。

　まず大前提として、「さん」は個人名にしか付けません。しかし個人名であっても、以下の3つの場合には付けません。

▶ **1.身内**

　制作者側と視聴者側に分けてみて、制作者側になる人物には付けません。テレビでいえばテレビ局（自局）の人間、ディレクターなどのスタッフ、出演者などです。この中で多く混同されているのは出演者でしょうが、制作側がギャラを出して雇っている出演者は「スタッフ」の一部でしかありませんので「さん」を付けてはいけません。制作者にとっては"お客さん（ゲスト）"であっても、視聴者から見ればギャラをもらって出演している番組スタッフの1人でしかありません。動画では当然、視聴者の視点で物を考えます。逆に街角インタビューなど視聴者の一人として出演している人や、スタジオに見学に来ている観覧者などは視聴者側ですので、付けなければいけません。たとえば野球解説者も出演者でしかないので、視聴者に紹介するときには「さん」を付ける必要はありません。NHKがスポーツの解説者に「さん」を付けるのは、NHK特有の事情によるものです。NHKは建前上、国民の総意によって放送文化の育成普及を国民の代表として委託され

ている組織です。なので、すべての国民はNHKの活動に協力する義務があります。受信料を払わなければならないのもこのためです。解説者はこの義務に応じて、国民（視聴者）を代表して協力しているのです。だからギャラもとても安く（ギャラではなく謝礼なのです）、昔は（今も?）謝礼品だけだったりもしました。解説者は視聴者から選ばれた協力者だから、NHKでは当然「さん」を付けるわけです。しかし、NHK以外では話が違います。NHKは特殊な立場にあるわけですから、安易にNHKのまねをしてはいけません。民間の放送局などは自由意思による営利活動として動画制作をしているのですから、解説は業者に依頼することになるでしょう。雇っている業者は"身内"ですから、お客さんに紹介するときには「さん」は付けないのが日本の常識です。もちろんタレントや俳優も業者ですので「さん」は付けません。近年はタレントにまで「さん」を付ける例が続出していますが、「自分たちにとっては"お客さん"だから」と思ってそうしているのでしょう。まさに"自分たちの視点でしかものを考えられない""視聴者の視点でものを考えられない"ことの表われです。これこそがテレビ離れの根源的原因であることは今更言うまでもないでしょう。一方、ユーチューバーなどのアマチュアはタイトルを作ってもらうなど、リスナーに協力してもらうこともあるでしょう。そういった、無償で「協力」をしてもらった場合には「さん」を付けます。「様」ではありません。後述しますが、「様」はかえって失礼になる場合があるのでやめたほうがいいでしょう。

また、視聴者側の人であってもテロップには「さん」を付けません。単なる情報です。呼んでいるわけではないので「呼び捨て」にはなりません。名前のテロップは名刺や名札でしかありません。名刺や名札や座席のネームプレートに「さん」を付けないのと同じです。名刺も名札もネームプレートもテロップも、本人が自分の名前を申告しているのです。画面に表示しているのはテレビ局じゃないかというなら、名刺に表示（印刷）しているのは印刷屋じゃないかということです。テレビ局や印刷屋は、本人に代わってそこに表示するという作業をしているだけです。名前を申告するような場面ではない場合でも、それは映画のクレジット、あるいは飛行機など

の搭乗者リストと同じです。ただの情報として掲示してあるだけですから、敬称などは付けません。しかし、最近は一般人にはテロップでも「さん」を付けるのが習慣になっているようです。一般人であることを明確に示すためでもあるのでしょう。その必要がある場合には「さん」を少し小さくして付けてもいいでしょうが、そもそもそんな必要がありますか？　なぜ一般人を区別しなければならないのでしょうか？

▶ 2.芸名

　芸名は屋号＝「ソニー（社名）」や「ナショナル（ブランド名）」と同じです。本名を芸名にしている場合でも、芸能人として扱う場合は「さん」は付けません。たとえば「泉大助」という名称は1つのタレントユニットもしくはプロジェクト（会社やブランドと考えても可）の名前なのであり、マネージャーなどのスタッフ、バックダンサーがいる場合はそのバックダンサーなども含まれます。要するに芸人や俳優などは1人であっても企業・団体なのであって、個人名ではないので敬称は付けないのです。芸名で悩んだら「劇団ひとり」を思い浮かべるといいでしょう。劇団だといっているのだから団体名に決まっています。構成員は1人しかいないというだけです。ただし、一般人の場合はハンドルネームやペンネームであっても個人名として扱い（一般人は個人しかあり得ないから）、「さん」を付けます。

　歌舞伎役者や落語家の芸名は、名前ではなく名跡（みょうせき）です。名跡とはその家の当主であることや役職、序列を示すものであり、現代の会社でいう「社長」みたいなものです。役職名は敬称に代わるものであるため、当然「さん」は付けません。

　二人称（当人に呼びかける時）、もしくは三人称でも当人が目の前にいて視聴者にではなく内輪で話をするとき（出演者がABCと3人いて、AがBに話す中にCの名前を出すようなとき）には「さん」を付けます。が、「泉さん」は本来はNGです。芸名・名跡などには名字と下の名前の区別はなく「泉大助」で1つの固有名詞です。とはいえ、実際に目の前にいて呼びかける場合は「泉

さん」と呼んで構いません。番組内で呼びかける時は、1回目にはちゃんと「泉大助さん」と呼び、2回目からは「泉さん」としても構わないでしょう。でも、劇団ひとりを「劇団さん」とは呼ばないでしょうねぇ。いうなら「ひとりさん」でしょうか。「さかなクン」も「さかなクン」までが芸名なので、「さん」をつけて呼びかけるならば「さかなクンさん」となるのが筋です。実際の現場ではどうしているのか知りません。一緒に仕事したことないので。どう呼べばいいかは本人に聞きましょう。こちらも番組内では必ず1回目は「さかなクンさん」と呼び、2回目以降は**本人の了解を得て「さかなさん」などと呼ぶようにするのが正しい手順です。**

▶ **3.死んだ人**

　とっくに亡くなっている人には「さん」は付けません。「さん」を付ける最後は亡くなったときです。「タレントの泉大助として知られる荒磯和行さんが今日未明、亡くなりました」が正しい言い方です。見出しでは「泉大助、死す!」となります。芸名に「さん」は付けません。死ぬことは生きている人にしかできないので、死んだときまでは生きている人扱いです。生前親しい関係にあった人は昔のクセで「さん」付けで呼ぶかもしれませんが、それも私的な発言でだけのことです。

　芸能人や有名人に「さん」を付けると視聴者からは「お前、友達のつもりか?」「出たよ、業界人風吹かせやがって」と思われます。たとえばあなたが同窓会に行ったとします。そこで友人の1人がイチロー選手のことを「イチローさんがさぁ、……」などと言っていたら、「なんだこいつ?　仕事でちょっと会ったことがあるくらいで友達になったつもりか?」と思うでしょう?　敬称は付ければいいというものではありません。間違った敬称の使い方は、視聴者に不快感を与えるので気を付けましょう。

「さま」、「様」と謙譲語

　テロップ、コメントともに、皇族には「さま」を小さく平仮名で付ける

のがテレビでの習慣ですが、これはテレビ各局の社内規定によるものです。その理由はこれからお話しますが、インターネット動画などでもテレビに合わせておけば問題はないでしょう。

「謙譲語」とは自分の行為に対して使う言葉ですから本来は「様」は謙譲語ではありませんが、ここでは謙譲語の仲間として一緒に扱います。謙譲語は元来、身分の下の者が身分の上の者に対して使う言葉であり、「様」は身分の上の者に対して付ける敬称です。つまり、昔の身分差別制度が生み出した差別的な言葉であり、四民平等の現代では原則として使うべき言葉ではありません。「謙譲」という言葉の意味はへりくだる（自分の地位を相手より下のものとする）ということであり、四民平等の現代では対等である相手に対してへりくだるわけですから、卑屈になるということに他なりません。**決してていねいという意味ではありません**。ていねいな日本語は、その名の通り「ていねい語」です。放送や動画では当然ていねいな言葉、つまりていねい語を使うべきです。みなさんが標準語と呼んでいるNHK放送用語では「放送では謙譲語は原則として使わず、ていねい語を使う」旨が明記されています。つまり、謙譲語は"正しい標準語ではない"ということです。ではなんなのかというと、現代では商業界の業界用語です。「士農工商」という言葉が示す通り、商人は長い歴史の中で常に身分が低いものとされて来ました。だから商人は謙譲語を使うことが習慣になってしまい、それが現代でも残っているのでしょう。「客」とはそもそもの語源的には「見知らぬ人・旅人」という意味ですから、見知らぬ人に謙譲したり、尊敬するのはおかしいのです。

　謙譲語を使ってはいけないとまではいいません。自分から使う分には構いませんが、謙譲語を使うことを強要したら、これは「差別行為」です。たとえば客が店員に向かって「私はお客様だろう！」などと言うのは、「お前たち商人は身分が低いんだ。私を身分の高い者として扱え！」と言っているわけで、完全な「差別発言」です。また、店の経営者が店員に「お客さんに対しては謙譲語を使え」と指示するのは、業界用語を使うことを強要し

ているわけですから、差別行為だとまでは言いませんが褒められたことではありません。身分階級がなくなった現代では、原則として使うべき言葉ではないのです。謙譲語にも情緒のある言葉もあり、それらがなくなっていくのは寂しいものではありますが、原則としてはなくしていかなければいけない言葉なのです。謙譲とていねいを混同しているのは、日本人の差別というものに対する疎い体質の現れです。

　とはいえ、習慣的に謙譲語を使ったほうがいい場合も多々残っています。代表的な例は儀礼的な文章や挨拶ですね。たとえば親しい友人同士でも、暑中お見舞いでは「暑中お見舞い申し上げます」と謙譲語を使うものです。あるいは、郵便の宛名には「様」を付けるものです。これらはあくまでも形式的なものであり、これらもなくすべきなどといっているのではありません。商売においても謙譲語を使ったほうが習慣的にいい場合もあるでしょう。「いらっしゃいませ」とか。そんな場合には、商人が自ら謙譲語を使うことはなんら問題はありません。でもそれらはていねいなわけではないということは、知っておかなければなりません。

　インターネットでは、たとえば「歌ってみた」などの動画で楽曲の制作者や映像を付けてくれた人など、手伝ってくれた人に対して「○○様」と表記している場合がありますね。これはある程度親しい間柄で「○○さん」としたのでは他人行儀に過ぎて照れくさいというときに、「様」をつけ祭り上げるという"おちょくり"をちょっとだけ入れることで親しみを込めているのです。当人にそのつもりはなくても、そういうことになってしまうのです。むしろまったく親しくない相手に「様」などと付けたら、意味なく祭り上げて小バカにしていることになり、相手に対して失礼でしかありません。威張っている女性社員を「お局<ruby>様<rt>つぼね</rt></ruby>」と言ったりしますよね。銀行やホテルといった一流どころの気取った店員が「○○様」と呼びかける分には「気取ってるんだな」としか思いませんが、行きつけの飲み屋の親父に「神井様」などと呼ばれた日には、「なんだこいつ、おちょくってんのか?」としか思いませんよね。別に飲み屋に限らず、そのような"気取った店"で

はない店で「様」を使うのはかえって失礼です。小バカにしていると取られるわけですから、「ご注文のほうは、これでよろしかったでしょうか?」などというチンチクリンな日本語を使うよりも、もっとずっと失礼です（少なくともバカにする要素はないから）。

　NHKでは「みなさん」を使用し「みなさま」はNGです。「NHKは商売でやっているのではないので、視聴者に対しへりくだる必要はなく、人間として平等なので“みなさん”を使い、“みなさま”は使わない」と30年ほど前にNHKの人から教わりました。

　病院では「○○さん」と呼ぶのが当たり前だと思っていましたが、最近は「患者様」とか「○○様」と呼ぶのが広まっているのだそうです。「患者様」なんて、気持ちが悪いというだけでなく、なにか勘違いしているとしか思えません。どうやら、どこぞの大病院が研修をした際にマナーの先生にそう指導されたのが始まりらしいのですが、もしそうだとしたら医者と患者の関係を商人と客の関係と混同しているのでしょう。商業界の人であるなら商業界の業界用語を教えてしまったのも無理からぬことかもしれませんが、そもそもよその業界の人に指導を依頼し、それをそのまま真に受けているのが筋違いだということですね。この大病院では、患者が来院したら「いらっしゃいませ」と言ってお迎えしてくれることでしょう。退院する患者には「またのお越しをお待ちしております」なんだろうな。いやだな、こんな病院。病院にとって患者が客ではないのは、役人にとって一般市民が、刑務官にとって囚人が客ではないのと同じです。病院も刑務所も、商売でやっているのではないはず……あれ?……ですよね?　「様」を付けるのがていねいなことであるのなら、刑務官は囚人を「囚人様」「○○様」と呼ばなければいけないことになります。囚人にだって人権はありますから、刑務官は“ていねいに”接しなければいけないのは当然です。でも謙譲したり尊敬するのはおかしいでしょう?

　テレビ各局が皇族にさえ「様」を使わないのは、現代では皇族でさえ身

分が上なわけではないからです。といって「眞子さん」では隣のお姉さんと区別が付かなくなってしまい、国民の感情に添いません。間を取って「さま」と小さなひらがなにして使っている（親近感が出るからです）わけです。

　そういえば、50年近く前。確か「エースをねらえ！」だったと思いますが、当時大ヒットした少女漫画で大富豪のお嬢様（←小バカにした使い方）が「おとうさま」「おかあさま」とか「ごきげんよう」といった言葉を使い、それが上流階級の言葉として、若い女性たちに広く流行ったことがありました。その流行り方は尋常ではなく、「将来子供ができたら、おとうさま、おかあさまと呼ばせるのが夢」などと言っているイタい女性がわんさか現れたくらいです。その流れなのでしょうかねぇ、「様」が上品でていねいな言葉なんだと勘違いしている人たちは、女性が多いように見受けられます。もちろん上品な言葉というわけではありません。時代劇を見れば農民だって「お代官様」「お侍様」と言っています。

　たとえ企業VPでも「お客様」という言葉として使うならまだしも、「○○様」は気持ち悪いです。接客現場周辺以外では、媚びへつらっている感じがとてもあさましく、小バカにした感じが逆に失礼です。愛用者が出て来て商品の使用感などを言うときでも、企業から見れば"お客様"だからと「山田様」などというテロップを出すのは、お門違いです。視聴者から見ればその愛用者は一時的に企業の犬……もとい、企業の手先、あ、いや、企業側の人間になっているわけですから、それに「様」って……。「ウチはお客さんの視点で物を考えられない企業です」と暴露しているに他なりません。当然、雇った人であるならば敬称を付ける必要はありませんが、ギャラ（小遣い程度の謝礼はギャラとはいわない）を払っていない"協力者"であるならば、小さく「さん」を付ければいいでしょう。雇った人なのに「さん」を付ければ、協力者に見せかけようとしているわけですから立派なヤラセになります。だいたい、皇族でさえ平仮名で小さく「さま」なのに、一般人に「様」って、それこそ何様？　というものです。

　マーケッターやコンサルタントでも「お客様」という言葉は使わず「お客さん」を使っている人は少なくありません。動画制作者は特殊な狙い（小バカにするとかおちょくるという狙い）があるとき以外は「様」を使うべきではありません。

音便（おんびん）

　音便とは「音がつながったときに、発音しやすいように音が変わること」です。「突きたてる」という動詞を名詞化して、つき立てるもののことを「つきたて（Tukitate）」というようになり、第二音の子音「k」が省略されて現代では「ついたて（Tuitate：漢字では「衝立」）」といいます。このような「イ」の音だけが残る音便を「イ音便」といいます。

　これは大昔に変化し終わっている例ですが、今現在変化している途中の言葉もあります。「すみません」は今では50歳以下のほとんどの人が「すいません」と発音します。これも正しい「イ音便」ですから「すいません」は間違いだというのは間違いです。ですが「すみません」を「すいません」というと、特に表記するとちょっと頭が悪い感じが漂うので、映像を作る場合や公の場合には「すみません」を使うことをお勧めします。

　「手術」や「新宿」は「しじつ」「しんじく」という読みもNHKでは「許容範囲」としています（「ことばのハンドブック」）。これはたぶん音便ではなく、単に言いにくいからというだけで、舌がよく回らない人は「しじつ」でもいいことにしましょ、というだけです。

　「梅の木の下に埋めた」　これをどう読みますか？　これは「うめのきのしたに**んめた**」と読むのが古来からの正しい読み方なのだそうです。「埋めた」が音便化して「んめた」になるのですね。これは、泉大助が駆け出しのころ、ラジオの仕事で当時の大御所の脚本家に教えられたことです。現代語で育った著者には違和感バリバリなのですが、実際音にするとこのほ

うがスムーズで流れがいいのです。もちろん表記は「うめた」ですよ。日本語は古来、表記と発音は一対一の対応ではないのです。今でも漢字はそうですよね。

鼻濁音

鼻濁音は、文部科学省の日本語には入っていませんが、スムーズで音の響きとしてもきれいなので、言葉に詳しい人のほとんどがあったほうがいいと思っているようです。ナレーションでも積極的に使うべきでしょう。というか、これを使えなければプロとはいえません。

「がぎぐげご」を少し鼻にかけた感じで発音します。「ンガ」のような感じです。「ン」は発音はしませんよ。発音記号では「か゚」とされます。日本語では鼻濁音は音便でしか出てきません。それはつまり第1音は鼻濁音にはならず、前の音とつながった場合だけ鼻濁音になるということです。たとえば「学校」の「が」は鼻濁音にはなりませんが「農学校」の「が」は鼻濁音になります。「農学校」の場合、鼻濁音じゃなく発音するほうが難しいですね。

助詞の「が」は鼻濁音になりますが、助詞だから、ではなく、助詞は必ずその前に音がつながるので鼻濁音になるのです。「学校」と「農学校」は同じ名詞同士ですから、品詞によって鼻濁音になったりならなかったりするわけではありません。

「が」は「～ですが」などと音がつながった場合は鼻濁音になりますが、独立して文頭に来た場合は鼻濁音にはなりません。が、（←こういう場合）「が」という発音はきれいな発音とはいいがたいものなので、耳障りに感じたら鼻濁音ぎみに発音してもいいでしょう。でも、あまりはっきり鼻濁音にするとやはりおかしいです。滑らかに文章をつなぎたいのならば「が」を使わず、「しかし」や「ですが」を使えばいいわけで、なぜ「が」を使うのか

といえばパンチを付けたいところだからですよね。それを鼻濁音にするのはおかしいのです。たとえばアイドルが歌を歌う時には、パンチを出すためにあえて鼻濁音ではなく歌うように指導されるそうです。もちろんリズムやノリが重視され、歌詞やメッセージはどうでもいい楽曲だからこそそうなるわけです。ちなみに「ノリ」とは、アタック（音が最も立ち上がったところ）が正規のテンポよりほんのちょっと早めに来るのか遅めに来るのかのことをいいます。早めに来ることを「前ノリ」、遅めにくることを「後ノリ（後ろノリとも）」といいます。鼻濁音を使うと必然的に後ノリになってしまうので、前ノリで行きたいアップテンポな曲はあえて鼻濁音を使わないようにすることがあるのです。特に理由がない時には、鼻濁音になるべきところは鼻濁音にしたほうがいいでしょう。確たるルールはないので臨機応変でいいのですが、鼻濁音にするべきところを鼻濁音にしないと音が汚らしくなります。

テロップについて

　映画やドラマではタイトルやクレジット以外はまずテロップを入れません。**動画は、映像で伝えるものなのですから、文字や言葉で伝えてしまってはなにをしているのだかわかりません。**

　テレビではご存知のようにテロップをたくさん使いますが、実はベテラン制作者は「画を汚す」といってテロップを入れるのを嫌います。でも、テレビでは尺が限られていることや、文字を見せたほうが伝わりやすい情報も多いことから、どうしてもテロップを入れることを避けることはできません。大事なことは、必要なテロップは入れなければいけないし、不必要なテロップは入れてはいけない、この必要・不必要を見極められるようになることです。必要はなくても入れておけば損はないと思ったら大間違いです。

　これはまったく難しいことではありません。たった1つのことだけを頭に入れておけばいいのです。「**人間は一度に一つのことしか認識できない**」これだけです。だから画面にはいつも、「**伝えたい情報はただ1つだけしか存在してはならない**」のです。共存できるのはそれを引き立てるための情報だけです。伝えたい情報は絞り込まなければいけません。絞り込まなければ必ず伝わりません。映像の世界ではこれを「画面を整理する」といいます。

　映画やドラマではなぜ滅多にテロップを入れないのでしょうか。それは、1つのストーリーを映像でつづっているからですね。動画はそのストーリ

ーに没入してもらってナンボのものです。なのに、テロップなんぞを出したら、没入の妨げになるばかりです。「3 years later...（3年後）」などといった、映像だけでつづるのは無理もしくは意味なく長～くなってしまうという時だけ、しかたがなくテロップで端折るわけです。[*]

　一方、テレビの情報番組ではどうでしょう？　最近のテレビはやたらテロップがたくさん出ていますが、あれ、みなさん、邪魔にしか思っていないですよね？　なぜ邪魔だと思うのでしょう？　それは、いま映像が語っているストーリーと関係のないテロップが出ているからです。**視聴者が望む情報ではない**テロップだからです。邪魔だと思わない人は、映像を見ていないのでしょう。テレビを点けて文字だけを読んでいるのなら、ネットのサイトを見たほうがマシですよね。だって、サイトの文字は動いたり消えたりしないから、ずっと読みやすいですよ。だから多くの人がテレビを見るのをやめて、ネットへ行ってしまったのでしょう。画面が整理されていない番組はろくすっぽなにも伝わらないので、たとえ内容はおもしろいことをやっていたとしても"つまらない番組"になってしまいます。

動画だって1つのことしか伝えられません

　とあるチャンネルのニュース番組なんですが、画面でニュースを流しながら、下にまったく別のニュースを字幕で流しているという番組が2022年4月現在ではあります。もし、まだやっているなら、一度見てみるといいです。画面のニュース、字幕のニュース、どちらもまったく頭に入ってきません。当たり前ですね。人間はあっちもこっちも見ていられないのです。聖徳太子じゃないんだから。古いよなぁ、例えが。

＊ PinP（ピクチャー・イン・ピクチャー：画面の中に別の画面を小さく出すこと）も同じ理由で出してはいけないものです。だから映画やドラマではまずありませんよね。一般番組であっても、没入を妨げることに変わりありません。

「動画は一度にたくさんの情報を伝えられる」という言葉の意味を勘違いしている人が多過ぎるようです。構文の項で使った例題の第1カット（校舎とグラウンドと富士山）を思い出してください。あのように、1つのストーリーの周辺情報、つまり「環境」や「状況」は極めて短い時間にたくさん伝えられるのであって、**まったく別々の情報をいくつも同時に伝えられるわけではありません**。人間には、情報を受け取るチャンネルが1つしかないので、1つずつ順番に認識していきます。「百聞は一見に如かず」の言葉通り、映像情報はそれぞれに要する時間が極めて短いというだけで、**同時に伝えられるわけではありません**。ましてや、**テロップは文字です。映像情報ではありません**。あれもこれも情報をただ垂れ流せば伝わるというものではありません。逆です。1つだけなら伝わるものも、あれもこれもたくさんあればどれ1つ伝わらないのです。

また、たくさんの情報を一度に表示できるというだけで、どの情報を受け取るか受け取らないかは視聴者しだいなのです。視聴者は自分が受け取りたい情報しか受け取りません。つまり、**あなたが独り善がりで押し付けたい情報をテロップしたところで、いくら長い時間出しても視聴者は受け取ってはくれない**のです。だから伝わりはしません。その受け取りたくない情報にモンタージュによって付加価値を付けることで、自ら受け取りたいと思ってもらえるようにする、これが動画というものです。だから演出は必ず先に、受け取って欲しい情報（テロップ）は必ず最後に来ます。これができるからこそ動画は訴求力が強いのですが、それと引き換えに1つのことしか伝えられないのです。

くどいようですが大事なことなので、もう一度説明しますね。ここにハサミを写したカットがあるとします。

今すぐお電話！
0120-501-XXX

　ここからわかることは、どのような形・色・材質・機能・用途か、そのくらいでしょうか。人間が目で見て得られる情報というものはたいへん多いのです。たくさんの情報が伝わりました。でも注意してください。すべて、ハサミに関する情報だけです。ハサミと関係のない情報をテロップで出したところで、そんなものは伝わりません。写真ならいつまでも見ていられますが、動画には賞味期限があります。数秒で消え去って次のカットに行ってしまいます。だから、たとえばこの画面の片隅に電話番号などを出しても、一瞬そちらをちらっとは見るでしょうが、**視聴者が求める情報ではないので**、だれもそんなものは頭に入れません。頭に入れるのは、このハサミが欲しいと思っている人だけですが、ただハサミを見ただけではだれも欲しいとは思ってくれません。動画が伝えられるものは、そこに写っている「興味の対象」とそれに関する情報だけです。**視聴者が必要とする情報だけです**。この電話番号のテロップが「受け取ってほしい情報」であるならば、それを受け取ってもらえるように、まずこのハサミの魅力を存分に伝えこのハサミを「欲しい！」と思ってもらい、視聴者にこの電話番号を必要としてもらうのが先だということです。そのような状況を作ることこそが「番組部分」の役目なわけですから、テロップ（告知部分）は必然的に最後になるのです。その時、この電話番号はただの電話番号ではなく、「この魅力的なハサミを手に入れるためのたった一つの連絡先である」という付加価値が付けられ、その価値が飛躍的にグレードアップされているのです。なのに、焦って番組部分に電話番号を出してしまえば、番組部分がその役目を果たすことを邪魔するだけです。するとハサミの魅力が伝わら

ず、だから欲しいと思ってもらえず、結局電話番号は消費者にとって必要のないゴミ情報でしかなくなるわけです。このような段取り、筋書きを無視してたくさん情報を出せば出すほど、なにも伝わらなくなるのです。これが「時間軸方向に立体的にものごとを把握する」ということです。なんのことはない、段取りを考えるということですね。

クリエーターを志すあなたならもう十分におわかりでしょう。「伝える」のではなく、「伝わる」ようにするということは尋常ではなくたいへんなことなのです。それこそ編集の妙技や全体の構成など、あの手この手を駆使してなんとか映像に没入してもらい、没入してもらえるからこそ、強烈に印象的になにかを伝えられるのです。ただテロップを出しておけば伝わるのなら、なんの苦労もありません。映像もストーリーも編集スキルも、なに1ついらず、頭からずっと文字だけ出しておけばいいですよね。それ一体、だれが受け取ってくれるのでしょうか？　そんな動画を「見たい」と思ってくれる人が1人でもいるでしょうか？

テロップは、いま画面でやっていることの補助になるものだけを出す。どうしても出さなければわからないよなぁ、と思われるものだけを出す。迷ったら出さない。なるべく出さない。しかたなく出すときは、一文字でも少なくする。だって、**テロップを出さなければならないというのは、映像が足りていない、不備があるということ**なのですから。これはコメント（ナレーション）もそうですね。**コメントもテロップも映像の引き立て役**なのですから、映像と対立するようなもの＝映像から目や気をそらさせるようなものは絶対に出してはいけません。映像ではなく、テロップが主役になっているのならば、それはもはや動画ですらありません。

映像に不足があるときは、まずセリフでカバーすることを考えます。それがうまくいかないようならナレーションでカバーすることを考えます。それでもダメなら、カバーしなければどうしてもダメなのかを考え直します。それでもダメならようやく、テロップを出すことを考えるのです。

なにをテロップするべきか

　では、しかたなく出さなければいけないテロップとはどのようなテロップなのかを見ていきましょう。

　まず、権利表記ですね。これは出したくなくても出さなければいけません。でも、権利者の宣伝でしかないので、なるだけ小さく出します。読める最小限。読めないのでは表示したことになりませんが、不必要に大きければ視聴者が映像を見る邪魔にしかなりません。秒数は3秒です。2秒では短すぎ。表示したことになりません。4秒出すと、昔のNHKではよく「お前は○○の回し者か!」と言われました。○○はその権利者のことです。宣伝をしてはいけないNHKでの決まり文句だったのです。宣伝になってはいけないのはNHKだけではありません。**視聴者は宣伝臭が漂えばたちまちあなたの動画から興味を失います。**あなたの好きな映画の中に、宣伝テロップが出たところを想像してみてください。あるいはトーク番組だと思って見ていたら、そのトークしている人が出演する番組の宣伝でしかないとわかったときのあの不愉快さ、だまされた感。本当に腹が立ちますよね。CMはどうすればいいのかって?　CMだってウケたもの、たとえば白い犬のCMとかは全然宣伝臭さはないでしょう?　頭から「宣伝でございます」調で始まるものなんて、初めから作った側に「見てもらおう」という気さえからっきしないことがわかりますよね。どうすればいいのかはこの本には書きませんが、アメリカの今は亡きとある大御所マーケッターが生前口癖のように言っていた言葉をご紹介しておきましょう。「広告は最後まで広告だとバレないようにやれ!」(最後、つまり告知部分ではバレていいんですよ)

　次に固有名詞です。地名、人名は、漢字で見せる必要がある場合が多いので、こればっかりはしかたがないです。映画やドラマでも地名・人名のテロップはもっともよく出てくるものの1つでしょう。街の雑感を見せるフリをして、ちゃっかり町名の入った看板や道路標識を入れ込んだりする

こともあります。これも文字で見せちゃっているので、決して上等なやり方とは言い難いのですが、それでもテロップを出すよりはずっとずっとスマートなやり方です。画像とテロップでは次元が違うのです。テロップのほうがずっと手前にあるように感じますよね。これも映像物語に、より没入してもらうためにここの地名を知ってもらう必要があるからテロップを出すのであって、あくまでもより没入することをサポートするテロップしか出してはいけません。

　次はよく聞き取れないコメントのコメント・フォローです。お年寄りや訛りの強い人、そしてもちろん外国人のインタビューなどは、なにを言っているのか聞き取れないことがありますね。聞き取れない場合に限りテロップでフォローします。これを「コメント・フォロー」といいます。視聴者は、なにを言っているのかわからないと没入できないどころか興味を失ってしまうので、聞き取れない場合にだけしかたなく出すのであって、**聞き取れるのに出してはいけません**。テロップを出すと、その瞬間から視聴者は映像を見てくれなくなります。テロップはいつまで出ているかわからないので、しかたなく即座に文字を読みにいってしまうのです。読んでもらえるのならいいじゃないかというのは間違いで、読むのではなく、それが必要な情報かどうかを確認しに行くだけです。そして必要な情報ではないと判断すれば、その瞬間に頭から削除します。テロップ情報は削除され、映像は見てもらえない。これでは動画を作った意味がありません。インタビューなどでも、その人の表情を見てほしいはずです。なのに、その人の顔つきや表情は、テロップを出した瞬間に視聴者の目の前から消えてなくなってしまうのです。テロップで見せたほうが強く伝わるなんてことはありません。もしそう信じているのならば、なぜ動画をやっているのですか？

　バラエティ番組では、タレントのおもしろいコメントを強調するために、おもしろおかしくアクションも付けてコメント・フォローを出すときがあります。これにも条件があります。「さんざん見なれたタレントの顔で、表情はどうでもいい時」＝「映像はどうでもいい時」であり「フォローをす

ること自体もしくは言葉自体がおもしろい時」に限ります。ここぞという
ときにだけやるからおもしろいのであって、乱発すればおもしろくなくな
ることに注意してください。ああそれから、「番組がおもしろい」とはその
ような目先のことではないということも肝に銘じておいたほうがよろしい
かと。

　あとは、音（ナレ）だけではわかりにくい単語などでしょうか。他にもい
ろいろあるでしょうが、いつでも**「映像の不備を補完するもの」「視聴者が
より没入するためにその情報を必要とするであろうこと」**が絶対条件です。
出すほうはサービスのつもりかもしれませんが、まったく視聴者が必要と
していない、大きなお世話で邪魔なだけのテロップは迷惑でしかありませ
ん。それらは、視聴者に対して「この動画を見るな！　出ていけ!」と言っ
ているようなものなのです。あるいは視聴者をスポイルします。どうせテ
ロップが出るからといって、画面をよく見ない、話をよく聞かないように
なってしまうのです。つまり没入しないのです。没入しないのだからおも
しろいわけもなく、そして最近のテレビはつまらないと文句を言うのです。
没入しない視聴者が悪いのか？　没入させないテレビが悪いのか？

　出さなければいけないのか、出してはいけないのか、初心者には判断が
難しいものに「※イメージです」とか「※個人の感想です」といった"言い
訳テロップ"があります。報道系動画では、すべてが「本物映像」でなけれ
ばいけないので、CGによる模式図が実写なのかCGなのかわかりにくい場
合や、本物映像が用意できず資料映像で済ます場合には「※イメージです」
といったテロップを出したりして、本物映像だと誤解されないようにしま
す。すべてが偽物映像である番組系動画（CMを含む）では、このテロップを
出す必要はないはずです。「言い訳」なのですから、出せば直ちに視聴者に
不快感を与え、信用が落ちます。報道系、番組系どちらであっても、**偽物
映像なのに本物映像のように見え**、かつ、**本物映像だと誤解されてはマズ
イ場合に限って**誤解されないようにする処置が必要になるわけですが、テ
ロップで済ますなどというのはもっとも安易で稚拙な処置方法です。他に

方法がない場合、最後で最低の手段としてテロップを出すわけです。ニュースは没入してもらう必要もないので体裁はどうでもよく、なによりも急ぐことが大事なので安易にテロップで処置することが多くなるというだけです。また、明らかに絵であるとだれもがわかる誤解しようもない画に「※イメージです」などとテロップをすれば、視聴者をバカにしていることになります。車が写ったら「※車です」、犬が写ったら「※犬です」とテロップを出しているのと同じです。出さなければいけないのか、出してはいけないのか、その判断は実はとても簡単です。"言い訳"なのですから、いつだって絶対に出してはいけないのです。初めからこんなテロップは出さなくてもいいように作ればいいだけです。初めから言い訳しなくてもいい仕事をすればいいだけです。本物映像が必要ならば、本物映像を撮ればいいじゃないですか。どうしても本物映像を使うわけにはいかない場合なんて、ニュース以外ではまず滅多にありません。CGやイラストを使うときには、明らかにイラストであることがわかるようなモデル図にすればいいだけです。著者は25年間、NHKで一万番組以上を作りましたが、「※イメージです」も「※個人の感想です」も一度も使った記憶はありません。もちろん、一度もクレームが来たことも、問題になったこともありません。

　どんな時にテロップを出すのか？　最後のケースは、うーん、これはバラそうかどうしようか相当悩んだのですが、この本を買っていただいたあなたにだけ、そっとプロの"本当のこと"をお教えしましょう（この部分は、校正の最終チェックで追記しています）。この本に「気のせい映像」という言葉がさんざん出てきましたよね。入れるべき適当な画がないときに、それっぽい意味のない画や資料映像などを入れることを指すわけですが、この「気のせい映像」ってしっかり見て欲しくはないわけです。そんな「画を見て欲しくない」ときには、テロップを出して画から目を逸らさせるのです。……ほら、最近のテレビやアマチュアの動画には、なぜやたらたくさんテロップが出るのかわかったでしょう？　見せるに値する映像が撮れない、作れないと、テロップで目を逸らさせようという意識が働くのです。レベルが低いほど映像制作できないので、この傾向は強くなります。もちろん、低

レベルの人は無意識でそうしているのでしょうが、上級のプロはわざとやっています。つまりレベルが低いか手抜きの証だということです。

　それほどテロップとは「出してはいけない」ものであり、全力で回避するべきものなのです。もちろん、それでも出さなければいけないときはあります。しかしテロップを出すのは、映像制作者の負けなのです。

どのくらい出せばいいのか

　テロップは何秒くらい出すべきか。**「黙読で3回読める時間」**というのがNHKルールです。もちろん、年配者向けならちょっと長めにしますが、若者向けだからといって短くしてはいけません。若いからといって読むのが速いわけではありません。反射神経の問題ではないのですから。

　画面デザインの一部としての「読ませる必要のないテロップ」は除外して、「読ませたいテロップ」であれば3秒未満はあり得ません。たとえどんなに短くても、1文字や2文字であっても、読ませたいのならば最短で3秒です。3秒以下では表示したことになりません。

　文字が多くなれば当然出している時間も長くなります。番宣でいえば、最後に番組タイトルとメディア、日付時間を出しますが、あの程度の分量ならば6〜8秒を目安にします。5秒では短いのです。

　また逆に、長く出せばいいというものではありません。近年は、知りたがってもいない視聴者たちに無理に情報を押し付けたくて、ずっとテロップを出している例が多いですね。番宣では日付時間などを、通販系のCMでは電話番号を頭からずっと出していたりしますが、これらの**「視聴者が欲していない情報」**は、**いくら長く出していたって受け取ってもらえる日は永遠に来ません。**

見知らぬ相手にゴミを黙って押し付けたって、絶対にもらってはくれませんよね。いつまでもずーっと押し付けていれば、いつかはもらってもらえると思いますか？　そんなことをすればもらってくれるどころか、相手は怒り出してしまうでしょう。それと同じで、**あなたが一方的に伝えたい情報などは視聴者にとっては必要のないもの＝ゴミなのです**。だから受け取ってもらいたければ、その情報がいかに価値があるものなのか、つまり**ゴミではないんだということを先に説明する必要があるのです**。番組部分が役割を果たしてさえいれば、相手は「欲しい!」と思っているはずです。そんな相手は、一瞬出せば相手のほうからひったくるように取っていきます。だから長く出す必要などありません。もし受け取り損ねた人がいても、その人は検索してでもその情報を手に入れるでしょう。しかし番組部分がへなちょこならば、相手は「欲しい!」と思っていないわけですから、永遠に受け取ってはくれません。いかに長く押し付けるかではなく、いかに「欲しいと思わせるか」だけの勝負なのです。

どこに出すか

当たり前のことなのですが、映像の邪魔にならないところです。テロップで肝心なところが見えないようでは本末転倒です。基本は、映像よりもメインとなるようなテロップならば真ん中の下、映像のほうがメインでどこに出してもいいようなテロップならば右下にできるだけ小さくです。なぜ右下なのかというと、映像には左上から右下へという流れがあるからです。これはカミテ・シモテのところでやりましたよね。したがって右下が一番の"末席"なのです。邪魔なものをしかたなく出すのですから、当然"末席"にできるだけ小さく出すのです。もし、右下が都合が悪い場合は左下になります。そこも都合が悪ければどこか空いているところを探して、うまいこと出すのです。

特に長いテロップや、座布団を敷いたり枠を付けたりしたテロップは**絶対に上に出してはいけません**。視聴者に物凄い閉塞感、圧迫感を与えるからです。

動画の文法 トップ・プロが教える「伝わる動画」の作り方

テロップが入ると圧倒的な閉塞感。同時に臨場感も失われていることに注意。

　これは映像の最も初歩的な大常識です。映画でもドラマでも、上にテロップを出しているのを見たことがないでしょ？　この閉塞感、圧迫感を感じられない人は、感じられるように感性を鍛えましょう。この本の冒頭でも書きましたが、感性とは時間をかけて鍛えるものです。時間は左上、ウォーターマーク（テレビ局の権利表記）は右上、ニュース速報なんか真ん中の上に出るじゃないかって？　これらのテロップは番組制作者が出しているのではありません。放送を送出する一番最後のところで送出技術者が番組に"上乗せ"しているのです。なぜ上なのか？　テロップは絶対に重なってはいけません。テロップが重なって読めなかったりしたら、放送事故扱いです。ですが、番組内にはすでにテロップが出ているかもしれません。なので、上なら絶対にテロップが出ているはずがないから、上に出すのです。だから猿まねはダメだって言ったでしょ？　テレビは事情があって、やってはいけないことをやっていたりするのです。

　映像とは関係のない、権利表記や、特に宣伝テロップなどを出さなければいけないときは、できるだけ小さく右下、もしくは左下に（要するに隅に）寄せます。映像を絶対に邪魔しないこと。映像を補助しているのではないこれらのテロップは、視聴者から見ればただただ邪魔で迷惑なだけです。視聴者が映像に没入するのを邪魔している、つまり自分の首を絞めている行為だということを肝に銘じてください。だから、居候（いそうろう）が3杯目のお茶碗をそっと出すように、恐る恐るそっと出すべきです。さりげなく、できるだけ目立たないように。**端に小さく出したら気が付いてもらえないなどということはありません。**権利表記などは気が付いてもらえなく

てもいいわけですが、読んでもらいたいテロップの場合はポスターと同じように、視聴者の目が自然にそこに行くような画に、視聴者がその情報を求めるように番組全体が作られているはずです。でなければ、なんのためにその動画を作ったのだかわかりません。ましてや**大きくあるいは長く出せばより強く伝わるなどと思うのは大間違い**です。遠くからテレビを見ている人はまずいません。いるとしてもそんな人は対象外です。大きければ大きいほど目障りなだけで、視聴者の反感を買うだけです。視聴者は見たくないものには自動的に心のフィルターをかけます。だから視界には入っているはずなのに、見えてはいません。見てはいません。たとえば広告なら、邪魔なテロップを出すことはあなたの「売らんかな」の浅ましさ、押しつけがましさ、図々しさ、視聴者に対する配慮のなさが伝わるだけ（ほら、動画って一度にたくさんのことが伝わるでしょ）で、プラスになることは1つもありません。こういったところで「動画って作っている人の人間性がとてもよく伝わる」のです。これが「動画は伝えられる情報量が多い」という言葉の裏の意味です。

　基本的に横書きにしますが、右端や左端に縦書きで出すこともできます。縦にするか横にするかは、画面に実際にテロップを置いてみて、エヅラと全体のバランスで決めます。

　タイトルなどは画面のど真ん中に大きく出しますが、これはもう動画の範疇ではありません。グラフィックデザインの管轄です。映像の補助ではなく、テロップ自体がメインになっているわけで、それはもはやテロップではなく、文字の形をした映像と考えるべきだからです。いずれにしても「なにを見せたいのか」を常に忘れないようにしましょう。

　人の顔の上は極力避けます。特に目が隠れてはいけません。皇室、王族の人が写っている場合には、体や腕にもテロップがかかってはいけません。特に外国ではたいへん失礼に当たるようです。英国王室を扱った番組の番宣を作ったときに「国際問題になるから」と厳重に注意されました。また、

NBA（アメリカ・バスケットボール・アソシエーション）からも「選手の体にテロップがかかってはいけない」とのお達しが来ていました。今は緩くなったようですが。日本人が思っているより強烈に失礼になるようなので注意しましょう。

　人の肩書・名前などを当人に当てる場合には、ワン・ショットなら特別に考える必要はありませんが、ツー・ショット以上ならどの人の名前なのかがわかるように出します。日本では基本はその人の体の上です（一般人の場合ね）が、空いているスペースがあるなら、そちらを優先するのが本当なのです。横書きの名前を首の上や、首の横線上に出すのは「首チョンパ」になるのでいけません。画面に横線が入っている状態、たとえば水平線や地平線、塀だとか屋根、壁の継ぎ目など、なんでもいいのですがとにかく横線がある場合、その横線が首の位置に来ることを「首チョンパ」といいます。これは絶対にやってはいけません。縁起が悪く、その人の死を望んでいる、予言しているような意味になり、たいへんに失礼なことです。見る人は息苦しさを感じます。これも感じられない人は、感じられるように訓練したほうがいいでしょう。

　邪魔にならないように出すといいましたが、そもそも、撮影の時からテロップを出す場所を考えて、そこを開けた構図で撮るのです。映像ができてからどこに出そうかな？　ではなく、撮影する前からキチンと計画しておくことが大事です。番宣など、すでにある画で作る場合には編集の時にテロップを出す場所を考えて、そのような画を選んでつなぐのですが、最後の画が変わるということは、すべてがつながっている場合には当然その前の画も全体のストーリーも変わってきたりします。最後までつないでおきながら、思ったようなエヅラのラスト・カットがないために、「はい、コンセプトからやり直しー!」という切ないこともしばしばありましたねぇ（遠い目）。

出し方、抜き方

　テロップは該当するカット、もしくはナレーションのタイミングに合わせて出します。編集で入れる場合は、該当するカットのカット終わりに合わせて抜くのが普通です。基本はフェード・イン、フェード・アウトで、それ以外の出し方は、はっきりいっていりません。テロップの出し方なんぞに意味はないのです。派手なエフェクトなどは、ただでさえ邪魔で迷惑なテロップをさらに邪魔で迷惑にしているだけです。もちろん、現実にはテロップに動きを付けたいときはあります。それは動かすことに意味があるときですが、そんな事態はまぁ滅多にあるものではありません。また、そんな時は、**テロップが主役になってしまっている**ことをきちんと認識するべきです。ああ、あとプロは素人であるクライアントを喜ばすために意味なく動かすこともありますので、テレビを猿まねしては（以下略）

　カット・イン、カット・アウトならば、編集できっちりカット目に合わせます。カットの真ん中でカット・インやカット・アウトするのはカッコ悪いです。つまり、カット・イン・アウトは編集でなければ入れられません。「白素材（テロップを入れていない状態。NHKでは「クリーン」という）を編集済みで納品」の場合でも、カット・イン・アウトのテロップは入れておかなければいけない場合もあります。たとえば生放送の出しVならば、スタジオではカット・イン・アウトはできませんから、編集で事前に入れておく必要があります。フェード・イン・アウトは生放送でもできます。

　フェード・インならば、カットが変わってすぐフェード・イン、もしくは映像やナレーションの該当するところでフェード・イン。フェードの場合は、あるカットの真ん中でイン・アウトしても大丈夫です。フェード・アウトするときは、フェードの途中でカット目が来ないようにします。インでもアウトでもカット目にぶつけて（フェードの最中にカット目が来ること）はいけません。ただし、スライドやワイプなど一部の「チェンジ（トランジション）」はカット目にぶつけることができます。「チェンジ」とは「テロッ

プ・チェンジ」のことで、今、一枚テロップが出ていて、それを次のテロップに変えることです。ふつうは前のテロップをアウトしてから次のテロップを出すのですが、前のテロップをアウトせずにいきなり次のテロップで画面を更新することです。映像でいうところのトランジション（効果時間を伴う場面転換のエフェクト。OLやスライド、ワイプなど）ですね。今出ているテロップが左へスライド・アウトしながら右から次のテロップがスライド・インしてくるとか、今のテロップがワイプで次のテロップに替わるとかなら、その最中にカットが変わってもおかしくありません。

　著者は編集で入れる場合、カット目から5〜10フレ開けてフェード・インが始まるようにします。アウトするときも、完全にフェード・アウトしてから5〜10フレ開けてカット目が来るようにします。このほうが「フェード」であることが視聴者によくわかってもらえるからです。0フレですぐフェード・インしてしまうと、視聴者はカット・インしたのだかフェード・インしたのだかわからないでしょう。お客さんはそんなに一生懸命見ているわけではありませんからね。そして、アウトのところでは、フェード・アウトして0フレでカットだと、残像が目に残って、テロップがこぼれたように見えることがあります。それでなくても、カット目にぶつかったように見えるので、いささかお行儀がよくないかなぁと。これはあくまでも著者の流儀であって、そうしなければいけないということではありません。ついでに書くと、フェードのデュレーション（効果時間）は、普通は10フレ、長めで20フレ程度を愛用していました。

　動くテロップを「VTRテロップ」といいます。昔は文字が動く動画を白黒で作っておいて、それを再生しながらキーで抜いてテロップしていたからです。今ではVTRを使わないので、単にエフェクトなどといいます。インターネットでAfter Effects用のテンプレートが売られているので、それをダウンロードしてAfter Effectsに読み込めばだれでもできます。たくさん使いたい場合は、すでにそのテンプレートをたくさん持っている人、知り合いでいなければ民間の編集室へ行けばあっという間にやってくれます。

値段も自分でたくさんテンプレートを買うより安くできます。なんといっても自分で気に入ったテンプレートを探すのはたいへん時間がかかりますので、他人に適当なのを勝手に付けてもらったほうがお金も時間も何倍もお得です。繰り返しますがエフェクトなんぞに意味はありませんから、なにを付けたって付けなくたっていいのです。とはいえ、そこら中で見かけるお決まりのエフェクトは、見せられるたびにウンザリします。他に芸はないのかよ……と思います。そんなありきたりのものを付けるくらいなら、フェード・インかスライド・インにしたほうがマシです。プロがシャレた、もしくは派手なエフェクトをテロップに付けるのは、十中八九素人であるクライアントを喜ばせるためか、目先をごまかすためです。時には見栄えが必要なときもありますが、基本的にはいらないものです。だから映画やドラマなど、動画としてのレベルが高いものほどエフェクトなんて付けないでしょう？

　長尺番組など尺が許される場合は、該当するカットの長さを、テロップが十分読めるだけの長さにしてやり、テロップをこぼさないようにしましょう。尺に余裕がない短尺番組の場合は、テロップを入れるときに該当する画に当ててやり、後ろはこぼします。「こぼす」というのは、該当するカットが変わってもテロップは出し続けるということです。テロップは読ませるために出すのですから、読む時間を与えないなどというのは論外です。視聴者が読んでいる途中でテロップが消えてしまうようでは、なんのためにテロップを入れたのかわからないばかりでなく、視聴者に対して失礼であり、ケンカを売っているようなものです。たとえカットが変わってまったく関係のない画になってしまったとしても、2〜3秒くらいならこぼしても大丈夫です。視聴者はその画に当てたテロップだとは絶対に思いません。また、テロップをナレーションで読んでいる場合には、読み終わるまで絶対に抜いてはいけません。

　生放送では、出しVを出しながらテロップを入れることがあります。このとき、ニュースや報道系などは特に、本番で初めてそのVを見る場合も

あるわけで、どこにカット目が来るのかなんてわかりません。ですから、テロップを入れるときはカットが変わったら即入れます。そして、抜くときはカットが変わってからひと呼吸おいて抜きます。このひと呼吸が大事で、カットが変わったからといって慌てて抜くと、こぼれたことが視聴者にバレます。失敗したと思われます。動画って"たくさんのことが伝わる"のです。カットが変わっても慌てず騒がず、つまりひと呼吸おいて堂々と抜いてやれば、わざとそうしたんだと視聴者もわかってくれます。だから、わざとそうします。こぼすときには1秒とかではなく、2〜3秒くらい堂々とこぼしましょう。ということは、生放送の出しVを編集する時は、カットを短くしてはいけないということです。ついでに、テロップの話ではありませんが編集の本なので書いておきますが、出しVは必ずスタジオから行ってスタジオに戻るのですから、そのファースト・カットとラスト・カットはスタジオの画と同ポジにならない画にしておきましょう。

テロップ情報を受け取ってもらうには＝番組の作り方（超簡易版）

　プロがいう「番組」とは、「ショー」以外の言葉に言い換えるなら「製品」とか「商品」という言葉が一番近いかもしれません。すべて計画された作り事でできているということです。ただ情報が並んでいるだけではなく、興味を引くような工夫が凝らされている、正しく演出されている、ということです。「番組にする」とか「番組になっていない」などと使います。「作品」との違いは「理に適った形になっている」＝「基本形に準じた形になっている」＝「機能性がすべて」ということです。「作品」という言葉は芸術にも使われますが、芸術は自己表現ですから、視聴者の気持ちや都合は考えられていません。それを考えてしまったらどんどん芸術ではないものになってしまいます。でも「番組」は、見る人（消費者）がすべてです。制作者（ディレクター）の自己表現はあってはいけないのです。その制作者なりの伝え方は当然あるでしょうが、伝えようとするもの自体が制作者本人のなにか、主義や主張や思想や気持ちなどであってはなりません。「番組」を作るのは必ず職人（プロフェッショナル）であり、芸術家（アーティスト）ではありません。

ですから「番組」は芸術ではありません。芸術としての映画はここでいう「番組」ではありません。

　陶芸にたとえればわかりやすいでしょうか。陶芸家が作る「芸術品」は陶芸家自身が気に入ったものだけが世に出ます。使い勝手などは二の次です。でも、職人が作った日常的な陶器は機能性がすべてであり、だれが作ったか、制作者が気に入っているかどうかはどうでもいいことです。ですから、「番組」というものは機能性、つまり興味をひくようにできているか、伝えるべきことをきちんと効果的に伝えているか、がすべてです。

　基本形というのは「最も多くの場合に機能性が最も発揮される形」なのですから、よっぽどの例外的な状況でない限りは、基本形に準じたものになるはずなのです。

　まず話を聞いてもらえるように、視聴者が興味があるであろう話題で入って仲間に入れてもらいます。これを「キャッチ」といいます。実はこの名前はあまりよろしくなくて、ただ「キャッチ」というと「客を捕まえる」ような自分主体の目線になってしまいがちですね。いわゆる「上から目線」というやつです。でもそれはダメな感覚で、本当は上記のようにこちらが視聴者に「仲間に入れてもらう」のです。話し相手になってもらう、話を聞いてもらうのです。そのために「相手の好奇心をキャッチ」するのです。相手をより深く引き込むためには、「これはなんだろう?」ではなく「このあとどうなるんだろう?」と思ってもらうことが大切で、それにはストーリーが極めて有効です。だから"ストーリーのある動画"が最強のメディアなのですが、「ストーリー」は「変化」であり、「変化」を見せるには「時間（どんなに短くとも10秒弱程度）」が必要なので、動画はアイキャッチ（興味のない人の興味をひくこと。「これはなんだろう?」と思ってもらうこと）はできないことに注意が必要です。

　次に伝えようとする本題の方へ誘導します。これを「リード」といいま

す。ここはいかに自然に持っていくか、コミュニケーションのスキルが試されるところです。強引に持っていけば、相手は警戒して素直に話を聞いてくれなくなるか、話から離脱してしまいます。

　そこまでしてからその情報の**価値**を伝えます。これが「本題（ボディ）」です。本題とはあなたが伝えたい（押し付けたい）情報そのものではなく「その情報の価値・視聴者にとってのメリット（ベネフィットといいます）」であることに注意してください。先ほどのハサミでいえば、いかに良いハサミなのか、です。このように、**伝えたい情報を欲しいと思ってもらえるように段取りをしなければなりません。**その段取りこそが「演出」なのであり「番組」というものの正体です。

　視聴者は価値を理解したならば「そんなにいい情報ならぜひ教えてチョウダイ」となるので、そこで初めてあなたが押し付けたい情報のテロップを出せばいいのです。相手が「チョウダイ!」といって手を出しているのだから、長く出す必要なんかありません。だから、昔からその手のテロップ（番組ではオチ、広告では告知部分＝売り手の都合）は最後に出すと決まっているのです。

　　相手にチョウダイと手を出させ、そこで渡して初めて「伝わる」のです。

（そしてだからこそ、1つの動画は1つのことしか伝えられないのです）

　報道とは真逆であることに注目してください。「紙芝居編集」の「ワークショップ」のところでも書いたように、報道ではいきなりネタを言います。「キャッチ」も「リード」も「ボディ」もないのです。演出をしてはいけな

＊動画はすでに内容に興味を持っている人、自らの意志で見ようと思う人にしか見てもらえません。ネットや道端にポンと動画広告を置いておいたって、だれにも見てもらえるわけがありませんよね。だからテレビでは客寄せパンダとして番組を放送しているのです。その番組だっておもしろいものしか見てもらえません。

いからです。だから報道は「番組」ではありませんし、だからおもしろい
わけがありません。ニュースがおもしろいとしたら、それは事件そのもの
がおもしろいのですよね。

（おもしろい番組や宣伝用動画の作り方は、また別の機会に解説する予定です）

フォントについて

　フォントは著作物です。テロップのフォントは著作権をクリアしたもの
でなければなりません。アマチュアが非営利目的で作るものであれば、マ
イクロソフト社やアドビ社がOSやアプリケーションと一緒に配給している
ものは自由に使っても差し支えないはずですが、その中には他社が権利を
持っているフォントも含まれていたりするので、いちいち著作権を確認し
なくてはいけません。プロが商用で使う場合はもちろん、素人の動画でも
広告収入を得ようというのなら当然営利目的になるので、著作権をクリア
する必要があります。なにせ法律的な話ですし、うかつにここに「これは
大丈夫」などと書けません。プロ・アマともに**使うときには必ず著作権を
確認してください**。確認の仕方はネットで検索すれば出ていますよ。

Chapter **9**

動画の周辺知識

音の編集

画先行と音先行　～音楽シーンのつなぎ方～

　音楽物の映像をつなぐときには、ちょっとしたコツがあるので、それを紹介します。

　音楽は一般にテンポに合わせてカットを切ると思われがちですが、実は、テンポに合わせてはいけません。音楽用語でいうならば「超前ノリ」でつながなければいけないのです。それはなぜかというと、目が映像を認識するのには5～10フレ程度（1/6～1/3秒程度：1秒は30フレ）時間がかかりますが、音は鼓膜が震えるのとほぼ同時に脳に認識されるからです。したがって、テンポに合わせてしまうと「カットが変わった」と思うのと「シンバルが鳴った」と思うのにタイムラグが発生するのです。

　音が鳴るのは、スティックがシンバルに触れた瞬間です。イン・テンポ（テンポに合わせて）でつなぐと、イン点はスティックがシンバルにぶつかったところ（C点）になるわけですが、これだと、視聴者の目にはスティックがシンバルにぶつかったところは見えず、叩き終わった「フォロー・スル

ー」しか見えません。

　では、そのタイムラグの分、5フレ程度前で切りましょう（B点）。今度は
ビッタリではありますが、ビッタリすぎるのです。

　スティックがシンバルにぶつかる瞬間を「イベント」だと思ってくださ
い。スティックがシンバルにぶつかっている時間はほんのわずかなので、1
フィールド（1フレの半分）でしかありません。B点をイン点にすると、見え
た途端に「イベント」が終わってしまうのです。

　「イベント」をしっかり見せたいのならば、「イベント」の前にさらに5フ
レ程度の助走（前置き、プリロール、余白、溜め）みたいなものが必要です。で

すから、シンバルが鳴る時点より、実に10フレ程度前（A点）にカット目を持ってこないと、ピッタリに見えません。

　音に合わせるときのみならず、精密な編集をするときには、この「タイムラグ」と「助走」を考えなければならないことがしばしばあります。たとえば「サッカーボールのアップで、足が出てきて蹴る」などもそのうちの1つです。ボールが動いていない画をどれだけ見せてから足が出てくるか「視聴者がサッカーボールだと認識する時間」を考えてイン点を決める必要があります。画と音を一緒にカットせず、画だけを先に見せておく編集を「**画先行**」といいます。逆に音を先に聞かせておいてからカットが変わるのを「**音先行**」といいます。音楽ものは常にほんのちょっと（10フレくらい）画先行でつなぐものだと覚えておくといいでしょう。

音の編集の仕方

　動画には音声も付いています。編集するといえば、当然音声も編集するのは当たり前です。アマチュアの人は「そんなの当たり前すぎて、書くまでもないだろう」と思うでしょうが、なんとプロにはこれをわかっていない人が少なくないのです。音の編集は「MA（Multi Audio）オペレーター」という専門職がやってくれるもので、編集でやることではないと思っているのです。

　音の編集を説明しだしたら分厚い本1冊でも収まらないでしょうし、著者は音の専門家でもないので、本書では最低限の、映像編集者が知っていなければまずいだろうという程度の基礎知識だけに留めます。動画を撮るとき、録音にはカメラのマイクや付属機能を使うのではなく、別途動画専用のレコーダーを用意することをお勧めします。カメラ、特に民生のものは値段を少しでも下げるために、音に関する機能は最低限のものしか付いていないものです。会議を録音するようなものではなく、4チャンネル（以後「ch」）以上の動画用のものを使いましょう。

▶ 音の丸め方

　音編集の第一歩は、いらない音を消すことです。音を使うカットのところを残して、カット単位でいらない音を消します。消しましたか？　では、残った音のあるカットのところを再生してみてください。カット頭のところで「プツッ」、カット終わりでまた「プツッ」っていってますね？　これも必ず消さなければいけません。音はカットで編集すると、編集点でプツッというものだと思っていてください。

　カット内のセリフ（もしくは使う音）が始まる直前10フレ前をイン点、セリフ終わりの10フレ後をアウト点とします。イン点には5〜10フレ程度のフェード・インをかけてください。アウト点のところはフェード・アウトです。10フレじゃなくても1フレでも1秒でも好きなデュレーション（効果時間の長さ）で構いません。こうすると、「プツッ」が消えて、フワッと音が出て、フワッと音が終わるようになりましたね。これを「音を丸める」といいます。ほぼ必ず、音出、音終わりは音を丸めると覚えてください。スタジオの出しVを作るときには必ず音を丸めます。プツッ音はスタジオではどうにも処理できません。「音ぐらい丸めて来いよ!」と怒鳴られます。映像の編集をするときは、最低限、音量は基準レベル程度に調整して、丸めておくのがマナーです。

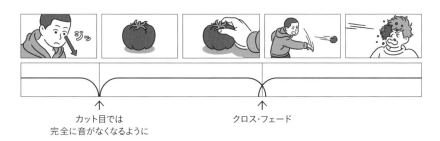

カット目では　　　　　　　　　　　　　クロス・フェード
完全に音がなくなるように

カット目は必ず丸めるかクロス・フェードにしておくこと。

　MAをするときは、音を丸める必要はありません。でも、明らかに使わな

い音、いらない音は消しておきます。消すかどうか迷ったら消さないでおきます。MAオペレーターは消すことはできますが、ない音を復活させることはできません。トラックはパラレルのままで大丈夫です。MA前の予備編集は、わかっている人がやるとMAがものすごく早く終わりますが、わかっていない人がやるとオペレーターを困らせてしまいます。だから闇雲に勧められませんが、経験を積んでぜひわかっている人を目指してほしいとは思います。

▶ クロス・フェード

　画でのOLの音版です。境目がなく柔らかく次の音に「乗り換える」ことができます。画の編集はほとんどがカットで、OLなんて滅多にしませんが、音のあるカットが続くときは必ずクロス・フェードにすると思ってください。もしクロスフェードをせずにカットでつなぐとつなぎ目で「プツッ」というノイズが入ってしまいます。画はカットでも音はクロス・フェードと覚えましょう。デュレーションは10フレくらいから1秒くらいまで、自由に決めてください。通常は、いかにもクロス・フェードしていますという感じにするなら1秒、いつの間にか変わっているという感じにしたいなら10フレです。短すぎるとクロス・フェードしている感じがしませんが、わざとカットっぽくするために6フレくらいのクロス・フェードにすることもあります。2秒とかにすると、かなり暑苦しくなります。

　画をOLして音もクロス・フェードする場合、デュレーションを同じにする必要はありません。目と耳では感じ方が違うため、機械的にデュレーションを揃えても揃っていないように聞こえることもあります。自分の見た感じ、聞いた感じを信じてください。

▶ カットでつなぐ

　音をカットでつなぐと「プツッ」というものですが、大きなアタック音（立ち上がりの早い強い音）があるところならうまくつなげます。たとえばシンバルがジャーンというところです。後ろ側のカットのイン点をジャーンの

直前にして、イン・テンポで（ジャーンが前のカットのテンポに合うように）つないでやるとたいていはうまくいきます。この方法だと違う曲、違うテンポでもつなげます。どうしてもうまくいかないときは、短い（1〜2フレくらい）クロス・フェードにするとうまくいくこともあります。

音声

▶ パラレル

　動画には、ほぼ必ず音も付いています。この音を記録しておくところを音声トラックといいます。巷にある動画には2つのトラックがあり、それをLchとRchとして使っています。これをステレオ方式といいますね。ホームビデオではステレオで収録してステレオで再生しますが、上級の動画では収録するときにはパラレル（4ch）で収録したほうが、後から音を重ねるのに便利です。パラレルとは、音声トラックを分離独立させて使う方法で、ステレオではないトラックの使い方をパラレルといいます。日本語では「多重録音」です。

　動画を扱うときには、音のトラックは4ch用意するのが基本です。編集機はデフォルトでそうなっているはずですし、プロ用のカメラは普通音声トラックが4chあります。もっともプロはカメラの音声トラックはバックアップ用でしか使わず、音は専用のレコーダーで撮ります。1chにはマイク（ピン・マイクかガン・マイク）、2chにはカメラ・マイクで録った環境音（オフ・マイクといいます）を入れるのが普通です。ピンとガン、両方使うときは、1chにピン、2chにガン、3chにオフなどとします。ピンを2本（つまり出演者が2人）使う場合は、1chにピン・マイク1を、2chにピン・マイク2を、3chにオフを入れます。

　決まりがあるわけではないのですが、1・2chを使わずに3・4chだけ使うのはやめましょう。一部の編集機はデフォルトでは1・2chしか再生されないので、音が入っていないと思われてしまいます。

オフ・マイクの音はたいてい使いませんが、一応念のためのバックアッ
プとして収録のときは生かしておきます。ミックス・ダウンのときに薄く
重ねてあげると臨場感が出たりします。

　動画専用のレコーダーで収録する場合は、カメラを回すたびにカチンコ
や信号音を入れて、後で編集のときに映像と音声を合わせられるようにし
ておきます。専用のレコーダーにはそういう機能が付いているはずです。ま
た、カチンコはそのためにある道具で、カチンとやるところをカメラで撮
っておいて、編集のときにカチンという音を画のカチンコに合わせて、画
と音を合わせます。画と音を合わせることをリップ・シンク、日本語では
「同期を取る」といいます。リップは唇のこと。唇とセリフを合わせること
からリップ・シンクといいます。単に「リップ」とだけいうこともありま
す。リップ・シンクは「2フレまではずれてもOK」ということになってい
ますが、そんなルールが本当にあるのかないのかは謎です。著者は1フレ
だってズレないようにしていましたが、2フレずれちゃったら作り直しま
す。

▶ **ステレオ**

　2つのトラックだけを左用・右用として使い、収録再生する方法をステ
レオといいます。普通は1chをL（左用）、2chをR（右用）とします。ステ
レオにして再生すると音に左右の広がりが付きます。2つのチャンネルしか
使わないので、左用chのことを1chではなくLch（エルチャン）、右用chのこ

とを2chではなくRch（アールチャン）と呼ぶのが普通です。番組を作るときには通常、素材のときにはパラレルで作業して、一番最後にステレオにします。このように、たくさんあるパラレルのチャンネルを、ステレオの2つのチャンネルにまとめることをミックス・ダウンといいます。真ん中から聞こえてほしい音はLchとRchの両方に同じ音量で入れます。テレビやインターネットの動画などでは、音の左右の位置（位相といいます）を細かく設定する必要はなく、ナレーションやセリフなどはすべて真ん中から聞こえるようにします。画面がそれほど大きいわけではないので、左右に振ったりするとかえって不自然になるからです。BGMはもともとステレオなので、ミックス・ダウンまではそのままステレオで3・4chに貼り付けておきます。環境音はステレオ（左右別チャンネル）で録っているのならばステレオで、1トラック（1つのチャンネル）で録っているのならば真ん中から聞こえるようにします。

　テレビの世界では、モノラルとは「1chにだけ音が入っていること（1chしか使わないこと）」、ステレオとは「1chと2chに音が入っていること（1chと2chを使うこと）」をいいます。1chと2chにまったく同じ音が入っていて、真ん中からだけ聞こえる場合、一般にはモノラルといいますが、テレビではステレオです。同じ音だろうがなんだろうが1chと2chの両方を使うのならば「ステレオ」なのです。

　今どきのテレビの世界では、なんでもかんでもMA（音だけを専門的に編集する作業）で専門家がやってくれるので、音のことはまったくわからない人ばかりになりましたが、ナレーションと素材音とBGM程度の簡単なミックスくらいなら自分でできるようになりましょう。そのくらいはできないと「動画を作れる」とも「編集できる」ともいえません。アマチュアであるユーチューバーだってみんなやっていることです。ピン・マイクやガン・マイクの音は真ん中から聞こえるように、書き出しのときにそれをL・Rの両方に同じ音量で出力するようにします。環境音（オフ・マイクの音）は使わなくてもいいですが、メイン・マイクの音に薄く混ぜてやるとリバーブが付い

て臨場感が出ます。これはお好みで。合わせて、出しⅤなどの中間素材なら-20dBFS（デシベル[*1]：以下「dB」：VU計で0VU[*2]）、仕上げなら-22dB（VU計で-2VU）を超えないようにします。

　BGMを入れたい場合は、音楽ファイルをステレオで編集機の空いているトラック（普通は3・4ch）に貼り付けておきます。動画の音声の基準レベルは-20dB（NHKは-18dB）ですが、CDに基準レベルはなく、最大値0dBを目指してできるだけ大きく好き勝手な音量で入れてある（フル・ビットといいます）ので、そのまま貼り付けるととんでもないレベル・オーバーになります。編集機にノーマライズという機能があれば、自動的に指定したdBに合わせてくれます（デフォルトで-20dBのはず）。なければ手動で、音楽がメインならばVU計で0VU程度に、BGMならば-10VUほどになるように下げましょう。セリフと音楽では音の密度が違います。セリフはスカスカなので、同じ0VUだとセリフが小さく、音楽はバカでっかく聞こえます。映像の中で、セリフが終わって音楽だけになったら音楽のボリュームを上げるのですが、この時、同じ0VUまで上げてはいけません。音量管理はあくまでも耳でやるものです。セリフと同じくらいの音量に聞こえる程度のところまでに上げるのを抑えましょう。

　最終的に編集機から吐き出すときに素材音はL・R両方に、音楽のLchを

---

*1 デシベル：表記は「dBFS」、正式な読みはディービーエフエス。デシベル・フル・スケールの略。デジタル音声の音量を表す単位。通常は「FS」は省略して「dB（デシベル）」、数字を付けたときは「5dB（ごデシ）」とだけいいます。デジタルでビット全部を使って記録した最大値をフル・ビットといい、これを0とします。dB（デシベル）は比率の単位。-6dBで1/2、-20dBで1/10。つまり、-20dBはデジタルの最大値の1/10の音量ということ。デジタルの場合、音量をできるだけ大きく記録したほうが音質がいいんだそうで、だからCDはなるだけ大きく記録します。ので、**CDや音楽系のwavファイルなどを動画に貼り付けたらノーマライズ（音量を-20dBに下げる）しなくちゃダメよ。** 覚えなきゃいけないのは太字のところだけ。

*2 VU：読みはヴイユー。VUメーターは基準音（-20dB、NHKでは-18dB）が入ったときに0VUを指すように設定されています。編集する人は、このVU計だけ見て音量調整すれば十分です。もちろん、耳で聞くのは当たり前。ミックスのバランスというものは、VU計の針で見るのではなく、耳で聞くものです。VU計は、大きな音が入ったときの最大値（ピーク）を見るもの。

Lch（左）に、音楽のRchをRch（右）にいれます。この時にナレーションなどはVU計でピーク（一番大きな音が入ったとき）で-2dB程度になるように、BGMは-10dB程度になるようにするといいでしょう。テレビで放送するのならばラウドネス*で全体の音量を管理しなければいけません。全体で平均ラウドネス値が-23.5〜-23.9LKFSの間になるようにします。NHKでは-23.0〜-23.9LKFSですが、民放は-23.5〜-24.5LKFSのようです（詳しくはテレビ局から放送用フォーマットをもらってください）ので、-23.8LKFS前後を狙うのがいいでしょう。-24.0LKFSぴったりにしなければいけないと思っている人がいるようですが、音は少しでも大きければ得をするとかいいことがあるとか、ましてやCMの場合広告効果が高くなるとかということはまったくありません。むしろ音が大きければ嫌われるだけです。NHKの番宣は元から他の番組より5dB近くも低くして制作しているにもかかわらず、番宣の音がうるさい、大きすぎるという苦情がずーっと来続けていました。これも音の密度による聞こえ方の差のせいです。さらにはみんな番宣やCMが大嫌いだからですね。だれだって嫌いなものの音は耳障りなのです。CMが音を少しでも大きくしようとするのは、積極的に嫌われようとしているということに他なりません。

　インターネット動画を作る方は、必ず音を-20dBでノーマライズするのを忘れないでください。音声ファイルなら0dBでいいでしょうが、動画ファイルにしたのなら-20dBにするべきです。再生した時に音がバカでっかくて本当に迷惑です。小さい分にはボリュームを上げれば済むことですから。まぁ、最近は動画投稿サイトのほうでノーマライズしてくれているみたいですが、音量管理もできないと編集ができるとは言えません。

---

* ラウドネス値：VUは電圧で音量を管理していますが、ラウドネスは聴感上の音の大きさを数値化したものです。表示単位はLKFS/LUFS。LKFSとLUFSは採用している規格によって違うんだそうですが、単位としてはまったく同じもののようです。1単位の価値はdBFSと同じなので、1LKFS大きいときはマスター・ボリュームを1dB下げればいいだけです。単位や理屈とかはどうでもよくて、とにかくプロは「平均ラウドネス値が-24.0を超えない」これだけ覚えておけばいいでしょう。テレビで放送する場合にはラウドネス管理をする必要があります。

カラー・グレーディングについて

カラー・グレーディング（以後カラグレ）とは、色を合わせることです。カラー・コレクティングともいいます。昔は「カラコレ」といえば、色を修正することでした。今は「カラー・グレーディング」と呼ぶのが主流のようで、修正よりも「色を変える・かぶせる」ことに主眼を置いているようです。

モンタージュというものが確立してからは、まったく別のところで撮った画をつなぐこと、いわゆる「別撮り」が行われるようになりました。でも、別のところで撮ると光の加減が違うので、色が全然つながらないという事態が起きることがあります。あるいは、違うカメラで撮った画は色が全然違うことがあります。この時に、なるべくカット同士の色を合わせて、カットが変わったときの違和感をなくす・減らすことがカラコレです。カラグレという場合は、色を映像の世界観に合わせることを主に指すようです。

これもエフェクトの類なので、この本では編集者として知っていればいい範囲、知っていなければいけない範囲に留めます。カラグレの実際のやり方などは本書では扱いません。

カラグレなんて必要ない!?

そもそもカラグレは編集者がやるものではありません。映画やドラマなどではカラグレをするのが普通でしょうが、それは「物語の世界を作り出

すため」であり、カラーリストという専門家の仕事です。カメラマンがやるときもあります。映像の色はカメラマンが責任を持つべきことなので、これは理に適っていますね。

　最近はロケなどでまともなカメラは1台しか出さず、補助のカメラはD（ディレクター）やAD（アシスタントディレクター）が民生機で、それもエコノミーモードで撮るということが日常的に行われています。また番宣では雑多な素材や資料映像をつなぎ合わせることが多いため、カットごとに色が違って不自然になることがあります。そんな時は、編集機についている色調整機能でできるだけのことをしてやる必要があります。プロ・アマ問わず、映像制作にはトラブルなんて付き物ですから、臨機応変にできる範囲でなんとかする能力は絶対に必要です。どの程度なら放送していいか、いけないかといった基準は言葉では言い表すことはできませんが、アマチュアならば色なんかまず気にする必要はありません。プロの場合は、きちんとやりたいのならばプロ用の編集所へ持ち込むべきです。本来は編集者の仕事ではないとはいえ、カラコレのリソース（予約・予定。ここでは予算も含む）がない場合は、編集者がそこそこ、お茶を濁す程度にはしてあげる必要があります。編集室のオペレーターになりたい人には必須のスキルですので、別途キチンと勉強してください。

　間違ってはいけないのは、子供の塗り絵ではないのだから、でたらめに色を被せればいいというものではありません。なぜその色にするのか？　その必要と意味があってはじめてするものです。

　たとえば夏休みを山で過ごし、その時に見た青空があまりに青くきれいで、それを留めておきたいと思い写真やビデオに録ったとします。でも、カメラで撮った色は、必ずしも目で見た本当の色と同じというわけにはいきません。そこで、現像するときに記憶を頼りに「本当の色」に近づけます。これがカラコレであり、写真ではレタッチといいます。「記憶にある色」というのは「記憶色」といって、実は本当の色とはこれまたちょっと違いま

す。いや、だいぶ違います。それは記憶の中で美化されているからです。ですから、レタッチした色は本当の色とはだいぶ違ったものになるのですが、それでいいのです。10年後くらいにその画像を見たときに「ああ、あの時の空は確かにこんな色だったなぁ。きれいだったよなぁ」と記憶が蘇ればいいのです。記録とは記憶を呼び起こすためにあるものです。また、その画像を他人が見たときには「俺にはこんな色に見えたんだ。こんな風にきれいな空だったんだ」ということを伝えることができます。それが現実とはまるでかけ離れたデタラメに作った色だったら、自分にとっても他人にとっても見る価値のない画像にしかなりません。奇々怪々な本当の色とは似ても似つかない色にしてしまっては、だれのための、なんのためのカラコレやレタッチなのかさっぱりわかりません。記録映像では本当の色にできるだけ近づけます。でなければ記録映像としての価値がなくなります。つまり、報道系動画ではカラコレ（色修正）はあってもカラグレはあり得ないということです。番組系動画でもCMや情報番組といった現実的な映像では、当然現実的な色にします。そうしないと、まるでどこか遠い別世界の現実感のない映像になってしまいます。逆に映画やドラマなどの「作られた非現実世界」ならば、その世界にふさわしい色にする。それがカラグレです。大雑把に分けるなら、報道系動画ではカラコレ、番組系動画ではカラグレになるわけです。

基本技をちょっとだけ紹介

カラグレすることを前提として撮影するときには、カメラによって撮り方も変わってくるので、事前にカメラマンにカラグレすることを伝え、どのように撮るか、どのような仕上げにするかを相談します。

カメラによって色データの扱い方が違うので一概にはいえませんが、基本的な考え方としてはできるだけニュートラルに撮ります。ニュートラルとは、波形モニターでいうとできるだけ波形を真ん中に寄せて、輝度差・濃度差の低いすっごく"眠い"画を撮るということです。そのほうが後から

色の調整できる範囲が広くなるからです。でもそれだけにしっかりしたカラグレが必要になります。また、カメラモニターやラッシュ（撮れたものを確認する）の段階では仕上がりの感じが全然つかめないので、撮っていてまったくおもしろくありません（笑）。プロの世界では「空気の色」は照明さんが作るものです。本当にプロの照明さんはすごいです。アマチュアの動画や写真がイマイチイケてないのはすべて照明の腕の違いです。プロの写真家というのは、写真を撮るのがうまいのではなく、光を作るのがうまいのです。だから、カメラはできるだけナチュラルに撮って、カラグレは補助的に使う程度にするのが基本です。カラグレを勉強するより照明を勉強するのが先です。照明を知らないとカラグレだってできないのですよ。

　映画では、雰囲気を作り出すためにカラグレをします。たとえば、薄暗い聖堂の中でのシーンなど、薄暗く撮るとロクなことがない（データとして使いにくい）ので、なるべく明るく撮っておいて、カラグレで薄暗く青っぽくしたりして雰囲気と迫力を出します。さっきの「眠く」撮るのと逆ですね。暗いシーンでも明るく、つまりきちんとしたデータとして撮っておけば、あとからいくらでも調整とやり直しができ、思った通りの色合いにできます。そもそも架空の世界なのですから、本物の色なんてありません。だから色を作るのです。

　アメリカではずいぶん昔から専門職を置いて取り組んできたようですが、日本では近年になって急にやたらと流行っている状況です。日本ではまだ編集をする人が趣味（？）でやっている感が強く、映画では専門職がいるのでしょうが、テレビでは色の修正はやりますが、「カラグレ」というほどのものはドラマと一部のCMを除けば元来必要ありません。一部のCMとは、女性をきれいに見せなければいけない化粧品のCMとか、きれいな風景を並べたものなど、映像のきれいさで勝負するようなCMのことです。チラシを分割撮影したようなテロップだらけのCM、これを宣伝ではなく「告知」というのですが、告知CMをカラグレして変な色にしてもなんの意味もありません。商売は現実世界のことだからです。ミュージックビデオでは盛んに使

われますね。これも「非現実世界」を作り出すためです。

大事なことは、意味を考えましょう、ということです。色を付けりゃいいってものじゃありません。映画やミュージックビデオでは、ファンタジーだったり、非現実世界という感じを出したいために多用されるのはわかりますが、すごく現実的な銀行や保険などのCMで、出演者の顔の陰影がつぶれてしまうような色を付けているものは、わかっている人からは笑われるだけです。

夕方だから空気が夕日に染まったような色にするんだとか、真夏の昼間だから明るく色を濃くするんだとか、**動画の中の世界に合わせた自然な＝普通の色にすることが大事です**。部分的に色を変えてビジュアル的な演出をする場合もありますが、「白を、そのシーンにふさわしい白にする」のが大基本です。

色味と編集

アメリカ人の懐かしい色というのはコダックのなんとかいう種類の大昔のフィルムの色で、黄色と青が強めの軽い感じの色です。この色にするのがアメリカでは一時流行ってやたらと使われていて、日本でもまねして使っている人たちがいました。たとえばエーちゃん系のリーゼントのラッケン・ロール・バンド（笑）のプロモビデオで、60年代のキャデラックと一緒に……、なんていうのなら、これを使ったら素敵ですよね。色も軽い感じなので、ラッケン・ロールの軽快なビートに合わせた早めのカットにも、軽やかにマッチしそうです。

ところが、日本人の懐かしい色というのは富士フィルムの「ベルビア50」というフィルムの色ということになっていて、懐かしさを出すためにコダックの色にするのは勘違いもいいところです。ちっとも懐かしくありません。ましてやなにも考えずに猿まねではねぇ……。ベルビア50は赤と

緑が強く暗いところがドスンと落ちる、ちょっとくどい色なので動画には向きません。色が濃くて重いので、いかにも重苦しい動画になりそうです。あえて使うのならば、カット長を短くしてはいけません。長めのカット長で風景をゆったりじっくり見せてあげる、静かで情緒的な映画ならばいいかもしれません。

　基本的に重い色はじっくり見せる、カット早めなら軽い色合いで、というように、意味をよく考えて「ふさわしい色」にしてください。

自分の色識別能力を知っておきましょう

　人間の目は3色の色を見分けて、それをミックスすることでいろいろな色を認識しているのだそうです。ところが、これはたぶん遺伝子の関係なのでしょうが、50％の人は3色見えますが、25％の人は2色しか見えず、残り25％の人は4色見えるのだそうです。これは何十色もの色見本を見て、何色見分けられるかという簡単なテストでわかるようです。この話が本当かどうかはともかくとして、みなさん、一応自分は何色見えるのか知っておくといいでしょう。このテストはネットで簡単にできます。

　見える色数が少ない人でも、編集できないわけではありません。でも、他人の動画のカラー・グレーディングをやるのは遠慮したほうがいいでしょう。色のことだけはできる人に任せればいいだけの話です。

　編集の仕事に就くのにたいていは色識別能力のテストはないようです。つまり、ほとんどの人が自分の色識別能力を知らずにカラー・グレーディングをやっているのが現状でしょう。CMでも「これ、編集マン（もしくはディレクター）が色見えていないんだろうなぁ」と思うものがたまにあります。クライアントも「プロがこうしたんだから、それでいいのだろう」と思ってしまうのでしょうね。まずは色識別能力のチェックを。もちろん、アマチュアが自分の動画で遊ぶだけなら、だれでも自由にカラグレを楽しんで

いいでしょう。好きな色を塗ったくって遊ぶ。まるで幼稚園児の塗り絵ですが、アマチュアならばそんな楽しみ方もありです。大いに映像を楽しんでください。でも、それを人に見せるのはちょっと……。

　音も同じです。年を取ると高音、いわゆるモスキート音が聞こえなくなります。自分の聞こえる範囲も知っておいたほうがいいですね。

まとめ

- **動画の中の世界に合わせた自然な＝普通の色にする**

Chapter 9 > 3

動画制作のワークフロー

　ここでは、NHKのミニ番組（10分程度）制作のディレクターの仕事をベースにして、参考にするべき理想的なワークフローを簡単にご紹介します。

1. 企画

　まずは企画を立てます。企画を立てるためにはリサーチをしなければいけません。「だれに」、「なにを」、「どう」伝えるのか。これがすべてです。多くの人が「なにを」ばかり気にして見落としているのが「だれに」です。だれに伝えたいのかによって、なにを伝えるべきなのかも、どう伝えるべきなのかも変わってきます。「なにを」伝えたいかによって「だれに」が変わってくることもあります。だから「だれに」「なにを」はしっかり考えなければいけません。これが外れていると、だれにも見向きもされない、いわゆる"アサッテ"なものしかできません。「どう」伝えるかは企画の段階ではまだ大雑把でかまいません。

　「なぜ"今"なのか（なぜ今、それを伝えなければいけないのか）」は、あくまでも放送局の都合でしかないので、動画を作るうえではまったく関係がありませんから考える必要はありません。みなさんは自分の好きな題材を取り上げればいいのです。NHKは他の放送局とは事情が違い、国民からの受信料で番組を作っているので、「番組の意義」というものをしっかり国民に説明できなければなりません。たとえば将棋の番組を作るとしましょう。すると国民から「なぜ今、俺たちの金で将棋の番組を作らなければいけないのか?」と聞かれるかもしれません。その時に、自分の金で勝手に番組を作っ

ている民放なら、「担当者が将棋が好きだからです。我々が勝手に作った番組ですから、お嫌いなら見ていただかなくて結構です」と答えることもできます。でもNHKはそういうわけにはいきません。将棋が嫌いな人も受信料を払っているわけですから。公共放送としては常に「今、これを伝えることは国民すべてにとってこういう意義があるのです」という、「なぜこれをやるのか」の理由をちゃんと答えることができなければいけないのです。これを「番組の意義」といいます。みんなのお金で作っているのだから、みんなにとって意義のある番組しか作れないわけです。そしてこれは「対外交渉（お金を出す人を説得すること）」ですから、ディレクターが考えることではなくプロデューサーが考えなければいけないことです。

　逆にいえば、他人にお金を出してもらう場合には、つまりプロは「なぜ今なのか」を説明できなければいけません。だって、お金を出す人にとって意義のないものには、お金を出してもらえるわけがありませんよね。だから、自分のお金で勝手に動画を作る分には「なぜ今なのか」とか「なぜこのネタなのか」を考える必要はないわけです。ただし、自分のお金で作る場合であっても、ウケるものを作りたいのならば「ターゲットにとって意義のあるもの」でなければウケるわけがありませんから、ターゲット、つまり「だれに」をしっかり考えることが重要なのです。*

2. 構成表

　構成表とはシーンの順番とそれぞれのシーンの内容を書き表したもので、細かいセリフなどは書きません。番組の流れを示すことで、「どう伝えるか」を表します。企画の段階で「だれに」「なにを」をしっかり決めました

＊ ちなみに、だから番宣はその番組の意義がしっかり伝わるものになっていなければ、番宣としての役目を果たせないわけです。ターゲットをしっかり把握し、番組の意義もしっかり把握したうえでそれを伝えなければいけないのですが、尺が極端に短いのでストレートには（あるいは言葉では）伝えられないことがほとんどです。そんな時は"暗に伝わる"ように作らなければなりません。

ね？　それを「どう」伝えるかを考えるのが構成表の段階です。もちろん、リサーチはこの間も続けます。これを書き上げたらクライアント（テレビ番組の場合はテレビ局）に見せます。あーだ、こーだと好き勝手n……ゲフゲフッ……、えー、意見や指示を出されるので、それを入れて書き直します。プロの場合は「クライアントの意向」もリサーチの対象だということを忘れてはいけません。プロデューサーがセッティングしてくれなければクライアントとの打ち合わせもできないようでは、ディレクターは務まりません。もちろんそういうシステムであるなら、必要なときにプロデューサーに「セッティングしてくれ」と言えばいいわけです。書き直すだけではなく、だんだんとセリフなども入れて、より具体的なものにしていきます。最終的には構成表兼台本になりますが、ここまでに10分番組でも15回くらいは書き直すはめになるのが専らです。長尺番組の場合は構成表と台本は別々にキチンと作りますが、短尺の場合は兼用にすることが多いです。ナレーション原稿（台本）はそこから切り出して別の紙にしますが、これはナレーション録りまでに用意すればOKです。まずは**完璧に紙の上で番組を作るということ**です。番組の完成予想図ですから、ここで**ダメならダメな番組にしかなりません**。

3. コンテ

　コンテを書きます。コンテやナレーション原稿は、作業員たちへの指示書です。動画は、特に映像制作は、1人でできるものではありません（だからユーチューバーには限界があるし、個人には"プロの動画"は逆立ちしたってできません）。カメラマンや他のスタッフにこんな画を撮ってね、ということを伝えるためにコンテが必要です。スタッフ以外の他人やクライアントなど外部に見せるものではないので、きれいに書く必要はありません。撮影現場ではまず真っ先に「技打ち（技術打ち合わせ。つまりコンテの説明会）」をするので、説明すればわかる程度で十分です。カメラマン「監督、これ、なんの絵ですか?」　神井「手じゃないですか」　カメラマン「楓の葉っぱかと思いました

よ」　こんなことはしょっちゅうです。画がうまかったらアニメをやってます
よ。自分で撮るのならコンテはなくてもいいのですが、あったほうがい
ろいろと便利です。アングルとサイズさえ大雑把に決めておけば細かいこ
とは現場で考えてもいいのですが、イマジナリー・ラインだけは現場で考
えなくてもいいようにしておきましょう。また、インタビューなどドキュ
メンタリー系では、コンテを書きようがないこともありますが、それでも
できる限り考えておきます。どんなインタビューになるのか、相手がなに
を話すのか、どんな構図の画を撮ればいいのか（どっちを向いて話してもらう
か）、その場で考えているようでは絶対にあとで泣きます。

　ここまでがいわゆる「ソフト」の部分です。本当に大切なのはここまで
であり、ここまでがディレクターの"本業"です。「すべてのものは2度作ら
れる」という言葉をご存知でしょうか。アメリカのマーケッターが言い出
した言葉のようで、だからマーケティング界隈で有名な言葉なのですが、意
味は簡単、というか、そんなこと大昔からだれでも知ってるよということ
をあらためて言葉にしたものです。言葉で理解するということはとても大
事なことなのです。ヘリコプターにしろ、潜水艦にしろ、まずはレオナル
ド・ダ・ヴィンチが紙に書きましたよね。そしてそれが後世、形はだいぶ
変わりましたが具現化されたわけです。家だって、完成予想図なり、設計
図なり、見取り図なりとまずは「頭の中で」そして「紙の上に」作られる
わけです。これが1回目の「作る」ということ。これを日本語では「創作
する」、あるいは「計画を練る」といいます。そしてそれを具現化する作業
が2回目の「作る」ということであり、こちらは「制作する」、芸術の類で
は「表現する」といわれます。漫画でいうなら1回目は原作者の仕事、2回
目は作画の仕事ということですが、元来はこの両方を1人でできて1人前
の「漫画家」ですよね。ディレクターも同じです。CMでは1回目の「作
る」ことをやる人のことをプランナーと呼んでいます。民放の番組では放
送作家ということになるのでしょうか。しかし実際にはこの両方ができて
初めて1人前のディレクターです。1回目のほうも2回目と同じように、他
人に手伝ってもらうことはできますが、その総指揮はディレクターが執れ

なければディレクターではありません。2回目の「作る」ことは、「絵に描いた餅」ならぬ「紙に書いた作品」を具現化するだけの「作業」でしかありません。NHKの用語でいうならば「方式変換（俗にコピーともいいます）」です。つまり、1回目までが「クリエーター」の仕事、2回目以降は「作業員」の仕事です。1回目の「作る」ことをやり（少なくともその指揮を執り）、2回目では自分の頭の中にあるものが正確に具現化されるように、作業員たちに指示を出すのがディレクター・監督の仕事です。1回目のことも2回目のことも、トータルして頭に入っている唯一の人がディレクター・監督です。コンテや台本は、その指示を紙にした"メモ書き"でしかありません。もちろん「作業員」がいなければ、全部自分でやるしかありません。だから一通り全部できなければディレクター・監督は務まりません。決して全体の進行を生暖かく見守っているだけの仕事、あるいは各現場をつなぐだけの使いっ走りなどではありません。全部なんてとてもできない？　アマチュアであるユーチューバーでさえ、それを全部1人でやっているのですがねえ。

　なにも、なにもかもをプロのレベルでできなければいけないということではありません。2回目の作ることでは、苦手なところは得意な人に頼んで手伝ってもらうことができます。しかし、1回目の作ることはプロのレベルでできなければ、プロのディレクターにはなれません。たとえ放送作家が原作を書いてくれたとしても、それを「どう映像に翻訳するのか（どう映像で表現するのか）」を考えるのはディレクターの仕事です。同じ原作でも、ディレクターが違えば違う番組になるはずです。おもしろく見せればおもしろい番組になるし、それができなければつまらない番組になります。つまり、おもしろいおもしろくないはすべてディレクターにかかっているわけです。

4. ロケハン

　なるべく撮影のスケジュールに合わせて、撮影するのと同じ時間にロケ

ハンします。一番重要なのは太陽の位置、光の方向・加減です。コンデジ
カメラを持って行って、スタッフや友人をモデルにして、最悪自撮りでも
いいですから、想定しているアングル・サイズで写真を撮っておくと便利
です。あとでこの画像を張り付けてコンテにすることができます。土日に
ロケハンに行って平日に撮影に行ったら、近くに幼稚園があって、あるい
は道路工事をやっていてうるさくてロケにならない、とか、土日だから大
丈夫だと思っていたら、近くの小学校で運動会をやっていたとか、地図で
周りのロケーションも調べておかないとなにがあるかわかりません。

5. 撮影

　構成表やコンテに沿って撮影します。撮影に行ったら話が違っていたな
どということは許されません。それは単なるリサーチ不足です。臨機応変
さは必要ですが、行き当たりばったりででっち上げたものなんかがまとも
な番組になるわけがありません。撮影では特にイマジナリー・ラインに注
意します。これを間違えると編集ではどうにもできないからです。ああ、そ
うだ。当たり前のこと過ぎて書くのを忘れていましたが、撮影に行くとき
には絶対に照明と三脚を用意します。室内でのロケならもちろんですが、屋
外ならば最低限レフ板は用意します。しかし屋外でも曇っていて暗かった
り、風が強くて影を起こすのにレフ板ではうまく行かず、ライトが必要に
なる場合もあります。自然光だけで撮るとか、屋内でもその部屋の生活用
の灯りだけで撮るということはまずあり得ません。十分な光量があっても
背景がもっと明るい場合は逆光のようになりますから、照明で被写体を起
こしてあげなければいけません。カメラをセッティングしてみて、照明な
しでも行けるということはありますが、照明を用意していないということ
は絶対にあってはいけません。ああ、それから三脚なしで撮影もあり得ま
せんよ。手持ちで撮ることにこだわるカメラマンはいますが、それでも必
ず三脚を持ってきてはいます。まぁ、よっぽど手持ちが得意な特別なカメ
ラマンでない限り、撮影では必ず三脚を使うのが当たり前です。カメラに
は必ずレンズがくっついているように、カメラには必ず足が生えているも

のだと覚えてください。どちらも、取り外すこともできる、というだけです。

6. 編集作業

　この工程は、未だに「オフライン編集[*]」と呼ばれることもありますが、こちらが本当の編集作業です。まぁ、「本当の編集」はコンテを書いた時点で終わっているのですが……。ここでやるのはカット長を正確に決めることと肉体作業だけです。とはいえ、思わぬいい画が撮れたり、思っていたような画が撮れない場合もあるので、撮れた画を見てコンテを参考にしながら、カット編集だけで全部を1回つなぎます。つないだものがコンテと違うことになったとしても、もうコンテはだれにも見せませんから、コンテを書き直す必要はありません。この時、一緒に音も編集します。最低限、音を丸めるくらいはできないと……。

7. 特殊効果

　つまりエフェクトです。この工程は通常「テロップ入れ」と呼ばれますが、オフライン編集時代の名残りで「本編集」と呼ばれることもあります。OLもエフェクトですし、テロップを入れるのもエフェクトです。プロの場合、エフェクト作業は普通高価なエフェクターを備えている放送用の映像編集室へ持っていって、オペレーターさんに頼んで効果を付けてもらいます。編集作業とは全然別の作業です。アマチュアの場合は編集の段階で特殊効果も付けてしまってもいいでしょう。ただし、テロップだけはまだ入れません。この状態のものを「クリーン（民放では白とか白素材）」といいます。これは修正などで必要になりますから、必ず別途ファイルとして吐き出して保存しておきます。アマチュアの場合は、自分の編集機であるなら編集データや素材などをそのまま残しておくこともできるので、テロップ

＊ 本番フィルムで直接作業すると傷だらけになってしまうので、一度別のメディアにコピーし、それを編集して編集データだけを本編集に持ち込んで本番フィルムをつなぐやり方。アナログ時代にはメインのやり方だったが、デジタルになってからは名前だけ残っている。

のところの表示を外せばいいだけですが、必ずクリーンの状態にいつでも戻せるようにしておきましょう。編集データや素材などを削除したいなら、やはりクリーンをどこかに必ず吐き出しておく必要があります。これをやらないと本当に後で泣きますよ。ややこしいエフェクトをする際に、下絵にテロップをあらかじめ入れ込んでおいたりするともう……。後でそのテロップを抜きたくなったときに、編集全部やり直しなどという羽目に陥ったりします。最後にクリーンにテロップを入れたら映像は完成です。

8. 仕上げ (MA)

　著者のいた環境では「完プロ」という、生放送を収録するような特殊なスタジオ作業をして一気に仕上げるのですが、今ではあまりにイレギュラーなやり方なのでここでは紹介しません。すべて映像ができあがってからナレーションを録るのが普通です。ナレーションの録音は通常MAルームでやり、そのままMAして完成ということが多いです。MAをしない場合は、ナレーションをオンリー（コメントを別撮りすること）で録り、自分で編集機で映像に貼り付けます。他の音とのバランスも取って、つまり簡易MAを自分でやっておしまいです。

　テレビではこのあと技術試写があって、その後登録して終了。技術試写というのは、あくまでも物理的・ハード的に放送できるかどうかを審査するものであって、技術さんは編集や演出には口を出してはいけないことになっています。カラーバーや音声レベルが正しいかとか、電気信号が正常かどうか、タイムコードが途切れていないか、尺が定められた通りかどうかなどを見るだけです。インターネット動画ならばアップロードすれば終了です。お疲れさまでした。

　全体の注意事項としては、番組制作は一にも二にも1回目の「作る」ということがすべてだということです。「どんなものを作るのか」＝「ソフトの部分」ですでに勝負がついているのであって、その後のことは演出としての編集を除けば、うまいヘタはあるにしろぶっちゃけだれにでもできることです。2回目の「作る」ということに関しては、撮影に出る前にキチンとどんな画を撮るのかを計画しておくということです。コンテを書くのが一番ですが、書かないまでも頭の中にはしっかりコンテがないと後で泣きます。とりあえず撮影してから編集でどうにかしようなどと思っていると、絶対に「あの画も撮ればよかった。こんな画が足りない」ということになります。いくらでも追撮できる場合はいいですが、手間としては撮影が一番大変なのですから、撮影だけは一回で終わらせるようにしましょう。

　これに対して報道系動画は、撮影するところから、つまり2回目の「作る」ところからいきなり始まるわけです。撮ってから考えるのが報道系動画です。つまりプロとアマの差は、1回目の「作る」ということ＝「ソフトの部分」だということです。

おわりに

　テレビの業界に入ってから3年くらい、師匠につきっきりで教えてもらいました。といっても師匠がつきっきりだったのではなく、私のほうがストーカーのように師匠を追い回して、いつもくっついて歩いていました。新人だから大した仕事量を振られないのをいいことに、自分の仕事をさっさと終わらせて先輩の後を付け回していました。その後、師匠は割と早くに独立して転出していってしまいましたが、私は周りの人たちに「若いヤツラに編集を教えてやってくれ」とよく言われるようになりました。

　自分もさんざん教わったので、師匠がいた会社の後輩には教えるつもりでいました。しかし、教わってくれないのです。私の教え方も悪いのでしょうが、先輩について歩くような後輩もおらず、こちらから教えてやろうと思って声をかけると迷惑そうにするのです。「それはつながっていないよ」というと「CPがOKしたんだからいいんですよ!」とか、わかっていない若い者を呼んで「これ、おかしくないよな!」……。わかっていない者を集めて多数決されてもねぇ。

　それで「教えてくれ」と言って来る者以外には教えないようになりました。「教えてくれ」と言ってくる者も数人はいましたが、結局そういう人間は優秀なので仕事を手一杯抱え込まされ、教わりに来る暇などないのでした。

　50歳を過ぎた頃に、自分のスキルをただ墓に持っていくのではもったいない気がしてきました。若い者がうまくできているのならいいのですが、私

の周りを見ても、テレビを見ても、編集や番組作りは年々悲惨な状況になっていきます。「ヒキで入ってヒキで終わる」も知らないとか、「ピッチャー投げました。バッター打ちました。終わり」とか。えぇえー、それ打球どうなったの？　どうしてそこで終わっちゃうの？

　教わりたいという者もいるのに状況が許さない……。「それなら本にすればいいじゃん!」と遅まきながら気が付いたのでした。本にすれば、教わりたくない人は読まなければいい、教わりたい人は自分の都合のいい時間に読めばいい。

　幸い、私は趣味でアメリカのマーケティングを学びました。そこに書いてある内容はすべて知っていることばかりでしたが、たった一つだけ、日本よりも優れている点がありました。それは「体系化する」ということです。

　ベテランならみんなそうだと思うのですが、なにか番組を発注されたら、自然に頭の中に「こう入ろう」とか全体の構成とか、一瞬で浮かびます。ターゲットはだれかとか、伝えるべきことは何かとか、そんなことイチイチ頭で考えなくても間違ったものは作りません。ベテランになるとそういったことは脊髄反射でクリアしているものなのです。でも、だから教えられないのです。「言葉で説明しなくたってわかるだろ？　なんでわかんないの？　わかれよ!」　ベテランなら若い者に対し、心の中でしょっちゅうこう思っているはずです。

　ところがアメリカのマーケティングは、脊髄反射中の展開をまるでスローモーションにしてワン・ステップずつ順を追って書き記しているような

感じでした。コンピュータ・プログラムを書くのに似ているかもしれません。なるほど「体系化する」とはこういうことか。言葉で表すにはこんな風に書けばいいのか。こうしなければ教えられないのか。

そこで、最も人目に晒され最も厳しく批判される番宣というジャンルで25年間、この星でたぶん誰よりも多くの番組を作り、たぶん誰よりも多くのカットを切ってきた中で培ってきた自分の思考や行動を、事細かに分解することから始めました。そうやってできたのがこの本です。私の作った番組は一つとして残ってはいませんが、知識だけは残しておきましょう。これを役立てるかどうかは、みなさん次第です。

上記の理由で、本書の対象は「駆け出しのプロ」を想定しています。でもせっかくなので、より多くの人にわかってもらえるよう、できるだけ平易で簡単な言葉だけで書いたつもりです。その結果、中学生くらいからわかってもらえるものになったのではないかと自負しています。

編集は、いかに奇抜なことをするかを競うものではありません。哲学的な小難しいものでもありません。私が学生時代に一緒に映画を作っていた友人は「こんなクッソバカバカしいストーリーはだれも苦労して映画になんかせんわ!」というほど幼稚な(?)ストーリーの映画で、見事とある雑誌の映画賞のグランプリを受賞しました。立派な内容なんかじゃなくていいのです。映像は作ったもん勝ちです。ぜひ気軽に「だれにでも伝わる動画」を作ってください。見る人を楽しませることを楽しんでください。

付録用語集

ABロール

2本の動画を同時に走らせて合成すること。OLやワイプなどはAロールの画とBロールの画を混ぜ合わせることで実現している。それをRECデッキで録画するわけで、つまりデッキを3台同時に回さないとできない。トランジションと似ているが、黒や白は編集機の中にあるから、フェード・イン・アウトや白飛ばしはABロールする必要はない。ノン・リニア編集機ではコンピュータの中で小人さんがやってくれているが、原理は同じ。

CP

チーフ・プロデューサーの略。NHKでは番組の担務のことではなく、会社の階級の一つ。一般の会社の課長に当たるのかな？ テレビ局の番組担当者であり、番組の総責任者のはずだが、現場の邪魔をしてくる以外何をしているのかは知らない。衛星放送局時代のCPはみな素晴らしく優秀で、一言も何も言ってこず、滅多に顔さえ合わせることもなかった。NHKのOBの方から教わった言葉に「てにをはを直すのはダメCP」というものがある。CPが気にすべきところはそこじゃないということ。要するに映像のことなど何もわからず、言葉のことにしか口を出せないからそうなる。でも、わかりもしないのに映像のことに口を出してくるよりはずっとマシ。

CTL

シーティーエル。映像のカウンター、もしくはストップ・ウォッチみたいなもの。好きなところでリセット（00:00:00:00にする）して使う。あとはタイム・コードと同じ。ただし、テープを再生したり戻したりを繰り返すとドンドンズレていく。

IN点・OUT点

IN点はREC INを打つ点。録画し始める頭の点。OUT点はREC OUTを打つ点。録画を終了する点のこと。カットの一番頭がIN点、お尻がOUT点。

MA

音だけを専門に編集する作業のこと。専門の編集室＝MAルームでオペレーターと音効さんがいいようにやってくれる。映画やドラマは早くからやっていたが、最近はバラエティをはじめ、ミニ番組でさえMAをするのが普通になった。おかげで、音を編集できないプロ(?)が激増した。アマチュアが当たり前にできることなのに、プロができないって……。

NG

No Goodの略。作り直しとかダメってこと。

PD

プログラム・ディレクター。NHK特有のディレクター。企画、構成、台本、ロケD、編集、テロップ発注、テロップ制作、完プロ作業、登録、スタジオでは

卓に座り、V出し、Q出し、テロップ管理、タイム・キーパーもやる。音効もやってた時代もある。ナレーションも自分で読んでたとんでもない人もいる。要するに一人で全部やって番組を作る人。短尺番組には構成作家もADもFDもTKも編集マンもいない。別に驚くことじゃない。アマチュアだってみんなそうしている。

アクションつなぎ

動作でつなぐこと。元々はマッチ・カットの一種で、被写体をマッチさせるのではなく、動作（アクション）をマッチさせるつなぎ方。本来はコラージュ編集点で用いられるはずなんだけど、モンタージュ編集でも用いる。要は動作でつなぐこと全般をいうらしい。詳しくはマッチ・カットの項参照。

アクション先

動作を先に見せること。ちょっともったいぶった見せ方。

インターレース

プログレッシブの1枚を走査線の奇数番だけの画と偶数番だけの画に分け、1/60秒の時間差をつける。すると1枚の画のデータ量は半分になるが1秒間60コマになるので、動きが滑らかになる。という記録方式のこと。テレビ局から発信されている映像はインターレース。それを各家庭の液晶テレビがプログレッシブに書き換えて、表示して

いる。その際、1秒間に30枚にしてしまうと動きがパラパラするので、テレビが勝手に途中の映像を推測して付け足し、2倍（60枚）にしたり、4倍（120枚）、6倍（180枚）などにしている。テレビに"4x"とか書いてあるのはそういうこと。つまり受像機に写っている画は、受像機が勝手に作り出した画であって、放送局が発信した画そのものではない。

エヅラ

映像の表面的な見かけ。漢字で書けば画面。

演者

えんじゃ。出演者のこと。番組のおもしろい・おもしろくないを分ける要素では絶対にない。ウソだというなら、どうしてみんなテレビ見ないでユーチューブ見てるんだ？

オンリー

コメントを別録りすること。しゃべりだけを録るからオンリー。

完パケ

完全パッケージの略。単に「パケ」ともいう。基はレコード業界の言葉。商品がビニールに包装されて出荷できる状態になっていること。テレビではテロップも入り、MAも済んで放送できる状態のこと。基本的にNHKでは使わない言葉。

完プロ

完全プロデュース(?)の略。完パケ(後述)にする作業のこと。映像は出しVでスイッチャーがテロップをダブり、音声さんが音のMIX、音効さんが曲やSEを出し、ブースではナレーターさんがナレーションを読む。「よーい、ドン」で一斉にリアルタイムでやる。生放送のスタジオ番組を収録するといえばわかってもらえるか。PDはそれを1人で全部統括指揮しながら、V出し、Q出し、テロップダブリの指示、テロップチェンジ、タイム・キープもする。AD、FD、TKは一切いない。「完プロする」という動詞になる。NHKにしかないシステムだが、NHKでももはや一部でしかやらない。これができるPDなんて何人残っているのやら?

クリーン

テロップが入っていない状態の番組、画像。NHK用語。民放では「白(シロ)」という。

構成表

番組全体の構成を書いた表。最初の段階ではたんなる「番組の流れを示す表」だが、最終的には「構成表+台本+コンテ(必要なら)」となる。番組のすべてが書いてある設計図。コンテと台本は別にすることも多い。これを書くのがディレクターの仕事のメイン作業。つまり、構成が組めて、台本が書けて、コンテも書けて、構図を決められて、編集もできなければディレクターではない。大変なことかと思いきや、紙には書かないまでもこれができなきゃユーチューバーにさえなれない。

コメント

本来は「視聴者へ向けた音声メッセージ」かな? 日本語にするなら「談話」のこと。転じて、ナレーション原稿、または短尺物の台本のこともそう呼ぶ。長尺物の台本・脚本は「ホン」という。ナレーションとセリフの総称でもある。「せめてコメントは書いたの?」「まだです」

白飛ばし

画像をフェードもしくはカットで白に飛ばすこと。つながってはいけないところなのに、エヅラでは場面が変わったことがわかりにくいとか、はっきり変わったとわからせたいときに「仕切り」として使う。まれに、カメラのフラッシュなどが光ったことを表すときに使うこともある。普通は真っ白とOLするが、単に白を数フレ、カットで挟むことも白飛ばしということもある。白には「飛ばす」、黒には「落とす」という。

尺

映像の時間的な長さ。上映時間=フィルムの長さであることから。

ダーティ

テロップ入りの番組、画像。NHKでは

「TW（テロップ）入り」という。

タイム・コード（TC）

コンピュータ・ファイルにおけるアドレスみたいなもの。単位は「時、分、秒、F（フレーム）」　タイム・コードともティー・シーともいう。

ダビング

テープからテープへ映像をコピーすること。現場ではコピーともいう。ただし、ファイル・コピーとは違って、デジタルでも劣化する。コンピュータでのファイル・コピーは何度もベリファイがかかり、エラーがあったら転送し直すから劣化はないが、ダビングではリアルタイムで転送するのでベリファイはできない。ので、エラー部分は推測で補完するから、画質は微妙に劣化する。デジタル映像でも20回くらいダビングを繰り返すと目に見えて画質が落ちるのがわかる。

短尺番組

略して短番。文字通り、尺が短い番組、つまりミニ番組のこと。10分は短番。15分もたぶん短番。30分は短番じゃない。境目はたぶん15分だった気がする。

超短尺番組

スポットともいう。（たぶん）3分以下の番組のこと。15秒と30秒はストーリーがなくてもなんとかなるが、1分以上は必ずストーリーがなければ持たない。

つなぐ

編集すること。「あの番組もうつないだ？」「まだです」「早くつないでよ!」

デスク

リソース管理や制作管理、その他のデスク業務をやる人。民放ではAP（アシスタント・プロデューサー）というのかもしれない。この役職があるだけに、CPは一層何をやっているのかわからない。

テロップ

映像に入れる文字のこと。日本語では字幕。昔は、アートさんに発注すると12cmx8cmほどの真っ黒いカードに白い字で写植なり手書きなりで書いて渡してくれた。これをテロップ・カードという。これを専用のカメラで撮り込んでレベル・キーで抜いて画像に合成すると字幕となる。このレベル・キーで抜く合成のことをスーパー・インポーズということから、字幕のことをスーパーともいう。が、アートさんに発注するのはテロップであって、スーパーは発注できない。スイッチャーさんにテロップを出すタイミングの指示を出すときには「スーパー」と言い、「テロップ」とは言わない。現代では当然テロップ・カードは使わず、コンピュータ処理。

同ポジ

同じポジションの略。アングルとサイズが同じで、被写体の輪郭も似ているとカット目にすごく違和感がある。突然

変身したようにも見える。被写体が同じ人だと、瞬間的にピクッとなるのあるでしょ、あれ。ピクッとならないように、つないだことが誰にもわからないようにうまくつなぐことを「同ポジを切る」という。

トランジション

カット目のところで入れる、効果時間を伴う場面転換用エフェクトのこと。OLとかワイプとかフェード・イン・アウトとか。著者の現場では単に「エフェクト」といって「トランジション」という言葉は滅多に使わなかった。

ドロップ

ドロップ・フレームの略。1フレームは1/30秒だが、実際には実時間とほんのちょっとの誤差があるので、それを調整するために、0、10、20、30、40、50分を除く毎正分ごとに2フレーム欠落させたタイム・コードのこと。タイムコード10：00：00：29（十時零分零秒二十九フレ）の次は10：00：01：02（十時零分一秒二フレ）になる。ちなみにNHKでは10時正（じゅうじしょう：番組の始まりのTCを10：00：00：00にすること）を使う。民放では0時正かな？

ナレ

ナレーション、もしくはナレーターの略。ナレーションの大鉄則は「叫んじゃいけない、歌っちゃいけない」「歌う」とは節をつけてしゃべること。お願いだか

ら、ナレーションで叫ぶのだけはやめてください。客を飛ばしているだけです。本当にうるさくて迷惑です。＞通販系CM様各位

ナレーター

声優ですが、最近はアニメの声優とは別の専門職。

ノイズ

雑音のことも指すが、特に動画では環境音のこと。MAのときには、テープにすでに入っている音すべてをノイズということもある。人の声だろうがセリフだろうが。MAのときにノイズではないのは、これから録ろうとするナレーターの声だけ。ほかのすべての音はノイズ。

ノルマル

画面いっぱい撮り切りのテロップのこと。

ノン・ドロ

ノン・ドロップ・フレームの略。ドロップにしないこと。実時間とはズレていく。CMやPVなどでは使われるらしいが、NHKでは使わない。短尺だからといって使うと、MAルームで機械が同期しなかったりすることがある。あった。NHKだけか？

パターン

色々な説明書きが書いてあったり、出演者が回答を書いたりするボードのこ

と。NHKと日テレだけで使うらしい。他の民放ではフリップというらしい。

フィールド

1フレームは2フィールドでできている。「インターレース」のところを参照。

フィラー

詰め物という意味。空き時間を埋めるために編成されるイメージ映像だけのプログラムのこと。イメージ映像そのものをフィラーと呼ぶときもある。「この番宣を作るにあたっては、素材は資料映像しか手に入らないので、映像はフィラーになります」など。

フレーム

動画編集の最小単位。時間にして1/30秒。「プログレ」のところを参照。

プログレ

プログレッシブの略。フルHDなら1920×1080のデータ量の画が、テレビなら1秒間に30枚、映画は24枚、アニメは12枚とか18枚とか24枚とかある。紙芝居と同じ動画の記録方式のこと。ちなみに液晶テレビはプログレッシブ表示しかできない。

見切れる

写ってはいけないものが写ること。よく、カンペ(カンニング・ペーパー)を出してるスタッフの後ろ頭が見切れている。「セットが見切れる」はセットの端っこが

写ってしまうこと。

リソース

業務を行ううえでの資源全般のことらしい。編集室を予約していることを「編集リソースがある」という。リソース管理といえば「カメラマンや編集室や完プロするスタジオなどの予約を管理すること」

リップ・シンク

唇の同期。映像と音を同期させること。特にしゃべっているところで、唇とセリフが同期しているかどうかのことをいう。2フレまでならズレててもいいと言われているが、本当にそんなルールがあるのかどうかは知らない。

神井護　Mamoru Kamii

本名荒磯昌史（あらいそまさし）。1964年生まれ。成蹊大学経済学部卒業。父親は、日本初のCMタレントで「ズバリ!当てましょう」の司会やナショナル（現パナソニック）のCMなどで活躍した俳優・司会者の泉大助。

映像制作歴40年以上、NHKでのディレクター歴（＝番組宣伝という広告動画の制作歴）25年。

高校1年生の頃から映像制作を始める。1989年、（株）泉大助事務所を引き継ぐ形で音楽事務所、レコードレーベルを設立。ミュージシャン兼音楽プロデューサーとして、アマチュア・バンドのCDやライブビデオなどを制作。

1991年12月から、外部制作会社の一員としてNHK衛星放送局のPD（プログラム・ディレクター）も兼業。95年〜98年頃はBS1、BS2、二波の先物番宣すべてを一人で担当。年間に1,000本弱程度の番組を制作し、NHKらしからぬ番宣で「NHK-BSがウハウハいうくらい」の新規契約者を動員。これはテレビ業界全体が番宣の重要性を認識するきっかけとなり、「スポット（番宣をはじめとする短尺番組の総称）の神様」、「本当のプロ」などとあだ名される。この功績によりNHK会長賞（海老沢会長）も受賞。NHK編成局制作部月間スポット賞は創設以来3回連続受賞して「殿堂入り」の名目で審査対象外とされた。

その後一時現場を離れた後、2005年にNHK-BS PRチームに復帰。2010年からはプロデューサー業も兼任した後、2018年に制作現場を引退した。

自分で企画・構成・監督・台本・編集・完プロしたものだけを推計しても、オンエアされた番組総本数は少なく見積もっても10,000本以上。おそらく地球上でもっとも多くのカットを切り、もっとも多くの番組を作った男。

＊契約者解約者同時激増事件

1997年頃、NHK-BSの新規契約者が期待をはるかに上回って激増する一方で、解約者数も驚くほど増加するという事態が発生。衛星放送局が放置されていた契約時・解約時のアンケートを集計してみると、新規契約の理由は「時折総合テレビで流れるBSの番宣がすごく面白そう。NHKは変わったんだ、BSは今までのNHKとは違うんだ、と思ったから」というものがダントツの一位。一方、解約理由は「そう思って契約したけれど、本編を見たら全然面白くない。今までのNHKと変わらない」というものが一位だった。これにより、契約者の大激増はほぼすべて番宣によるものであることが判明。

番宣チームが褒められる……と思いきや、本編を作っている職員CPたちが集められ、偉い人から「外部制作会社の番宣チームがこんなにやってくれているのだから、お前たちはもっと頑張れ!」とカツを入れられてしまった。おかげで我々番宣チームは職員CPたちから「余計な活躍をしやがって!」と白い目で見られ、針の筵状態に。そんな折、とある一人のCPが我々のデスクに近づいて来てこう叫んだ。「おい!　お前ら。番宣をあまり面白そうに作るな!」……どないせえちゅうんじゃ!

この事件以降、民放各局でも番宣の重要性が認識され力を入れるようになったが、だれもうまくできるものがいなかったために、長続きはしなかった模様。

お問い合わせについて

本書に関するご質問については、本書に記載されている内容に関するもののみ受付をいたします。

本書の内容と関係のないご質問につきましては一切お答えできませんので、あらかじめご承知置きください。また、電話でのご質問は受け付けておりませんので、ファックスか封書などの書面かWebにて、下記までお送りください。なおご質問の際には、書名と該当ページ、返信先を明記してくださいますよう、お願いいたします。特に電子メールのアドレスが間違っていますと回答をお送りすることができなくなりますので、十分にお気をつけください。

お送りいただいたご質問には、できる限り迅速にお答えできるよう努力いたしておりますが、場合によってはお答えするまでに時間がかかることがあります。また、回答の期日をご指定なさっても、ご希望にお応えできるとは限りません。あらかじめご了承くださいますよう、お願いいたします。

問い合わせ先

ファックスの場合
03-3513-6183

封書の場合
〒162-0846
東京都新宿区市谷左内町21-13
株式会社 技術評論社　書籍編集部
『動画の文法』係

Webの場合
https://gihyo.jp/site/inquiry/book

動画の文法
トップ・プロが教える「伝わる動画」の作り方

2022年 6月 7日　初版　第1刷発行
2022年11月24日　初版　第2刷発行

著者................神井 護

発行者..........片岡 巌

発行所..........株式会社技術評論社
　　　　　　　東京都新宿区市谷左内町21-13

電話................03-3513-6150（販売促進部）
　　　　　　　03-3513-6166（書籍編集部）

印刷／製本....日経印刷株式会社

カバーデザイン...........石間淳

本文デザイン・DTP.....新井大輔
　　　　　　　　　　　中島里夏（装幀新井）

本文イラスト...............白井 匠（白井図画室）

著者近影写真...........佐久間ナオヒト
　　　　　　　　　　　（ひび写真事務所）

企画...........................傳智之

編集...........................村瀬光